高职高专"十二五"精品规划教材

JISUANJI WENHUA JICHUJIAOCHENG

计算机文化基础教程

主　编　高立丽　姜　猛

副主编　董艳华　常丽媛　王书新

编　者（以姓氏笔画为序）

樊冬梅　韩秀红　高玉珍　秦其虹

徐丽萍　赵成刚　李玉吉　李文娜

张　蕾　张全英　成洪静　刘　杰

哈尔滨工业大学出版社

图书在版编目 (CIP) 数据

计算机文化基础教程 / 高立丽，姜猛主编. —哈尔滨：哈尔滨工业
大学出版社，2012. 8
ISBN 978 - 7 - 5603 - 3743 - 2

Ⅰ.①计…　Ⅱ.①高…②姜…　Ⅲ.①电子计算机 – 高等
职业教育 – 教材　Ⅳ.①TP3

中国版本图书馆 CIP 数据核字 (2012) 第 071459 号

责任编辑　刘　殊
封面设计　唐韵设计
出版发行　哈尔滨工业大学出版社
社　　址　哈尔滨市南岗区复华四道街 10 号　邮编 150006
传　　真　0451–86414749
网　　址　http: // hitpress.hit.edu.cn
印　　刷　天津市蓟县宏图印务有限公司
开　　本　850mm × 1168mm　1/16　印张 15　字数 454 千字
版　　次　2012 年 8 月第 1 版　2012 年 8 月第 1 次印刷
书　　号　ISBN 978 - 7 - 5603 - 3743 - 2
定　　价　26.00 元

PREFACE

前言

　　以计算机为核心的现代信息技术，正在对人类社会的发展产生难以估量的影响。计算机已经成为帮助人类思考、计算与决策的有力工具。各个行业都要求其专业技术人员既要熟悉本专业领域知识，又要能够利用计算机解决本专业领域的实际问题。计算机基础教育已成为素质教育不可或缺的重要组成部分，计算机已经成为人类每时每刻不可缺少的工具。计算机基础教育成为和数学、英语同等重要的基础课程，计算机应用水平的高低已经成为衡量一个人才是否合格的指标之一。计算机基础课程作为高等院校学生的必修课，被摆在越来越重要的位置。

　　本教材充分考虑到计算机教学过程中对实际动手操作的高要求和高标准，因此编写组打破了原来的理论讲解的章节模式，将理论知识融入到实际的工作任务中，让学生在完成任务的过程中逐渐的学习理论知识。学生在学习过程中带着任务去学习，增加了学习的针对性和目的性，降低了学习的枯燥性，大大提高了学生的学习兴趣。并且全文贯穿了"知识聚焦"、"项目引言"、"技术提示"、"重点串联"、"拓展与实训"等板块，来强化学生的学习能力。

　　本教材的参编人员均是工作在教学一线从事本课程教学多年的教师。编写原则是既考虑到计算机基础知识的学习和操作技能的训练，又要保持内容的先进性，并且对高校计算机基础教学起到了促进作用。

　　本书的模块 1 由姜猛编写，模块 2 由刘杰、姜猛编写，模块 3 由常丽媛、樊冬梅编写，模块 4 由成洪静、张全英、李文娜编写，模块 5 由张蕾、韩秀红编写，模块 6 由王书新、高玉珍编写，模块 7 由高立丽、秦其虹编写，模块 8 由徐丽萍、赵成刚编写，模块 9 由李玉吉、董艳华编写。全书由姜猛、高立丽统稿。

　　本书在编写过程中，得到了山东现代职业学院董事长兼院长刘春静院长的大力支持，也得到了教务处处长董艳华、刘传琴、安素青的详细指导，在此一并感谢。

　　由于编者水平有限，书中难免存在疏漏与不足，恳请广大读者批评指正，使本教材在修订时得到完善和提高。

山东现代职业学院计算机教研室

目录 Contents

模块9　信 息 安 全

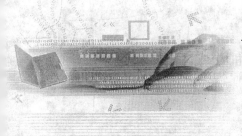

模块1
计算机基础知识

教学聚焦

　　计算机是人类社会在 20 世纪最伟大的发明之一。经过半个多世纪的发展，以计算机为核心的信息技术广泛应用于社会生活和国民经济的各个领域，给人们的生活带来了前所未有的变革。以开发和利用信息资源为目的的信息技术的发展彻底改变了人们的生活、学习和工作方式。信息技术已成为衡量一个国家高技术发达程度的主要标志之一。

知识目标

◆ 计算机的概念、计算机的起源与发展历程

◆ 计算机的特点及分类、计算机的应用

◆ 计算机的发展趋势

◆ 计算机中信息的表示、数制及其转换、信息的编码

◆ 微型计算机的分类、性能指标、系统构成

◆ 键盘上主要键的用法

◆ 汉字输入法

技能目标

◆ 键盘上主要键的用法

◆ 汉字输入法

课时建议

　　6 课时

教学重点和教学难点

◆ 计算机的发展概述；计算机的特点、分类、应用；计算机的信息表示；计算机的硬件和软件构成

项目 1.1 计算机的发展概述

引言

本项目主要讲述计算机的起源与发展，计算机的分类，计算机的特点和计算机的应用。

知识汇总

●计算机的起源与发展；计算机的特点、分类及应用

1.1.1 计算机的起源

计算机（Computer）也称为"电脑"，是一种具有计算功能、记忆功能和逻辑判断功能的机器设备。它能够接收数据、保存数据，按照预定的程序对数据进行处理，并提供和保存处理结果。

人类一直在追求计算速度和精度的提高，早在原始社会人们就用结绳、垒石或枝条作为辅助工具进行计数和计算的工具。在我国，春秋时代就出现了算筹计数的"筹算法"。公元 6 世纪左右，中国人开始将算盘作为计数工具，算盘是我国独特的创造，是一种彻底的十进制计算工具。

1620 年，欧洲人发明计算尺；1642 年计算器出现；1854 年英国数学家布尔（George Boole）提出了符号逻辑的思想；19 世纪中期，被称为"计算机之父"的英国数学家巴贝奇（Charles Babbage）最先提出了通用计算机的基本设计思想，他于 1832 年开始设计一种基于自动化的程序控制分析机，完整地提出了计算机设计方案。

1.1.2 计算机的发展

1. 世界上计算机的发展

第一台真正意义上的数字电子计算机——Electronic Numerical Integrator And Calculator（ENIAC）于 1946 年 2 月在美国的宾夕法尼亚大学正式投入研制并成功运行。ENIAC 共使用了约 18 800 个真空电子管，重达 30t，耗电 174kW，占地约 140m^2，用十进制计算，每秒运算 5 000 次加法。它没有今天的键盘、鼠标等设备，人们只能通过扳动庞大面板上的无数开关向计算机输入信息。ENIAC 的诞生奠定了电子计算机的发展基础，开辟了信息时代的新纪元，有人将其称为人类第三次产业革命开始的标志。

从 ENIAC 开始到今天，计算机发生了翻天覆地的变化。人们根据计算机采用的主要元器件的不同，将电子计算机的发展划分为五个阶段。

（1）第一代（1946-1957 年）：电子管计算机，也叫真空管计算机。它的主要逻辑器件是电子管，运算速度仅为每秒几千次，内存容量仅为几千字节。程序设计语言采用机器语言和汇编语言，这个时代的计算机主要用于科学计算。

（2）第二代（1958-1964 年）：晶体管计算机。它的主要逻辑器件是晶体管，运算速度可达每秒钟几十万次，内存容量扩大到几十万字节。这一阶段出现了高级程序设计语言，如 Algol、Fortran、Cobol 等，应用领域也扩大到数据处理。

（3）第三代（1965-1970 年）：集成电路计算机。它的主要逻辑元件是中小规模集成电路，运算速度每秒钟达到几十万次到几百万次。高级程序设计语言在这一阶段得到了发展，出现了操作系统和会话式语言。计算机应用于各个领域。

（4）第四代（1971-1981 年）：超大规模集成电路计算机。它的主要逻辑器件是大规模或超大规

模集成电路，运算速度达到每秒几百万次以上，操作系统不断完善，开始了计算机网络时代。

（5）第五代（1981至今）：新一代计算机。计算机中最基本的就是芯片，芯片制造技术的不断进步，是推动计算机技术发展的最基本的动力。然而，以硅为基础的芯片制造技术的发展不是无限的，由于磁效应、热效应、量子效应以及制作上的困难，人们正在开拓新的芯片制造技术。科学家认为现有芯片制作方法将在未来十年内达到极限，为此，世界各国研究人员正在开发以量子计算机、分子计算机、生物计算机和光计算机为代表的新一代计算机。

2. 我国计算机的发展

我国对计算机的研究虽然起步较晚，但是发展很快。从20世纪50年代开始研制高性能计算机，其发展的阶段与国际发展相类似，也经历了大型机、超级计算机、高性能计算机时代。

（1）第一阶段（1957-1962年）：1958年，中国第一台计算机问世，运行速度为每秒1 500次，字长为31位，内存容量1 024字节。1960年，中国第一台大型通用电子计算机研制成功，其字长为32位，内存容量为1 024字节，有加减乘除等16条指令，主要用于弹道计算。

（2）第二阶段（1963-1972年）：1963年，中国第一台大型晶体管电子计算机研制成功。这标志着中国电子计算机进入了第二代。1967年，新型晶体管大型通用数字计算机诞生。1970年，第一台具有多道程序分时操作系统和标准汇编语言的计算机研制成功。1972年，每秒运算11万次的大型集成电路通用数字电子计算机研制成功。

（3）第三阶段（1973-1982年）：1973年，中国第一台百万次集成电路电子计算机研制成功，字长为48位，存储容量为13kB。1977年，中国第一台微型计算机研制成功。1979年，中国研制成功每秒运算500万次的集成电路计算机。1981年，中国研制成功的260机平均运算速度达到每秒1 000万次。

（4）第四阶段（1983-1992年）：1983年，国防科技大学研制成功"银河I型"巨型计算机，运算速度达到每秒1亿次。1987年，第一台国产的286微机——长城286正式推出。1988年，第一台国产386微机——长城386推出。1990年，中国智能工作站诞生，长城486计算机问世。

（5）第五阶段（1993至今）：1993年，中国第一台10亿次巨型银河计算机II型通过鉴定。1997年，银河－III并行巨型计算机研制成功。1999年，银河－IV巨型机研制成功。2003年，百万亿次数据处理超级服务器曙光4000L通过国家验收，再一次刷新了国产超级服务器的历史纪录，使得国产高性能产业再上一个新台阶。2009年10月29日，中国研制的"天河一号"计算机成功，这使中国成为继美国之后世界上第二个能够研制千万亿次超级计算机的国家。

3. 计算机的发展趋势

（1）巨型化。巨型化指研制速度更快、存储量更大和功能更强大的巨型计算机。主要应用于天文、气象、地质、核技术、航天飞机和卫星轨道计算等尖端科学技术领域，巨型计算机的研制技术水平是衡量一个国家科学技术和工业发展水平的重要标志。

（2）微型化。微型化是指利用微电子技术和超大规模集成电路技术把计算机的体积进一步缩小，促使价格进一步降低。各种笔记本电脑和PDA的大量面世和使用，是计算机微型化的一个标志；计算机的微型化已成为计算机发展的重要方向。

（3）网格化。使用网格技术可以更好地管理网上的资源，它把整个互联网虚拟成一台空前强大的一体化信息系统，犹如一台巨型机。在这个动态变化的网络环境中，实现计算资源、存储资源、数据资源、信息资源、知识资源、专家资源的全面共享，从而让用户从中享受可灵活控制的、智能的、协作式的信息服务。

（4）智能化。计算机智能化是指使计算机具有模拟人的感觉和思维过程的能力。智能化的研究包括模拟识别、物形分析、自然语言的生成和理解、博弈、定理自动证明、自动程序设计、专家系统、学习系统和智能机器人等。目前已研制出多种具有人的部分智能的机器人，可以代替人在一些危险的工作岗位上工作。有人预测，家庭智能化的机器人将继PC机之后下一个家庭普及的信息化产品。

1.1.3 计算机的特点

与其他工具相比，计算机具有记忆性、存储性、通用性、自动性和精确性的特点。

1. 运算速度快

计算机的运算部件采用的是电子器件，其运算速度远非其他计算工具所能比拟，而且运算速度还以每隔几个月就提高一个数量级的速度在发展。

2. 存储容量大

计算机的存储性是计算机区别于其他计算工具的重要特征。计算机可以把原始数据、中间结果、运算指令等存储起来，以备随时调用。存储器不但可以存储大量的信息，而且能够快速准确地存入和取出这些信息。

3. 通用性强

通用性是计算机能够应用于各种领域的基础，任何复杂的任务都可以分解为大量的基本的算术运算和逻辑操作。计算机程序员可以把这些基本的运算和操作按照一定的算法写成一系列的操作指令，加上运算所需要的数据，形成适当的程序就可以完成各种各样的任务。

4. 工作自动化

计算机内部的操作运算是根据人们预先编制的程序自动控制执行的。只要把包含一连串指令的处理程序输入计算机，计算机就可以依次取出指令，逐条执行，完成规定的操作，输出结果。

5. 精确度高

计算机的可靠性很高，差错率极低，一般来讲只在人工介入的部分才有可能发生错误。

1.1.4 计算机的分类

计算机的分类方法很多，根据处理的对象用途和规模可以有不同的分法，下面介绍几种常用的分类方法。

1. 按处理的对象分类

电子计算机按处理的对象分可分为电子模拟计算机、电子数字计算机和混合计算机。

（1）电子模拟计算机所处理的电信号在时间上是连续的，采用的是模拟技术。

（2）电子数字计算机所处理的电信号在时间上是离散的，采用的是数字技术。计算机将信息数字化之后具有易保存、易表示、易计算、方便硬件实现等优点，所以数字计算机已成为信息处理的主流。通常所说的计算机都是指电子数字计算机。

（3）混合计算机是将数字技术和模拟技术相结合的计算机。

2. 按性能规模分类

按计算机的综合性能指标将计算机分为巨型机、大型机、中型机、小型机、微型机和工作站6大类。

（1）巨型机。巨型机也称超级计算机。它采用大规模并行处理的体系结构使其运算速度快、存储容量大，有极强的运算处理能力。我国自行研制成功的"银河－Ⅲ"百亿次巨型机，"曙光"千亿次计算机等都属于巨型机。巨型机主要应用于核武器、空间技术、大范围天气预报、石油勘探等领域。

（2）大型机。大型机有极强的综合处理能力，其主要有通用性强、综合处理能力强、性能覆盖面广等特点，主要应用于公司、银行、政府部门、社会管理机构和制造厂家等。

（3）中型机。中型机是介于大型机和小型机之间的一种机型。

（4）小型机。小型机规模小，结构简单，设计周期短，便于及时采用先进工艺。这类机器由于可靠性强，对运行环境要求低，易于操作且便于维护。小型计算机主要用于科学计算、数据处理，也可用于生产过程的自动控制以及数据采集、分析计算等，具有规模较小、成本低、维护方便等优点，为中小型企事业单位所常用。

（5）微型机。微型机采用微处理器、半导体存储器和输入输出接口组装。微型计算机分台式机和便携机两大类。便携机体积小、重量轻，便于外出使用，其性能与台式机相当，但价格高出一倍左右。微型计算机是日常生活中使用最多、最普遍的计算机，具有价格低廉、性能强、体积小、功耗低、方便使用等特点，遍及社会各个领域。

（6）工作站。工作站是一种高档微机系统。它配有大容量主存，具有高速运算能力，具有大小型机的多任务、多用户功能，且兼具微型机操作便利的优点，拥有良好的人机界面，很强的图形处理功能以及较强的网络通信能力。它可以连接到多种输入 / 输出设备。其应用领域从最初的计算机辅助设计扩展到商业、金融、办公领域，并充当网络服务器的角色。

3. 按功能和用途分类

按功能和用途可分为专用计算机和通用计算机。

（1）专用计算机配有解决特定问题的软件和硬件，因此专用计算机在特定用途下最有效，但功能单一。

（2）通用计算机具有功能强、兼容性强、应用面广、操作方便等优点，但其效率、速度和经济相对专用机要低一些。

1.1.5 计算机的应用

1. 科学计算

科学计算是指科学和工程中的数值计算。它与理论研究、科学实验一起成为当代科学研究的3种主要方法。主要应用在航天工程、气象、地震、核能技术、石油勘探和密码解译等涉及复杂数值计算的领域。

2. 数据处理

数据处理是指非数值形式的数据处理，是指以计算机技术为基础，对大量数据进行加工处理，形成有用的信息。数据处理广泛应用于办公自动化、事务处理、情报检索、企业管理和知识系统等领域。信息管理是计算机应用最广泛的领域。

在科学研究过程中，即在人口统计、办公自动化、企业管理、邮政业务、机票订购、情报检索、图书管理、医疗诊断等方面，会得到大量的原始数据信息，其中包括大批图片资料以及多媒体信息。这些信息都需要用计算机进行数据处理。全世界计算机用于数据处理的工作量占全部计算机应用的80% 以上，大大提高了工作效率和管理水平。

3. 计算机辅助技术

（1）计算机辅助设计（Computer Aided Design，CAD）。计算机辅助设计是指使用计算机进行产品和工程设计，它能使设计过程自动化、设计合理化、科学化、标准化，大大缩短设计周期，从而增强产品在市场上的竞争力。CAD 技术已广泛应用于建筑工程设计、室内装潢设计、服装设计、机械制造设计、船舶设计等行业。

（2）计算机辅助制造（Computer Aided Manufacturing，CAM）。计算机辅助制造是指利用计算机通过各种数值控制生产设备，包括工艺过程设计、工装设计、计算机辅助数控加工编程、生产作业计划、制造过程控制、质量检测与分析等。利用 CAM 可提高产品质量，降低成本和降低劳动强度。

（3）计算机辅助教学（Computer Aided Instruction，CAI）。计算机辅助教学是指将教学内容、教学方法以及学生的学习情况等存储在计算机中，帮助学生轻松地学习知识。CAI 不仅能减轻教师的负担，还能激发学生的学习兴趣，从而提高教学质量，为培养现代化高质量人才提供有效方法。计算机辅助教学在现代教育技术中起着相当重要的作用。

其他的计算机辅助功能包括计算机辅助出版、计算机辅助管理、辅助绘制和辅助排版等。

4.过程控制

过程控制又称实时控制，是指计算机实时采集检测数据，按最佳方法迅速地对被控制对象进行自动控制或自动调节。利用计算机进行过程控制，不仅提高了控制的自动化水平，而且大大提高了控制的及时性和准确性，从而改善了劳动条件，提高了质量，节约了能源，降低了成本。计算机广泛应用在科学技术、军事、工业和农业等各个领域的控制过程中。由于过程控制一般都是实时控制，要求计算机可靠性高，响应及时。目前在实时控制系统中广泛采用集散系统，即把控制功能分散给若干台计算机担任，而操作管理则集中在一台或多台高性能的计算机上进行。

5.人工智能

人工智能是指使用计算机模拟人的某些智能，使计算机能像人一样具有识别文字、图像、语音以及推理和学习等能力。它是一门研究解释和模拟人类智能、智能行为及其规律的学科，其主要任务是建立智能信息处理理论，进而设计可以展现某些近似人类智能行为的计算系统。人工智能的研究领域包括知识工程、机器学习与数据挖掘、自然语言理解、模式识别、专家系统以及智能计算等多个方面。人工智能是计算机应用研究的一个新的领域，这方面的研究和应用正处于发展阶段，在医疗诊断、定理证明、语言翻译、机器人等方面，已有了显著的成效。

6.多媒体技术应用

多媒体技术是把数字、文字、声音图形、图像和动画等多媒体有机组合起来，利用计算机、通信和广播电视技术，使这些媒体元素建立起逻辑联系，并进行加工处理（包括对这些媒体的录入、压缩和解压缩、存储、显示和传输等）。多媒体的应用以较快的速度出现在医疗、教育、商业、银行、保险、行政管理、军事、工业、广播和出版等领域。

7.计算机网络与通信

利用通信技术，将不同地理位置的计算机互联，可以实现世界范围内的信息资源共享，并能交互式地交流信息。正所谓"一线联五洲"，Internet 的建立和应用使世界变成了一个"地球村"，深刻地影响了我们的生活、学习和工作的方式。

项目 1.2 计算中信息的表示

引言

数据是指能够输入计算机并被计算机处理的数字、字母和符号的集合。在计算机内部，数据都是以二进制的形式存储和运算的。

知识汇总

● 数值与进制；进制之间的转换；二进制的运算

1.2.1 数制与进制

日常生活中最常采用的数制是十进制，用 0 ~ 9 这 10 个数字来表示数据。在计算机中，所有的信息都采用二进制编码。在二进制系统中只有 0 和 1 两个数。图形、声音、视频等信息要存入计算机都必须转换成二进制数码形式。这是因为在计算机内部，信息的表示依赖于机器硬件电路的状态，而构成计算机的电子元件的两种状态是导通和截止。两种状态也实现了逻辑值"真"与"假"的表示。采用二进制表示信息具有易于物理实现、运算简单等优点。此外，为了书写方便在编程中还经常使用八进制和十六进制。下面介绍数制的几个基本概念：（1）计数制。计数制是用进位的方法进行计数的数制，简称进制。（2）数码。一组用来表示某种数制的符号。如1、2、3、4、A、B、C、Ⅰ、Ⅱ、Ⅲ、Ⅳ等。（3）基数。数制所使用的数码个数。常用"R"表示，称R进制。如二进制的数码是0、1，那么基数便为2。（4）位权。位权指数码在不同位置上的权值。在进位计数制中，处于不同数位的数码代表的数值不同。例如，制数111，个位数上的1权值为10^0，十位数上的1权值为10^1，百位数上的1权值为10^2。以此推理，第 n 位的权值便是 10^{n-1}，如果是小数点后面第 m 位，则其权值为 10^{-m}。

常见的几种进位计数制如下：

1. 十进制（Decimal）

十进制的特点如下：

（1）有10个数码，0、1、2、3、4、5、6、7、8、9。（2）基数为10。（3）逢十进一，借一当十。（4）按权展开式。对于任意一个 n 位整数和 m 位小数的十进制数 D，均可按权展开为

$$D=D_{n-1}10^{n-1}+D_{n-2}10^{n-2}+\cdots+D_1 10^1+D_0 10^0+D_{-1}10^{-1}+\cdots+D_{-m}10^{-m}$$

例：将十进制数 456.24 写成按权展开式形式为：

$$456.24=4\times10^2+5\times10^1+6\times10^0+2\times10^{-1}+4\times10^{-2}$$

2. 二进制（Binary）

二进制的特点如下：

（1）有两个数码，0、1。（2）基数为2。（3）逢二进一，借一当二。（4）按权展开式。对于任意一个 n 位整数和 m 位小数的二进制数 D，可按权展开为

$$D=B_{n-1}2^{n-1}+B_{n-2}2^{n-2}+\cdots+B_1 2^1+B_0 2^0+B_{-1}2^{-1}+\cdots+B_{-m}2^{-m}$$

例：将二进制数（11001.101）$_2$ 写成展开式，它表示的十进制数为

$$1\times2^4+1\times2^3+0\times2^2+0\times2^1+1\times2^0+1\times2^{-1}+0\times2^{-2}+1\times2^{-3}=(25.625)_{10}$$

3. 八进制（Octal）

八进制的特点如下：

（1）有8个数码，0、1、2、3、4、5、6、7。（2）基数为8。（2）逢八进一，借一当八。（4）按权展开式。对于任意一个 n 位整数和 m 位小数的八进制数 D，可按权展开为

$$D=Q_{n-1}8^{n-1}+\cdots+Q_1 8^1+Q_0 8^0+Q_{-1}8^{-1}+\cdots+Q_{-m}8^{-m}$$

例：将（5346）$_8$ 写成展开式，它表示的十进制数为

$$5\times8^3+3\times8^2+4\times8^1+6\times8^0=(2\,790)_{10}$$

4. 十六进制（Hexadecimal）

十六进制的特点如下：

（1）有16个数码，0、1、2、3、4、5、6、7、8、9、A、B、C、D、E、F。（2）基数为16。（3）逢十六进一，借一当十六。（4）按权展开式。对于任意一个 n 位整数和 m 位小数的十六进制数 D，可按权展开为

$$D=H_{n-1}16^{n-1}+\cdots+H_1 16^1+H_0 16^0+H_{-1}16^{-1}+\cdots+H_{-m}16^{-m}$$

在 16 个数码中，A、B、C、D、E 和 F 这 6 个数码分别代表十进制的 10、11、12、13、14 和 15，这是国际上通用的表示法。

例：十六进制数（4C4D）$_{16}$ 代表的十进制数为

$$4\times16^3+C\times16^2+4\times16^1+D\times16^0=(19\,533)_{10}$$

不同数进制之间进行转换应遵循转换原则。转换原则是：两个有理数如果相等，则有理数的整数部分和小数部分一定分别相等。也就是说，若转换前两数相等，转换后仍必须相等，数制的转换要遵循一定的规律。表 1.1 为几种常用进制之间的对照关系。

表 1.1 几种常用进制之间的对照关系

二进制	十进制	八进制	十六进制
0000	0	0	0
0001	1	1	1
0010	2	2	2
0011	3	3	3
0100	4	4	4
0101	5	5	5
0110	6	6	6
0111	7	7	7
1000	8	10	8
1001	9	11	9
1010	10	12	A
1011	11	13	B
1100	12	14	C
1101	13	15	D
1110	14	16	E
1111	15	17	F

1.2.2 进制转换

1. 二、八、十六进制数转换为十进制数

（1）二进制数转换成十进制数。将二进制数转换成十进制数，只要将二进制数用计数制通用形式表示出来，计算出结果，便得到相应的十进制数。以 2 为基数按权展开并相加。

例：$(110\ 1100.111)_2$

$= 1 \times 2^6 + 1 \times 2^5 + 1 \times 2^3 + 1 \times 2^2 + 1 \times 2^{-1} + 1 \times 2^{-2} + 1 \times 2^{-3}$

$= 64 + 32 + 8 + 4 + 0.5 + 0.25 + 0.125$

$= (108.875)_{10}$

（2）八进制数转换为十进制数。将八进制数转换成十进制数，只要将八进制数用计数制通用形式表示出来，计算出结果，便得到相应的十进制数。以 8 为基数按权展开并相加。

例：$(652.34)_8$

$= 6 \times 8^2 + 5 \times 8^1 + 2 \times 8^0 + 3 \times 8^{-1} + 4 \times 8^{-2}$

$= 384 + 40 + 2 + 0.375 + 0.0625$

$= (426.437\ 5)_{10}$

（3）十六进制数转换为十进制数。将十六进制数转换成十进制数，只要将十六进制数用计数制通用形式表示出来，计算出结果，便得到相应的十进制数。以 16 为基数按权展开并相加。

例：$(19BC.8)_{16}$

$= 1 \times 16^3 + 9 \times 16^2 + B \times 16^1 + C \times 16^0 + 8 \times 16^{-1}$

$= 4\ 096 + 2\ 304 + 176 + 12 + 0.5$

$= (6\ 588.5)_{10}$

2. 十进制数转换为二进制数

（1）整数部分的转换。把被转换的十进制整数反复地除以 2，直到商为 0，所得的余数（从末位读起）就是这个数的二进制表示。简单地说就是"除 2 取余法"。

例如，将十进制整数 $(215)_{10}$ 转换成二进制整数。转换过程如图 1.1 所示。

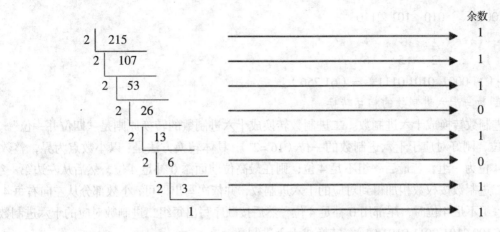

图1.1　十进制数215转换成二进数制过程图

结果为：（215）₁₀=（11010111）₂

（2）小数部分的转换。十进制小数转换成二进制小数是将十进制小数连续乘以2，选取进位整数，直到满足精度要求为止。简称"乘2取整法"。

例：将十进制小数0.6875转换成二进制小数。

$$0.6875$$
$$\times\ 2$$
1.3750　　整数 =1
$$0.3750$$
$$\times\ 2$$
0.7500　　整数 = 0
$$0.7500$$
$$\times\ 2$$
1.5000　　整数 =1
$$0.5000$$
$$\times\ 2$$
1.000　　整数 =1

结果为：（0.6875）₁₀=（0.1011）₂

3. 八进制数与二进制数之间的转换

二进制数与八进制数之间的转换对应关系是：八进制数的每一位对应二进制数的三位。

（1）八进制数转换为二进制数。八进制数转换成二进制数所使用的转换原则是"一位拆三位"。具体转换方法是：以小数点为界，向左或向右每一位八进制数用相应的三位二进制数取代，然后将其连在一起即可。

例：将（36.54）₈ 转换为二进制数。

$$
\begin{array}{cccc}
3 & 6 \quad . & 5 & 4 \\
\downarrow & \downarrow & \downarrow & \downarrow \\
011 & 110 \quad . & 101 & 100
\end{array}
$$

结果为：（36.54）₈ =（011110.101100）₂

（2）二进制数转换成八进制数。二进制数转换成八进制数可概括为"三位并一位"。由于二进制数和八进制数之间存在特殊关系，即 $8^1=2^3$，因此转换方法比较容易。具体转换方法是：将二进制数从小数点开始向左右两边以每三位为一组，不足三位时补0即可，然后每组改成等值的一位八进制数即可。

例：将（110001.01010111）₂转换成八进制数。

```
110   001   .   010   101   110
 ↓     ↓         ↓     ↓     ↓
 6     1     .   2     5     6
```

结果为：$(11\,0001.0101\,0111)_2 = (61.256)_8$

4. 二进制数与十六进制数的相互转换

（1）二进制数转换成十六进制数。二进制数转换成十六进制数的转换原则是"四位并一位"。二进制数的每四位，刚好对应于十六进制数的一位（$16^1 = 2^4$）。具体转换方法是：以小数点为界，整数部分从右向左每4位为一组，若最后一组不足4位，则在最高位前面添0补足4位，然后从左边第一组起，将每组中的二进制数按权数相加得到对应的十六进制数，并依次写出即可；小数部分从左向右每4位为一组，最后一组不足4位时，尾部用0补足4位，然后按顺序写出每组二进制数对应的十六进制数。

例：将 $(100\,0101\,0011.0101\,01)_2$ 转换成十六进制数。

```
0100   0101   0011   .   0101   0100
 ↓      ↓      ↓          ↓      ↓
 4      5      3      .   5      4
```

结果为：$(100\,0101\,0011.0101\,01)_2 = (453.54)_{16}$

（2）十六进制数转换成二进制数。十六进制数转换成二进制数的转换原则是"一位拆四位"。具体转换方法是：以小数点为界，向左或向右每一位十六进制数用相应的四位二进制数取代，然后将其连在一起即可。

例：将 $(B46.2A7)_{16}$ 转换为二进制数。

```
 B     4     6     .   2      A     7
 ↓     ↓     ↓         ↓      ↓     ↓
1011  0100  0110   .  0010   1010  0111
```

结果为：$(B46.2A7)_{16} = (1011\,0100\,0110.0010\,1010\,0111)_2$

·····1.2.3 二进制运算

1. 二进制数的算术运算

二进制数的算术运算包括加法、减法、乘法和除法运算。

（1）二进制数的加法运算。二进制数的加法运算法则是：0+0=0，0+1=1+0=1，1+1=10。

（2）二进制数的减法运算。二进制数的减法运算法则是：0-0=0，1-1=0，1-0=1，0-1=1（有借位）。

（3）二进制数的乘法运算。二进制数的乘法运算法则是：0×0=0，0×1=1×0=0，1×1=1。

（4）二进制数的除法运算。二进制数的除法运算规则是：0÷0=0，0÷1=0，1÷1=1。

2. 二进制数的逻辑运算

在计算机中的逻辑运算有：逻辑加法（又称"或"运算）、逻辑乘法（又称"与"运算）、逻辑"非"运算和"异或"运算。

（1）逻辑与运算（乘法运算）。逻辑与运算常用符号"∧"来表示。如果 A、B、C 为逻辑变量，则 A 和 B 的逻辑与可表示成 A∧B=C，读作"A 与 B 等于 C"。一位二进制数的逻辑与运算规则见表1.2。

表1.2　与运算规则

A	B	A∧B（C）
0	0	0
0	1	0
1	0	0
1	1	1

例：设 A = 01001100B，B = 01011111B，求 A∧B。

```
  01001100
∧ 01011111
  ————————
  01001100
```

结果为：A∧B = 01001100B。

（2）逻辑或运算（加法运算）。逻辑或运算通常用符号"∨"来表示。如果 A、B、C 为逻辑变量，则 A 和 B 的逻辑或可表示成 A∨B=C，读作"A 或 B 等于 C"。一位二进制数的逻辑或运算规则见表1.3。

表 1.3 或运算规则

A	B	A∨B（C）
0	0	0
0	1	1
1	0	1
1	1	1

例：设 A = 01110001B，B=10010010B，求 A∨B。

```
  01110001
∨ 10010010
  ————————
  11110011
```

结果为：A∨B = 11110011B。

（3）逻辑非运算（逻辑否定、逻辑求反）。设 A 为逻辑变量，则 A 的逻辑非运算记作 $\overline{A}$。逻辑非运算的规则为：如果不是 0，则唯一的可能性就是 1；反之亦然。一位二进制数的逻辑非运算的真值表见表1.4。

表 1.4 非运算规则

A	$\overline{A}$
0	1
1	0

例：设 A = 111011001B，B=110111101B，求 $\overline{A}$，$\overline{B}$。

结果为：$\overline{A}$ = 000100110B，$\overline{B}$ = 001000010B。

(4) 逻辑异或运算。逻辑异或运算符为"⊕"。如果 A、B、C 为逻辑变量，则 A 和 B 的逻辑异或可表示成 A⊕B = C，读作"A 异或 B 等于 C"。一位二进制数的逻辑异或运算规则见表1.5。

表 1.5 逻辑异或的运算规则

A	B	A⊕B（C）
0	0	0
0	1	1
1	0	1
1	1	0

例：设 A = 00110101B，B = 10110111B，求 A⊕B。

```
  00110101
⊕ 10110111
  ————————
  10000010
```

结果为：A⊕B = 10000010B。

1.2.4 数据存储的常用概念

1. 位

二进制数据中的一个位（bit）是计算机存储数据的最小单位。一个二进制位只能表示 0 或 1 两种状态。要表示更多的信息，就要把多个位组合成一个整体，一般以 8 位二进制组成一个基本单位。

2. 字节

字节是计算机数据处理的最基本单位，并主要以字节为单位解释信息。字节（Byte）简记为 B，规定一个字节为 8 位，即 1 B=8 bit。每个字节由 8 个二进制位组成。一般情况下，一个 ASCII 码占用一个字节，一个汉字占用两个字节。

3. 字

一个字通常由一个或若干个字节组成。字（Word）是计算机进行数据处理时，一次存取、加工和传送的数据长度。由于字长是计算机一次所能处理信息的实际位数，所以，它决定了计算机数据处理的速度，是衡量计算机性能的一个重要指标，字长越长，性能越好。

4. 数据的换算关系

1 Byte=8 bit，1 KB=1 024 B，1 MB=1 024 KB，1 GB=1 024 MB。

计算机型号不同，其字长是不同的，常用的字长有 8、16、32 和 64 位。一般情况下，PC 机的字长为 8 位，80286 微机字长为 16 位，80386/80486 微机字长为 32 位，Pentium 系列微机字长为 64 位。

1.2.5 数据的表示

1. 数字的表示

（1）机器数和真值。机器数的表示法是用机器数的最高位代表符号，其数值位为真值的绝对值。计算机内表示的数，分成整数和实数两大类。在计算机内部，数据是以二进制的形式存储和运算的。数的正负用高位字节的最高位来表示，定义为符号位，用"0"表示正数，"1"表示负数。例如，二进制数 +0101111 在机器内的表示为 00101111。在数的表示中，机器数与真值的区别是：真值带符号如 -0011100，机器数最高位为符号位，用"0"表示正数，"1"表示负数，如 10011100。

例：真值数为 -0111001，其对应的机器数为 10111001，其中最高位为 1，表示该数为负数。

（2）数值数据的表示。

① 整数的表示。计算机中的整数一般用定点数表示，定点数指小数点在数中有固定的位置。整数又可分为无符号整数和带符号整数。无符号整数中，所有二进制位全部用来表示数的大小；有符号整数用最高位表示数的正负号，其他位表示数的大小。如果用一个字节表示一个无符号整数，其取值范围是 $0 \sim 255$（2^8-1）。表示一个有符号整数，其取值范围为 $-128 \sim +127$（$-2^7 \sim +2^7-1$）。例如，如果用一个字节表示整数，则能表示的最大正整数为 01111111（最高位为符号位），即最大值为 127，若数值 $> |127|$，则"溢出"。计算机的地址常用无符号整数表示，可以用 8 位、16 位或 32 位来表示。

② 实数的表示。实数一般用浮点数表示，因它的小数点位置不固定，所以称浮点数。它是既有整数又有小数的数，纯小数可以看做实数的特例。

例：57.135、0.00 148 都是实数，又可以表示为

$$57.135=10^2 \times (0.571\ 35) \qquad 0.001\ 48=10^{-2} \times (0.148)$$

其中指数部分用来指出实数中小数点的位置，括号内是一个纯小数。二进制的实数表示也是这样，例如，110.101 可表示为：$110.101=2^{10} \times 1.10101 = 2^{-10} \times 11010.1 = 2^{+11} \times 0.1101010$

在计算机中一个浮点数由指数（阶码）和尾数两部分组成，阶码用来指示尾数中的小数点应当向左或向右移动的位数；阶段码本身的小数点约定在阶码最右面。尾数表示数值的有效数字，其小数点约定在数符范围和尾数之间。在浮点数表示中数符和阶符各占一位，阶码的值随浮点数数值的范围而定，尾数的位数随浮点数的精度要求而定。

（3）原码、反码、补码的表示。在计算机中，符号位和数值位都是用0和1表示，在对机器数进行处理时，必须考虑到符号位的处理，这种考虑的方法就是对符号和数值的编码方法。常见的编码方法有原码、反码和补码3种方法。下面分别讨论这3种方法的使用。

① 原码的表示。一个数X的原码表示为：符号位用0表示正，用1表示负；数值部分为X的绝对值的二进制形式。记X的原码表示为[X]$_原$。

例：当X=+1100001时，则[X]$_原$=01100001

当X=-1110101时，则[X]$_原$=11110101

在原码中，0有两种表示方式：

当X=+0000000时，[X]$_原$=00000000

当X=-0000000时，[X]$_原$=10000000

②反码的表示。一个数X的反码表示方法为：若X为正数，则其反码和原码相同；若X为负数，在原码的基础上，符号位保持不变，数值位各位取反。记X的反码表示为[X]$_反$。

例：当X=+1100001时，则[X]$_原$=01100001，[X]$_反$=01100001

当X=-1100001时，则[X]$_原$=11100001，[X]$_反$=10011110

在反码表示中，0也有两种表示形式：

当X=+0时，则[X]$_反$=00000000

当X=-0时，则[X]$_反$=10000000

③ 补码的表示。一个数X的补码表示方式为：当X为正数时，则X的补码与X的原码相同；当X为负数时，则X的补码，其符号位与原码相同，其数值位取反加1。记X的补码表示为[X]$_补$。

例：当X=+1110001时，[X]$_原$=01110001，[X]$_补$=01110001

当X=-1110001时，[X]$_原$=11110001，[X]$_补$=10001111

2. 文字信息的表示

计算机处理的对象是二进制表示的数据。具有数字大小和正负特性的数据称为数字数据，而文字、图像、声音等数据并无数字的大小和正负特性，称为非数字数据。两者在计算机内部都是以二进制的形式表示和存储的。

非数字数据又称字符或者字符数据。由于计算机只能处理二进制数据，这就需要用二进制的0和1按照一定的规则对各种字符进行编码。

（1）字符编码。目前采用的字符编码主要是ASCII码，它是American Standard Code for Information Interchange（美国标准信息交换代码）的缩写，已被国际标准化组织ISO采纳，作为国际通用的信息交换标准代码。ASCII码是一种西文机内码，有7位ASCII码和8位ASCII码两种，7位ASCII码称为标准ASCII码，8位ASCII码称为扩展ASCII码。7位标准ASCII码用一个字节（8位）表示一个字符，并规定其最高位为0，实际只用到7位，因此可表示128个不同字符。同一个字母的ASCII码值小写字母比大写字母大32（20H）。

（2）汉字编码。

①汉字交换码。由于汉字数量极多，一般用连续的两个字节（16个二进制位）来表示一个汉字。1980年，我国颁布了第一个汉字编码字符集标准，即《信息交换用汉字编码字符集基本集》（标准号是GB 2312-1980），该标准编码简称国标码，是我国大陆地区及新加坡等海外华语区通用的汉字交换码。它收录了6 763个汉字，以及682个符号，共7 445个字符，奠定了中文信息处理的基础。

②汉字机内码。国标码GB 2312不能直接在计算机中使用，因为它没有考虑与基本的信息交换代码ASCII码的冲突。例如，"大"的国标码是3473H，与字符组合"4S"的ASCII相同；"嘉"的汉字编码为3C4EH，与码值为3CH和4EH的两个ASCII字符"<"和"N"混淆。为了能区分汉字与ASCII码，在计算机内部表示汉字时把交换码（国标码）两个字节最高位改为1，称为"机内码"。这样，当某字节的最高位是1时，必须和下一个最高位同样为1的字节合起来，

才代表一个汉字。

③汉字字形码。　所谓汉字字形码实际上就是用来将汉字显示到屏幕上或打印到纸上所需要的图形数据。汉字字形码记录汉字的外形，是汉字的输出形式。记录汉字字形通常有两种方法——点阵法和矢量法，分别对应两种字形编码——点阵码和矢量码。所有的不同字体、字号的汉字字形构成汉字库。点阵码是一种用点阵表示汉字字形的编码，它把汉字按字形排列成点阵。一个 16×16 点阵的汉字要占用 32 个字节，一个 32×32 点阵的汉字则要占用 128 字节，而且点阵码缩放困难且容易失真。

④汉字输入码。　将汉字通过键盘输入到计算机采用的代码称为汉字输入码，也称为汉字外部码（外码）。汉字输入码的编码原则应该易于接受、学习、记忆和掌握，码长尽可能短。目前我国的汉字输入码编码方案已有上千种，但是在计算机上常用的只有几种，根据编码规则，这些汉字输入码可分为流水码、音码、形码和音形结合码四种。全拼输入法、智能 ABC 和微软拼音等汉字输入法为音码，五笔字型为形码。音码重码多、输入速度慢；形码重码较少，输入速度较快，但是学习和掌握较困难。目前以智能 ABC、微软拼音、紫光拼音输入法和搜狗输入法等音码输入法为主流汉字输入方法。

项目 1.3　微型计算机系统 ‖

引言

本项目主要讲述了计算机的系统构成：计算机是由硬件系统和软件系统两部分构成。

知识汇总

● 计算机的硬件系统；计算机的软件系统；计算机的性能指标

如今，计算机已发展成为一个庞大的家族。其中的每个成员，尽管在规模、性能、结构和应用等方面存在着很大的差异，但是它们的基本结构是相同的。计算机系统包括硬件系统和软件系统两大部分。硬件是指构成计算机的物理设备，即由机械、电子器件构成的具有输入、存储、计算、控制和输出功能的实体部件。硬件系统包括运算器、控制器、存储器、输入设备、输出设备等。软件是指系统中的程序以及开发、使用和维护程序所需的所有文档的集合。没有软件的计算机通常称为"裸机"。软件系统包括系统软件和应用软件。硬件和软件的相互依存才能构成一个可用的计算机系统。

1.3.1 微型计算机的硬件系统

计算机的硬件由主机和外围设备组成，通常把内存储器、运算器和控制器合称为计算机主机。把运算器、控制器做在一个大规模集成电路块上称为中央处理器，又称 CPU。也可以说主机是由 CPU 与内存储器组成的，而主机以外的装置称为外部设备，外部设备包括输入设备、输出设备、外存储器等。

1. 冯·诺依曼结构的重要设计思想

1945 年"现代电子计算机之父"冯·诺依曼提出了存储程序的通用电子计算机方案。概括起来，冯·诺依曼结构有 3 条重要的设计思想：

（1）计算机应由运算器、控制器、存储器、输入设备和输出设备 5 大部分组成，每个部分有一定的功能。

（2）以二进制的形式表示数据和指令。二进制是计算机的基本语言。每条指令一般具有一个操作码和一个地址码。其中，操作码表示运算性质，地址码指出操作数在存储器中的位置。

（3）将编好的程序和原始数据预先存入存储器中，使计算机在工作中能自动地从存储器中取出程序指令并加以执行。

2. 计算机的基本工作原理

计算机的工作过程实际上是快速地执行指令的过程。指令的执行过程如图1.2所示，分为如下几个步骤：

（1）取指令。从内存储器中取出指令送到指令寄存器。

（2）分析指令。计算机对指令寄存器中存放的指令进行分析，由译码器对操作码进行译码，将指令的操作码转换成相应的控制电信号，并由地址码确定操作数的地址。

（3）执行指令。执行指令是由操作控制线路发出的完成该操作所需要的一系列控制信息，以完成该指令所需要的操作。

（4）为执行下一条指令做准备：形成下一条指令的地址。指令计数器指向存放下一条指令的地址，最后控制单元将执行结果写入内存。

计算机在运行时，CPU从内存读取一条指令到CPU内执行，指令执行完，再从内存读取下一条指令到CPU执行。CPU不断地取指令，分析指令，执行指令，再取下一条指令，这就是程序的执行过程。

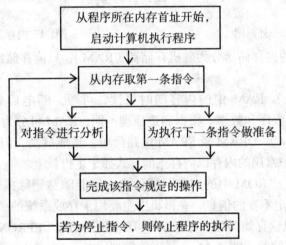

图1.2 指令的执行过程

3. 中央处理器CPU

CPU是计算机的核心部件，其外形如图1.3所示。CPU包括运算器和控制器，完成计算机的运算和控制功能。

（1）运算器。运算器又称算术逻辑单元（ALU），是计算机对数据进行加工处理的部件。它的主要功能是对二进制数码进行加、减、乘、除等算术运算和与、或、非等基本逻辑运算，实现逻辑判断。运算器的位数越多，计算的精度就越高，但是所费的电子器件也越多，成本也就越高。目前计算机的运算长度一般为8位、16位、32位或64位。

（2）控制器。控制器主要由指令寄存器、译码器、程序计数器和操作控制器等组成。控制器用来控制计算机各部件协调地工作，并使整个处理过程有条不紊地进行。它的基本功能就是从内存中取指令和执行指令，即控制器按程序计数器指出的指令地址从内存中取出该指令进行译码，然后根据该指令功能向有关部件发出控制命令，执行该指令。同时计算机还应具有响应外部突发事件的能力，控制器能在适当的时刻响应这些外部的请求，并作出处理。另外，控制器在工作过程中，还要接受各部件反馈回来的信息。

4. 存储器

存储器是计算机存储信息的"仓库"。所谓"信息"是指计算机系统所要处理的数据和程序。程序是一组指令的集合。存储器是有记忆能力的部件，用来存储程序和数据。

存储器可分为两大类：内存储器和外存储器。

（1）内存储器。内存储器简称内存，可以被 CPU 直接访问，用来存放当前正在使用的或者随时要使用的程序或数据。计算机运算之前，程序和数据通过输入设备送入内存。运算开始后，内存不仅要为其他部件提供必需的信息，也要保存运算的中间结果及最后结果。总之，它要和各个部件直接打交道。目前，计算机和微型计算机内部使用的都是半导体存储器。内存条外形如图 1.4 所示，它的特点是存取速度快，可与 CPU 处理速度相匹配，但价格较贵，能存储的信息量较少。

图1.3　CPU外形图　　　　　　　　　　　　图1.4　内存条外形图

①内存的分类。微机的内存储器分为随机存储器（RAM）、只读存储器（ROM）、高速缓冲存储器（Cache）。

●随机存储器（RAM）。RAM 中的内容随时可读、可写，断电后 RAM 中的信息全部丢失。RAM 用于存放当前运行的程序和数据。根据制造原理不同，RAM 可分为静态随机存储器（SRAM）和动态随机存储器（DRAM）。DRAM 较 SRAM 电路简单，集成度高，但速度较慢，微机的内存一般采用 DRAM。目前微机中常用的内存以内存条的形式插于主机板上。

●只读存储器（ROM）。ROM 中的内容只能读出，不能随意删除或修改，断电后信息不会丢失。ROM 主要用于存放固定不变的信息，在微机中主要用于存放系统的引导程序、开机自检、系统参数等信息。目前常用的只读存储器还有可擦除和可编程的 ROM（EPROM）和可电擦除、电改写的 ROM（EEPROM）、闪烁存储器（Flash Memory）等类型。

●高速缓冲存储器（Cache）。随着微电子技术的不断发展，CPU 的主频不断提高。主存由于容量大、寻址系统繁多、读写电路复杂等原因，造成了主存的工作速度大大低于 CPU 的工作速度，直接影响了计算机的性能。为了解决主存与 CPU 工作速度上的矛盾，在 CPU 和主存之间增设一级容量不大、但速度很高的高速缓冲存储器（Cache），简称快存。Cache 中存放常用的程序和数据。CPU 访问指令和数据时，先访问 Cache，如果目标内容已在 Cache 中（这种情况称为命中），CPU 则直接从 Cache 中读取，否则为非命中，CPU 就从主存中读取，同时将读取的内容存于 Cache 中。Cache 可看成是主存中面向 CPU 的一组高速暂存存储器。随着 CPU 的速度越来越快，系统主存越来越大，Cache 的存储容量也由 128 KB、256 KB 扩大到现在的 512 KB 或 2 MB。Cache 的容量并不是越大越好，过大的 Cache 会降低 CPU 在 Cache 中查找的效率。在高档微机中为了进一步提高性能，还把 Cache 设置成二级或三级。

②内存的性能指标。

●存储容量。存储器可以容纳的二进制信息量称为存储容量，通常以 RAM 的存储容量来表示微型计算机的内存容量。存储器的容量以字节（Byte）为单位，1 个字节为 8 个二进制位（bit）。为了度量信息存储容量，将 8 位二进制码（8 bit）称为一个字节（Byte），简称 B，字节是计算机中数据处理和存储容量的基本单位。

1 Byte = 8 bit

微机中，存储器容量常以字节为单位计量，常用单位有 KB、MB、GB、TB，换算关系如下：

1 024 B = 1KB，1 024 KB = 1 MB，1 024 MB = 1 GB，1 024 GB = 1 TB

●存取周期。指存储器进行两次连续、独立的操作（读写）之间所需的最短时间。存储器的存取周期是衡量主存储器工作速度的重要指标。

●功耗。这个指标反映了存储器耗电量的大小，也反映了发热程度。

（2）外存储器。外存储器（简称外存）又称辅助存储器，主要用于保存暂时不用但又需长期保留的程序或数据。如软盘、硬盘、光盘等都是外存储器。存放在外存中的程序必须调入内存才能运行，外存的存取速度相对来说较慢，但外存价格比较便宜，可保存的信息量大。常用的外存有磁盘、磁带、光盘等。

①软盘存储器。软盘存储器是磁介质，由软盘、软盘驱动器（FDD）和软盘适配器组成。软盘存储的数据是按一系列同心圆记录在其表面上的，每一个同心圆称为一个磁道。磁道从外向内依次编号为0道、1道、2道……，每个磁道划分为若干个弧段，便得到一个个扇区，扇区是磁盘的基本存储单位，每个扇区的存储量为512字节，扇区按1，2，3，…的顺序编号。

软盘的存储容量 = 盘面数 × 每面磁道数 × 每磁道扇区数 × 每扇区字节数。

②硬盘存储器。硬盘也是利用磁记录存储数据的。硬盘驱动器在一叠旋转的磁盘上利用读/写磁头读取和记录数据，微机中使用的硬盘存储设备其盘片和驱动器通常封装在一起。将几层盘片上具有相同半径的磁道看成是一个"柱面"。

硬盘的存储容量 = 磁头数 × 柱面数 × 每磁道扇区数 × 每扇区字节数（512字节）。

③光盘存储器。光盘是利用光学原理记录数据的。光盘驱动器是一种读取存储在光盘上数据的设备。大多数光盘驱动器放置在主机箱内，也有外置式光盘驱动器，通过电缆与计算机相连。一张光盘能存储600 MB以上的数据（相当于一套百科全书）。这为装载新程序提供了方便。一个原需要20多张软盘才能装载完的程序现可轻而易举地放在一张光盘上了。光盘主要用来存储多媒体信息，通常由厂家将程序、文字、图形、照片、声音等结合在一起，事先刻录好作为产品出售，从而为信息交流提供了很有效的方法。光盘存储器由光盘、光盘驱动器和接口电路组成。

常见的光盘有CD-ROM只读型光盘、CD-R一次写入型光盘和CD-RW可重写刻录型光盘。

④闪存盘。闪存盘是一种采用USB接口、无需物理驱动器的微型高容量移动存储产品，它采用的存储介质为闪存（Flash Memory）。闪存盘不需要额外的驱动器，将驱动器及存储介质合二为一，只要接在电脑上的USB接口就可独立地存储读/写数据。闪存盘体积很小，仅大拇指般大小，质量极轻，约为20g，特别适合随身携带。闪存盘中无任何机械式装置，抗震性能极强。另外，闪存盘还具有防潮防磁，耐高低温（–40~ +70 ℃）等特性，安全可靠性良好。

闪存盘只支持USB接口，它可直接插入电脑的USB接口或通过一个USB转接电缆（具有A-Type Plug and A-Type Receptacle）与电脑连接。

5. 常见总线标准

总线（Bus）是计算机各功能部件之间传送信息的公共通信干线，它是由导线组成的传输线束。微机内部信息的传送是通过总线进行的，各功能部件通过总线连在一起。微机中的总线一般分为数据总线、地址总线和控制总线，分别用来传输数据、数据地址及控制信号。常见的总线标准有：PCI总线，AGP总线，USB总线，IEEE 1394总线。

（1）PCI总线。PCI总线是由Intel,IBM,DEC公司推出的一种局部总线，它定义了32位数据总线，且可扩展为64位。PCI是迄今为止最成功的总线接口规范之一。PCI总线与CPU之间没有直接相连，而是经过桥接芯片组电路连接。PCI总线稳定性和匹配性出色，提升了CPU的工作效率，最大传输速率可达132 MB/s。

（2）AGP总线。AGP是加速图形端口的缩写，它是为提高视频带宽而设计的总线结构。AGP总线使图形加速硬件与CPU和系统存储器之间直接连接，无须经过繁忙的PCI总线，提高了系统实际数据传输速率和随机访问内存时的性能。目前AGP 4X的总线传输速率已达到1.06 GB/s。

（3）USB总线。USB总线即通用串行总线，是一种新型接口标准。它连接外设简单快捷，支持热拔插，成本低、速度快、连接设备数量多，目前广泛地应用于计算机、摄像机、数码相机和手机等多种数码设备上。目前 USB Ver2.0 数据传输速率达到 60 MB/s。

（4）IEEE 1394 总线。IEEE 1394 总线是一种串行接口标准，能非常方便地把电脑、电脑外设、家电等设备连接起来，能达到实时传送多媒体视频流的高速高带宽数据传输效果。IEEE 1394 总线是目前最快的高速外部串行总线，1394a 最高的传输速率达 400 MB/s，而 1394b 的最高传输速率达到了 800 MB/s，并且支持带电拔插。

6. 主板

主板是微型计算机系统中最大的一块电路板，有时又称为母板或系统板，是一块带有各种插口的大型印刷电路板（PCB）。它将主机的 CPU 芯片、存储器芯片、控制芯片、ROMBIOS 芯片等结合在一起。

7. 输入 / 输出设备

输入 / 输出设备是计算机与外界联系的桥梁，外设通过接口与系统总线相连。一般将输入设备、输出设备以及外存储器统称为外围设备。外围设备的种类很多，计算机可根据应用需要配接。

（1）输入设备。输入设备是将外界的各种信息送入到计算机内部的设备。常用的输入设备有键盘、鼠标、扫描仪、条形码读入器等。

① 利用键盘键入字母、数字、符号，可向计算机输入数据和指令。

② 鼠标是一种能让你在屏幕上定位并选择项目的手动设备，在桌子上移动鼠标时，屏幕上的鼠标指针也将按同样的方向移动，以便选中所需的项目。

（2）输出设备。输出设备是将计算机处理后的信息以人们能够识别的形式进行显示和输出的设备。常用的输出设备有显示器、打印机、绘图仪等。

① 显示器与视频显卡协同工作，可将计算机运行的结果以文本或图像的形式显示出来。

② 需要在纸上打印信息时，就要使用打印机。常用的打印机有点阵式打印机、激光打印机和喷墨打印机。

由于输入 / 输出设备大多是机电装置，有机械传动或物理移位等动作过程，所以，输入 / 输出设备是计算机系统中运转速度最慢的部件。

❖❖❖ 1.3.2 微型计算机的软件系统

硬件是计算机运行的物质基础。计算机的性能如运算速度、存储容量、计算和可靠性等，很大程度上取决于硬件的配置。仅有硬件而没有任何软件支持的计算机称为"裸机"。在"裸机"上只能运行机器语言程序，使用很不方便，效率也低。计算机软件的出现在计算机和使用者之间架起了联系的桥梁。微机中的软件系统分系统软件和应用软件两大部分。系统软件一般包括操作系统、语言编译程序、数据库管理系统。应用软件是指计算机用户为某一特定应用目的而开发的软件，如文字处理软件、表格处理软件、绘图软件、财务软件、过程控制软件等。

1. 系统软件

系统软件是管理、监控和维护计算机资源的软件，是用来扩大计算机的功能，提高计算机的工作效率，方便使用的计算机软件。系统软件是计算机正常运转所不可缺少的，是硬件与软件的接口。一般情况下系统软件分为 4 类：操作系统、语言处理系统、数据库管理系统和服务程序。

输入计算机的信息一般有两类，一类称为数据，一类称为程序。计算机是通过执行程序所规定的各种指令来处理各种数据的。指令是指示计算机执行某种操作的命令，它是由一串二进制数码组成，这串二进制数码包括操作码和地址码两部分。操作码规定了操作的类型，即进行什么样的操作；地址码规定了要操作的数据（操作对象）存放在什么地址中，以及操作结果存放到哪个地址中。一台计算机有许多指令，作用也各不相同。所有指令的集合称为计算机指令系统。计算机系统不同，指令系统也不同，目前常见的指令系统有复杂指令系统（CISC）和精简指令系统（RISC）。程序则是由一系列指令组成的，它是为解决某一问题而设计的一系列排列有序的指令的集合。程序送入计算机，存放在存储器中，计算机运行某一个程序，就是按照为解决该问题而设计的一系列排好顺序的指令进行工作。

软件是指使计算机运行所需的程序、数据和有关的文档的总和。数据是程序的处理对象，文档是与程序的研制、维护和使用有关的资料。

（1）存储程序工作原理。为解决某个问题，需事先编制好程序，程序可以用高级语言编写，但最终需要转换为由机器指令组成的程序，即程序是由一系列指令组成的。将程序输入到计算机并存储在外存储器中，控制器将程序读入内存储器中（存储原理）并运行程序。控制器按地址顺序取出存放在内存储器中的指令（按地址顺序访问指令），然后分析指令，执行指令的功能；遇到程序中的转移指令时，则转移到转移地址，再按地址顺序访问指令（程序控制）。

计算机的工作过程：

第一步：控制器控制输入设备或外存储器将数据和程序输入到内存储器；

第二步：在控制器指挥下，从内存储器取出指令送入控制器；

第三步：控制器分析指令，指挥运算器、存储器、输入输出设备等执行指令规定的操作；

第四步：运算结果由控制器控制送存储器保存或送输出设备输出；

第五步：返回到第二步，继续取下一条指令，如此反复，直到程序结束。

（2）常用的操作系统。操作系统是最基本、最重要的系统软件。它负责管理计算机系统的全部软件资源和硬件资源，合理地组织计算机各部分协调工作，提供操作和编程界面。操作系统与硬件关系密切，是加在"裸机"上的第一层软件，其他绝大多数软件都是在操作系统的控制下运行的。操作系统是硬件与软件的接口。

① DOS 操作系统。DOS 最初是为 IBM PC 开发的磁盘操作系统，因此它对硬件平台的要求很低。即使对于 DOS 6.22 这样的高版本，在 640 KB 内存、60 MB 硬盘、80286 微处理器的环境下，也能正常运行。DOS 操作系统是单用户、单任务、字符界面和 16 位的操作系统。因此，它对于内存的管理仅局限于 640 KB 的范围内。

② Windows 操作系统。Windows 是第一代窗口式多任务系统，它使 PC 机开始进入了所谓的图形用户界面时代。Windows 95、Windows 98 操作系统是一种单用户、多任务、32 位的操作系统。Windows 2000 是一个多用户、多任务操作系统。现在，又推出了 Windows XP、Windows Vista 等。Windows XP 采用了 Windows 2000 的源代码作为基础，使其有稳定性、安全性、可靠性的优点。对于网络时代，Windows XP 更受人欢迎。

③ UNIX 系统。UNIX 系统的特点是短小精干、系统开销小、运行速度快。UNIX 系统是一个受人青睐的系统。UNIX 系统是一个多用户系统，一般要求配有 8 MB 以上的内存和较大容量的硬盘，对于高档微机也适用。

④ OS/2 系统。OS/2 系统正是 PS/2 系列机开发的一个新型多任务操作系统。OS/2 的特点是采用图形界面，它本身是一个 32 位系统，不仅可以处理 32 位 OS/2 系统的应用软件，也可以运行 16 位 DOS 和 Windows 软件。

（3）操作系统的分类。随着计算机技术的迅速发展和计算机的广泛应用，用户对操作系统的功能、应用环境、使用方式不断提出了新的要求，因而逐步形成了不同类型的操作系统。根据操作系统的功能和使用环境，大致可分为以下几类：

① 单用户操作系统。计算机系统在单用户单任务操作系统的控制下，只能串行地执行用户程序，个人独占计算机的全部资源，CPU 运行效率低。DOS 操作系统属于单用户单任务操作系统。

② 批处理操作系统。批处理操作系统是以作业为处理对象，连续处理在计算机系统中运行的作业流。这类操作系统的特点是：作业的运行完全由系统自动控制，系统的吞吐量大，资源的利用率高。

③ 分时操作系统。分时操作系统使多个用户同时在各自的终端上联机，使用同一台计算机，

CPU 按优先级分配各个终端的时间片，轮流为各个终端服务，对用户而言，有"独占"这一台计算机的感觉。分时操作系统侧重于及时性和交互性，使用户的请求尽量在较短的时间内得到响应。

④ 实时操作系统。实时操作系统是在限定时间范围内对随机发生的外部事件作出响应并对其进行处理的系统。外部事件一般指来自与计算机系统相联系的设备的服务要求和数据采集。实时操作系统广泛应用于工业生产过程的控制和事务数据处理中。

⑤ 网络操作系统。为计算机网络配置的操作系统称为网络操作系统。它负责网络管理、网络通信、资源共享和系统安全等工作。常用的网络操作系统有 Net Ware 和 Windows NT。

⑥ 分布式操作系统。分布式操作系统是用于分布式计算机系统的操作系统。它是由多个并行工作的处理机组成的系统，提供高度的并行性和有效的同步算法与通信机制，自动实行全系统范围的任务分配，并自动调节各处理机的工作负载。

（4）计算机语言。用计算机解决问题时，必须首先将解决该问题的方法和步骤按一定序列和规则用计算机语言描述出来，形成计算机程序输入计算机，计算机就可按人们事先设定的步骤自动地执行任务。编写计算机程序所用的语言是人与计算机之间交换信息的工具，计算机语言通常分为机器语言、汇编语言和高级语言三类。

① 机器语言。计算机中的数据都是用二进制表示的，机器指令也是用一串由"0"和"1"组合成不同的二进制代码表示的。机器语言是直接用机器指令实现语句与计算机交换信息的语言。② 汇编语言。汇编语言是一种符号语言，它将难以记忆和辨认的二进制指令码用有意义的英文单词或缩写作为助记符，来表示机器语言中的指令和数据，即用助记符号代替了二进制形式的机器指令。这种替代使得机器语言"符号化"。每条汇编语言的指令就对应了一条机器语言的代码，不同型号的计算机系统一般有不同的汇编语言。用汇编语言编写的程序称为汇编语言源程序。由于计算机只能识别二进制编码的机器语言，因此无法直接执行用汇编语言编写的程序。汇编语言程序由编译程序来将它翻译为机器语言程序。③ 高级语言。高级语言比较接近日常用语，对机器依赖性低。用高级语言编写的程序称为高级语言源程序，经语言处理程序翻译后得到的机器语言程序称为目标程序。高级语言程序必须翻译成机器语言程序才能执行。高级语言程序的翻译方式有两种：一种是解释方式，另一种是编译方式。相应的语言处理系统分别称为解释程序和编译程序。在解释方式下，不生成目标程序，而是对源程序按语句执行的动态顺序进行逐句分析，边翻译边执行，直至程序结束。在编译方式下，源程序的执行分成两个阶段：编译阶段和运行阶段。通常，经过编译后生成的目标代码尚不能直接在操作系统下运行，还需经过连接阶段为程序分配内存后才能生成真正可运行的执行程序。大多数高级语言采用编译方式处理，因为编译方式执行速度快，而且一旦编译完成后，目标程序可以脱离编译程序独立存在，反复使用。常用的高级语言有 BASIC、FORTRAN、PASCAL、C、JAVA 等。

数据库是将相互关联的数据以一定的组织方式存储起来，形成相关系列数据的集合。数据库管理系统就是在具体计算机上实现数据库技术的系统软件，是帮助用户建立、管理、维护和使用数据库进行数据管理的一个软件系统。目前，微机系统常用的单机数据库管理系统包括 DBASE、FoxBase、Visual FoxPro 等，适用于网络环境的大型数据库管理系统包括 Sybase、Oracle、DB2、SQL Server 等。

现代计算机系统提供多种服务程序，它们是面向用户的软件，可供用户共享资源，方便用户使用计算机和管理人员维护管理计算机。常用的服务程序有编辑程序、连接装配程序、测试程序、诊断程序、调试程序等。

2. 应用软件

应用软件是为了解决计算机各类问题而编写的程序。随着计算机应用的日益广泛和深入，各种应用软件的数量不断增加，质量日趋完善，使用更加方便灵活，通用性越来越强。如科学计算、工程设计、数据处理、事务管理等方面的程序。应用软件分为用户程序与应用软件包。

（1）用户程序：用户程序是用户为了解决特定的具体问题而开发的软件。充分利用计算机系统现成的软件，在系统软件和应用软件包的支持下更加方便、有效地研制用户专用程序。如各种票务管理系统、事务管理系统和财务管理系统等都属于用户程序。

（2）应用软件包：应用软件包是为实现某种特殊功能而精心设计、开发的结构严密的独立系统，是一套满足同类应用，被许多用户所需要的软件。介绍以下几种：

① 文字处理软件。文字处理软件主要用于对文件进行编辑、排版、存储、打印。目前常用的文字处理软件有 Microsoft Word 2003、WPS 2003 等软件。② 辅助设计软件。目前计算机辅助设计已广泛用于机械、电子、建筑等行业。常用的辅助设计软件有：AutoCAD、Protel 等。③ 图形图像、动画制作软件。图形图像、动画制作软件是制作多媒体素材不可缺少的工具，目前常用的图形图像软件有：PhotoShop、Freehand、CorelDraw 等。动画制作软件有：3D Studio MAX、Flash 等。④ 网页制作软件。目前微机上流行的网页制作软件有：FrontPage 和 Dreamweaver。⑤ 网络通信软件。目前网络通信软件的主要功能是浏览万维网和收发电子邮件。⑥ 常用的工具软件。微机中常用的工具软件主要有：压缩／解压缩软件、杀毒软件、翻译软件、多媒体播放软件、图形图像浏览软件等。

◆◇◆◇ 1.3.3 微型计算机系统的分类及主要技术指标

1. 微型计算机的分类

微型计算机按其性能、结构、技术特点等可分为：

（1）单片机。将微处理器（CPU）、一定容量的存储器以及 I/O 接口电路等设备集成在一个芯片上，就构成了单片机。单片机是指一个集成在一块芯片上的完整的计算机系统。单片机体积小、功耗低、使用方便，但是存储容量较小，一般用于专用机器或控制仪表、家用电器等。

（2）单板机。将微处理器、存储器、I/O 接口电路安装在一块印刷电路板上，就成为单板机。一般在这种板子上还有简易键盘、液晶或数码显示管，以及外部存储接口等，只要加上电源便可以直接使用。单板机价格低廉且易于扩展，广泛应用于工业控制、微机教学和实验，或作为计算机控制网络的前端执行机。

（3）个人计算机（Personal Computer，PC）。供单个用户使用的微机一般称为 PC，是目前使用最多的一种微机。PC 配有显示器、键盘、鼠标、硬盘、打印机、光盘驱动器、软盘驱动器以及一个紧凑的机箱和一些可以插接各种接口板卡的扩展插槽。目前常见的是以 Intel Pentium 系列的 CPU 芯片、AMD Athlon 系列 CPU 芯片等作为 CPU 的各种 PC。

（4）便携式微机。便携式微机大体包括笔记本计算机和个人数字助理（PDA）等。它将主机和主要的外部设备集成为一个整体，可以用电池直接供电。

2. 微型计算机的性能指标

（1）字长。字长是指微机能直接处理的二进制信息的位数。字长越长，微机的运算速度就越快，运算精度就越高，内存容量就越大，微机的功能就越强。字长是微机的一个重要性能指标。按微机的字长可分为 8 位机、16 位机、32 位机和 64 位机等几类。

（2）内存容量。内存容量是指微机内存储器的容量，它表示内存储器所能容纳信息的字节数。内存容量越大，它所能存储的数据和运行的程序就越多，程序运行的速度就越快，微机的信息处理能力就越强，所以内存容量也是微机的一个重要性能指标。286 微机的内存容量多为 1MB；386 微机的内存容量为（2~4）MB；486 微机的内存容量一般为（4~8）MB；高档微机的内存一般为（8~16）MB、32MB、64MB 或更大。

（3）存取周期。存取周期是指对存储器进行一次完整的读或写操作所需的时间，即存储器进行连续存取操作所允许的最短时间间隔。存取周期越短，则存取速度越快。存取周期的大小影响微机运算速度的快慢，它是微机的一个重要性能指标。微机中使用的是大规模或超大规模集成电路存储器，其存取周期在几十到几百微秒。

（4）主频。主频是指微机 CPU 的时钟频率，主频的单位是 MHz。主频的大小在很大程度上决定了微机运算速度的快慢，主频越高，微机的运算速度就越快，它是微机的一个重要性能指标。286 微机的主频为（4~10）MHz；386 微机的主频为（16~40）MHz；486 微机的主频为（25~100）MHz；奔腾机的主频目前最高已达 300 MHz。

（5）运算速度。运算速度是指微机每秒钟能执行多少条指令，运算速度的单位用 MIPS。

（6）其他性能指标。机器的兼容性（包括数据和文件的兼容、程序兼容、系统兼容和设备兼容）；系统的可靠性（平均无故障工作时间 MTBF）；系统的可维护性（平均修复时间 MTTR）；机器允许配置的外部设备的最大数目；数据库管理系统及网络功能等。另外，性价比也是一项综合性的评价计算机性能的指标。

项目 1.4　键盘与键盘指法 ‖

引言

键盘是计算机最常用的输入设备之一，其作用是向计算机输入命令、数据和程序。

知识汇总

● 键盘的构成和指法

键盘是计算机最常用的输入设备之一。其作用是向计算机输入命令、数据和程序。它由一组按阵列方式排列在一起的按键开关组成，按下一个键，相当于接通一个开关电路，把该键的位置码通过接口电路送入计算机。目前，微机上使用的键盘都是标准键盘（101 键、103 键等），按功能可分为 4 个大区，功能键区、打字键区、编辑控制键区、副键盘区，如图 1.5 所示。

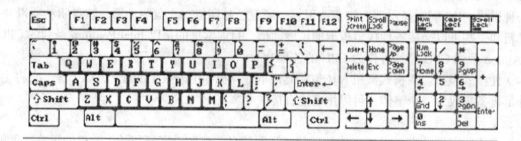

图1.5　键盘示意图

1. 打字键区

打字键区是我们平时最为常用的键区，它包括字母键、数字键、符号键和控制键等。通过它可实现各种文字和控制信息的录入。

（1）基本键。打字键区的正中央有 8 个基本键，即左边的 "A、S、D、F" 键，右边的 "J、K、L、；" 键，其中的 F、J 两个键上都有一个凸起的小棱杠，以便于盲打时手指通过触觉进行定位。

（2）基本键指法。开始打字前，左手小指、无名指、中指和食指应分别虚放在 "A、S、D、F" 键上，右手的食指、中指、无名指和小指应分别虚放在 "J、K、L、；" 键上，两个大拇指则虚放在空格键上。基本键是打字时手指所处的基准位置，击打其他任何键，手指都是从这里出发，且打完后又须立即退回到基本键位。

（3）其他键的手指分工。掌握了基本键及其指法，就可以进一步掌握打字键区的其他键位了。左手食指负责的键位有 "4、5、R、T、F、G、V、B" 共八个键，中指负责 "3、E、D、C" 共四个键，无名指负责 "2、W、S、X" 键，小指负责 "1、Q、A、Z" 及其左边的所有键位。右手食指负责

"6、7、Y、U、H、J、N、M"八个键，中指负责"8、I、K、，"四个键，无名指负责"9、O、L、。"四个键，小指负责"0、P、；、/"及其右边的所有键位。这么一划分，整个键盘的手指分工就一清二楚了，击打任何键，只需把手指从基本键位移到相应的键上，正确输入后，再返回基本键位即可。

（4）打字键区按键。主要包括：

①字母键。字母键上印着对应的英文字母，虽然只有一个字母，但亦有上档和下档字符之分。字母的大小写亦可由 Shift 键控制。例如，单按字母键 A 则输入小写字母 a，同时按下 Shift 键和 A 键则输入的是大写字母 A。

②数字键。数字键的下档为数字，上档字符为符号。

③控制键。主要有：

● Shift（↑）键。这是一个换档键（上档键），用来选择某键的上档字符。操作方法是当首先按住本键不放，再按具有上下档符号的键时，则输入该键的上档字符，否则输入该键的下档字符。

● CapsLock 键。这是大小写字母锁定转换键。

● Enter（↙）键。这是回车键，按此键表示一命令行结束。每输入完一行程序、数据或一条命令，均需按此键通知计算机。

● Backspace（←）键。这是退格键，每按一下此键，光标退回一格，即光标左移一个字符的位置，同时删除原光标左边位置上的字符。

● Space 键。这是空格键，它是位于键盘中下方的长条键，按下此键输入一个空格，光标右移一个字符的位置。

● Ctrl 键。这是控制键，用于与其他键组合成各种复合控制键。

● Alt 键。这是交替换档键，用于与其他键组合成特殊功能键或控制键。

● Esc 键。这是一个功能键，本键一般用于退出某一环境或终止错误操作。在各个软件应用中，它都有特殊作用。它也是强行退出键，按此键可强行退出程序。

2. 编辑控制键区

编辑控制键是起编辑控制作用的，如文字的插入、删除、上下左右移动、翻页等。

PrtSc（或 Print Screen）键是屏幕复制键，在 Windows 系统下按此键可以将当前屏幕内容复制到剪贴板。利用 PrtSc 键也可以实现将屏幕上的内容在打印机上输出，方法是把打印机电源打开并与主机相连，再按本键即可。

Pause/Break 键是暂停键，一般用于暂停某项操作，或中断命令或程序的运行（一般与 Ctrl 键配合使用）。

3. 副键盘区

副键盘区数字键集中放置，可以方便地输入大量数据。

副键盘上的 10 个键印有上档符（数码 0、1、2、3、4、5、6、7、8、9 及小数点）和相应的下档符 (Ins、End、↓、PgDn、←、→、Home、↑、PgUp、Del)。下档符用于控制全屏幕编辑时的光标移动。由于小键盘上的这些数码键相对集中，所以用户需要输入大量数字时，锁定数字键更方便。

NumLock 键是数字小键盘锁定转换键。当指示灯亮时，上档字符即数字字符起作用；当指示灯灭时，下挡字符起作用。

4. 功能键区

功能键（F1～F12）一般设置成常用命令的字符序列，即按某个键就是执行某条命令或完成某个功能，如 F1 往往被设成所运行程序的帮助键。现在有些电脑厂商为了进一步方便用户，还设置了一些特定的功能键，如单键上网、收发电子邮件、播放 VCD 等。

5. 打字注意事项

（1）打字姿势。打字时，全身要自然放松，腰背挺直，上身稍离键盘，上臂自然下垂，手指略向内弯曲，自然虚放在对应键位上。只有姿势正确，才能避免错误，减缓疲劳。

（2）盲打。打字时禁止看键盘，即一定要学会使用盲打，这一点非常重要。初学者因记不住键位，往往忍不住要看着键盘打字，一定要避免这种情况，实在记不起，可先看一下，然后移开眼睛，再按指法要求键入。只有这样，才能逐渐做到凭手感而不是凭记忆去体会每一个键的准确位置。

（3）规范运指。既然各个手指已分工明确，就得各司其职，不要越权代劳， 一旦敲错了键，或是用错了手指，一定要用右手小指击打退格键，重新输入正确的字符。

项目 1.5 输入法简介

引言

本节主要讲述常用的输入法。

知识汇总

● 智能 ABC 输入法；五笔输入法

键盘输入法，就是利用键盘，根据一定的编码规则来输入汉字的一种方法。

英文字母只有 26 个，它们对应着键盘上的 26 个字母，所以，对于英文而言是不存在什么输入法的。汉字的字数有几万个，它们和键盘是没有任何对应关系的，但为了向计算机中输入汉字，必须将汉字拆成更小的部件，并将这些部件与键盘上的键产生某种联系，这就是汉字编码。

目前，汉字编码方案已经有数百种，其中在计算机上已经运行的就有几十种。作为一种图形文字，汉字是由字的音、形、义来共同表达的，汉字输入的编码方法，基本上都是采用将音、形、义与特定的键相联系，再根据不同汉字进行组合来完成汉字的输入的。键盘输入法种类繁多，而且新的输入法不断涌现，各种输入法各有特点，各有优势。

1.5.1 智能 ABC 汉字输入方法

智能 ABC 输入法（又称标准输入法）几乎不用学习，可按字、词输入，既可使用拼音也可使用笔划或二者组合。例如，输入"吴"字，输入"wu7"即可，减少检索时翻页的次数，检索范围大大缩小。在使用智能 ABC 输入法输入汉字时，其特点主要体现在词组和语句的输入上。

例：使用智能 ABC 输入法输入多字词组"中国人民解放军"，其输入过程如下：

（1）先切换输入法至智能 ABC 输入法的状态；（2）输入多字词组"中国人民解放军"中每个汉字的第一个拼音字母，即"zgrmjfj"（输入的字母必须为小写字母）；（3）输入完成后，按空格键或 Enter 键，屏幕上即会显示一个提示板。如果确定输入的多个汉字是词组，按空格键即可显示出整个词组，如图 1.6 所示。

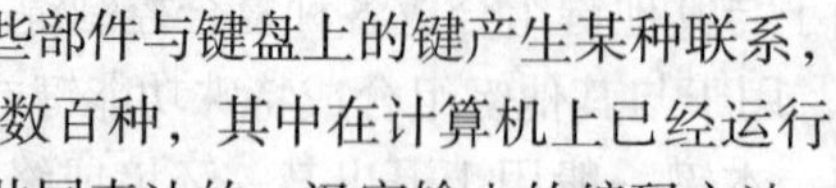

中国人民解放军

图1.6 使用智能ABC输入多字词组

用智能 ABC 输入法录入过的句子，计算机系统会记住该句子，下次再录入该句子时，输入该句子编码后，按回车键，提示行中即可出现该句子。

例：使用智能 ABC 输入法输入句子"今天天气很好"，其输入过程如下：

（1）先切换至智能 ABC 输入法状态；（2）输入句子"今天天气很好"中每个汉字的第一个拼音字母，即"jttqhh"（输入的字母必须为小写字母）；（3）编码输入完成后，按下空格键，此时整个句子都显示在提示行中，表示以前用智能 ABC 输入法录入过该句子；（4）再次按空格键即可。

1.5.2 五笔字型汉字输入方法

五笔字型码是一种形码，它是按照汉字的字形（笔划、部首）进行编码的，在国内非常普及。五笔字型输入法的优点有：码长短，重码率低；输入一个汉字或词组最多只要击键四下，并且还有大量的各级简码汉字；输入每一个汉字都有规则可循、输入简便。因此，五笔字型输入法是目前输入汉字最快、应用最广泛的一种汉字输入法，广大专业输入汉字的工作人员大多使用该输入法。在五笔字型编码输入法中，选取了组字能力强、出现次数多的130个左右的部件作为基本字根。其余所有的字，包括那些虽然也能作为字根，但是在五笔字型中没有被选为基本字根的部件，在输入时都要经过拆分变成基本字根的组合。对选出的130多种基本字根，按照其起笔笔划，分成五个区：以横起笔的为第一区；以竖起笔的为第二区；以撇起笔的为第三区；以捺（点）起笔的为第四区；以折起笔的为第五区。如图1.7所示为五笔基本字根排列情况。

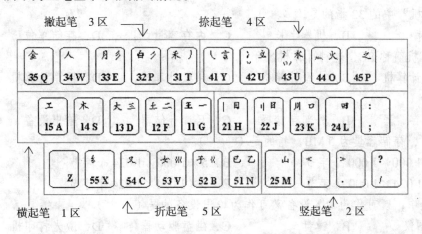

图1.7 五笔基本字根排列情况

五笔字型将常用汉字设置成三级简码，其原则是一级简码、二级简码和三级简码只需键入汉字的前一个字根、前两个字根、前三个字根，再加空格键即可输入。

（1）一级简码字。一级简码字是一些常用的高频字，敲一键后再敲一空格键即能输入一个汉字。高频字共25个。（2）二级简码字。二级简码字在汉字中较常用，出现频率极高的字筛选为二级简码。取汉字前两个字根的编码，再按空格键输入。最多能输入25×25=625个汉字。（3）三级简码字。三级简码字由单字前三个字根接着一个空格键组成。凡前三个字根在编码中是唯一的，都选作三级简码字，一共约4 400个。虽敲键次数未减少，但省去了最后一码的判别工作，仍有助于提高输入速度。如果一个编码对应着几个汉字，这几个称为重码字；几个编码对应一个汉字，这几个编码称为汉字的容错码。在五笔字型中，当输入重码时，重码字显示在提示行中，较常用的字排在第一个位置上，并用数字指出重码字的序号，如果你要的就是第一个字，可继续输入下一个字，该字会自动跳到当前光标位置。其他重码字要用数字键加以选择。在汉字中有些字的书写顺序往往因人而异，为了能适应这种情况，允许一个字有多种输入码，这些字就称为容错字。在五笔字型编码输入方案中，容错字有500多种。

重点串联 ▶▶▶

计算机的发展　计算机的特点　计算机的应用　计算机的分类　计算机中数据的表示　进制　进制转换　数据存储单位　计算机的硬件系统　计算机的软件系统　计算机键盘的使用　计算机录入方法

拓展与实训

基础训练

一、选择题

1. 冯·诺依曼计算机工作原理的设计思想是（   ）。

    A．程序设计   B．程序存储   C．程序编制   D．算法设计

2. "32 位微机" 中的 32 指的是（   ）。

    A．微机型号   B．机器字长   C．内存容量   D．存储单位

3. 个人计算机简称 PC，这种计算机属于（   ）。

    A．微型计算机   B．小型计算机   C．超级计算机   D．巨型计算机

4. 硬盘属于（   ）。

    A．内部存储器   B．外部存储器   C．只读存储器   D．输出设备

5. 在微机中，存储容量为 5 MB，指的是（   ）。

    A．5×1 000×1 000 个字节   B．5×1 000×1 024 个字节

    C．5×1 024×1 000 个字节   D．5×1 024×1 024 个字节

6. 以下外设中，既可作为输入设备又可作为输出设备的是（   ）。

    A．绘图仪   B．键盘   C．磁盘驱动器   D．激光打印机

7. 下列不属于常用微机操作系统的是（   ）。

    A．DOS   B．WINDOWS   C．FOXPRO   D．OS/2

8. 微机唯一能够直接识别和处理的语言是（   ）。

    A．甚高级语言   B．高级语言   C．汇编语言   D．机器语言

9. 操作系统是（   ）。

    A．软件与硬件的接口   B．主机与外设的接口

    C．计算机与用户的接口   D．高级语言与机器语言的接口

10. 某公司的财务管理软件属于（   ）。

    A．工具软件   B．系统软件   C．编辑软件   D．应用软件

二、填空题

1. 计算机的主机是由 _____ 和 _____ 组成。

2. 目前，我国计算机界把计算机分为巨型机、大型机、中型机、小型机、单片机和 _____ 等 6 类。

3. 总线是连接计算机各部件的一簇公共信号线，由 _____ 、_____ 和控制总线组成。

4. 操作系统包括处理机管理、存储器管理、_____ 、_____ 和作业管理五大类管理功能。

5. 根据工作方式的不同，可将存储器分为 _____ 和 _____ 两种。

三、计算题

1. 二进制数 101.01011 等值的十六进制数是什么？

2. (2004)10 + (32)16 的结果是什么？

3. 有一个占两个字节的无符号数，表示的最大值是什么？

4. 设 A = 10101110B，B = 10110010B，A ∧ B= ？

5. 设 A = 11011100B，B = 00001101B，A ⊕ B= ？

▶ 技能训练 ❯❯❯❯

分别利用智能 ABC 和五笔输入法录入以下内容。

如何挖掘人的潜力，最大限度的发挥其积极性与主观能动性，这是每个管理者苦苦思索与追求的。在实行这一目标时，人们谈的最多的话题，就是激励手段。在实施激励的过程中，人们采取较为普遍的方式与手段是根据绩效，给员工以相应的奖金、高工资、晋升、培训深造、福利等，以此来唤起人们的工作热情和创新精神。的确，高工资、高奖金、晋升机会、培训、优厚的福利，对于有足够经济实力，并且能有效操作这一机制的机构与企业来说，是一副有效激发员工奋发向上的兴奋剂。但如果在企业发展的初期，或一些不具备经济实力的单位，又如何进行激励呢？还有在执行高工资、高奖金、晋升、培训、福利机制过程中，因操作不当，导致分配不均、相互攀比，所引起的消极怠工等副作用时，又如何评价这些手段和处理这些关系呢？高工资、高奖金、晋升机会、培训、优厚的福利是激励的唯一手段吗？是否还有别的激励途径与手段更完美呢？有，那就是包容与信任！其实，最简单、最持久、最"廉价"、最深刻的激励就来自于包容与信任。

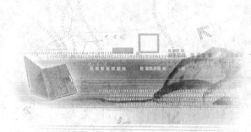

模块2
Windows XP操作系统

教学聚焦

操作系统是计算机中最重要的系统软件，它是用户和计算机硬件之间的桥梁，用户通过操作系统提供的命令和有关规范来操作和管理计算机。

知识目标

◆ Windows XP 中文版操作系统的界面操作

◆ 文档处理

技能目标

◆ 控制面板的设置

◆ 附件的使用

课时建议

8 课时

教学重点和教学难点

◆ 操作系统的基本概念；Windows XP 操作系统的基本操作

项目 2.1 Windows XP 基本操作 ▕▏▏

引言

本节主要讲述 Windows XP 窗口以及基本操作。

知识汇总

● Windows XP 窗口构成；基本操作

⁛⁛⁛ 2.1.1 了解 Windows XP

Windows XP 中文全称为视窗操作系统体验版，是微软公司发布的一款视窗操作系统。它发行于 2001 年 10 月 25 日，包括了简化了的 Windows2000 的用户安全特性，并整合了防火墙，长期以来一直困扰微软的安全问题。

⁛⁛⁛ 2.1.2 Windows XP 的窗口

窗口是 Windows 操作系统的操作界面，所有的应用程序都是在窗口中进行的。

1. 窗口的基本组成

在 Windows XP 中启动一个应用程序或打开一个文件夹，就会出现一个窗口。例如，双击桌面上"我的电脑"图标，打开 C 盘下"Program Files"窗口，屏幕显示如图 2.1 所示。

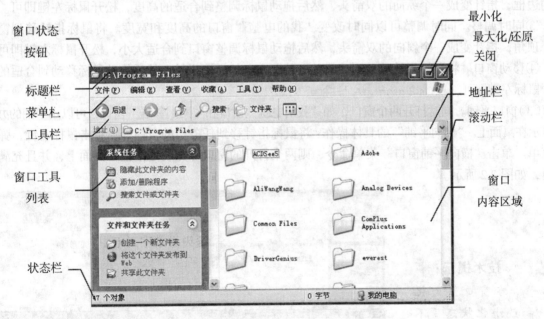

图2.1 "Program Files"窗口示意图

窗口中各主要组成部分的作用如下：

（1）标题栏：用于显示应用程序或文件的名称，以便区分不同的窗口。当打开多个窗口时，处于高亮度状态的窗口成为活动窗口，此时所做的所有操作都针对此窗口进行。

（2）最小化按钮：用于将窗口变为最小，并在任务栏中显示。单击任务栏中此窗口，则窗口还原

（3）最大化按钮：用于将窗口扩大至整个屏幕，同时最大化按钮自动变为还原按钮。

（4）还原按钮：当窗口最大化时，单击此按钮窗口还原为以前大小。

（5）关闭按钮：单击此按钮，可关闭当前窗口。

（6）菜单栏上：包含对应用程序或文件进行操作的命令。

（7）工具栏：包含各种常用的工具按钮。

（8）地址栏：在地址栏中输入相应文件夹路径或网址，单击【转到】按钮或按 Enter 键，可打开该文件夹或网页。

（9）窗口状态按钮：标题栏最左端的一个小图标，单击此图标将打开控制菜单。

（10）窗口内容区域：显示窗口内容。

（11）滚动条：拖动滚动条可改变窗口显示区域。

（12）窗口状态栏：位于窗口底部，显示窗口当前状态。

2.Windows XP 窗口的基本操作

在 Windows 操作系统中，窗口的大小和位置是可以调整的，还可以按某些规律排列窗口。

（1）对"我的电脑"窗口进行最大化、最小化、还原和关闭等操作。操作步骤是：

第一步：双击桌面上的"我的电脑"图标，打开"我的电脑"窗口。

第二步：单击标题栏上的最大化 □ 按钮和还原 ▣ 按钮进行切换。

第三步：单击标题栏上的最小化 ▬ 按钮进行最小化窗口操作。

第四步：单击标题栏上的关闭 ✕ 按钮关闭"我的电脑"窗口。

（2）调整"我的电脑"窗口的大小及位置。具体操作方法如下：

①左右调整。左右调整可以改变窗口的宽度。将鼠标指针移动到"我的电脑"窗口左侧或右侧的边框上，指针变成一个横向的双箭头，然后拖动鼠标调整到合适的宽度，松开鼠标左键即可。

②上下调整。上下调整可以改变窗口的高度。将鼠标指针移到"我的电脑"窗口的上边或者下边的边框，指针变成一个纵向的双箭头，然后拖动鼠标调整到合适的高度，松开鼠标左键即可。

③同时调整。同时调整可以同时改变"我的电脑"窗口的高度和宽度。将鼠标指针移到窗口的一个顶角，指针变成一个斜向的双箭头，然后拖动鼠标调整窗口到合适大小，松开鼠标左键即可。

④移动窗口。将鼠标指针移动到"我的电脑"窗口的标题栏处，然后拖动鼠标移动到合适的位置松开鼠标左键即可。

（3）窗口平铺。同时打开两个窗口，如"我的电脑"窗口和"网上邻居"窗口，可以用平铺的办法同时显示在桌面上。"横向平铺"的具体操作：将鼠标指针移到任务栏的空白处，单击鼠标右键，弹出快捷菜单。单击"横向平铺窗口"菜单命令，则两个打开的窗口等宽度地平铺在桌面上，并且充满整个桌面，如图 2.2 所示。

技术提示：

　　在窗口最大化和最小化状态下不能调整窗口的大小及位置。

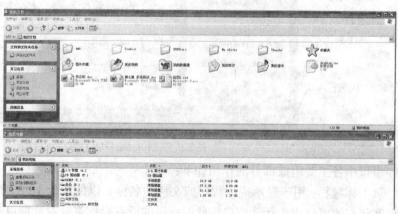

图2.2　横向平铺窗口

同理，单击"纵向平铺窗口"菜单，则两个打开的窗口等高度的平铺在桌面上，并且充满整个桌面。

如果选择"层叠窗口"命令，则打开的窗口会重叠放置并且只显示标题栏部分。

（4）窗口间切换。下面的方法可以实现在多个打开的窗口间任意切换。

①在任务栏中，单击要打开的窗口的名称按钮即可以打开窗口。

②按【Alt+Tab】快捷键，屏幕上出现一个对话框，显示当前正在运行的程序图标，按住【Alt】键的同时反复按【Tab】键，当蓝色框线选中需要的图标名称时松开按键即可打开选中的窗口。

2.1.3 关机操作

当用户准备结束本次操作，或者更换登录系统的用户时，可以通过关机命令完成操作。

1. 注销

Windows XP可以满足建立多个用户的登录，其他人需要前一个用户注销后才可以登录。用户之间是相互独立的，Windows XP会根据新登录的用户来自动恢复用户上一次登录前的设置，如桌面背景等设置。注销操作步骤如下：

第一步：单击【开始】→【注销】命令。

第二步：弹出"注销 Windows"对话框。

第三步：单击对话框中的【注销】按钮，计算机将注销用户，但是会保持在运行的状态下，回到Windows的启动画面，而下一个用户只需单击自己的用户名就可以登录。

>>>>

技术提示：

如果只是需要切换到另一个用户的登陆界面，则可以单击【切换用户】按钮，然后选择用户名称即可。

2. 关机

如果不想继续使用计算机，需关闭计算机。操作步骤如下：

第一步：单击【开始】→【关闭计算机】按钮。

第二步：弹出"关闭计算机"对话框。

第三步：单击【待机】按钮，计算机进入休眠状态；单击【关闭】按钮，Windows将结束所有正在运行的程序并关闭计算机；单击【重新启动】按钮，Windows将强行关闭所有运行程序并重新启动计算机。

2.1.4 任务栏的设置

设置适合自己使用习惯和使用内容的任务栏，可以提高工作效率。下面对任务栏的设置进行详细讲解。

1. 改变任务栏的大小和位置

（1）在任务栏空白处单击鼠标右键，在弹出的快捷菜单中选择"锁定任务栏"，则将任务栏锁定在桌面的当前位置，不能改变任务栏的大小和位置。

（2）在任务栏空白处单击鼠标右键，在弹出的快捷菜单中去掉"锁定任务栏"的选择，则可以改变任务栏的大小和位置，如图2.3所示。

①鼠标移动到任务栏的边框，指针变成双向箭头，按住左键拖动鼠标，调整任务栏大小，任务栏高度改变。

②单击任务栏的空白位置，按住左键拖动鼠标到桌面的任意一边，释放鼠标左键，任务栏位置改变。

2.设置任务栏属性

在任务栏空白处单击鼠标右键，弹出快捷菜单选择"属性"，弹出"任务栏和【开始】菜单属性"对话框，如图2.4所示。

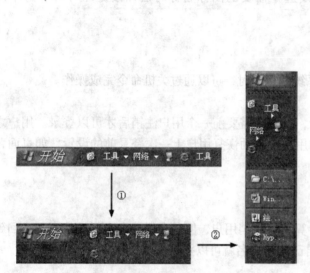

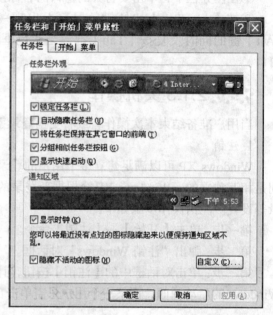

图2.3 设置任务栏样式 图2.4 "任务栏和【开始】菜单属性"对话框

（1）选中"自动隐藏任务栏"复选框，系统会隐藏任务栏。要显示任务栏，则鼠标指针移动到任务栏所在区域。（2）选中"将任务栏保持在其它窗口的前端"复选框，则任务栏不会被其他应用程序覆盖，即便隐藏再显示也总是在最前面。（3）选中"分组相似任务栏窗口"复选框，当任务栏中按钮过多时，会将同一类的程序按钮折叠成一个按钮。单击折叠按钮展开菜单选择需要打开的程序。右键单击折叠按钮弹出菜单选择"关闭组"则折叠按钮内的所有运行程序全部关闭。（4）选中"显示快速启动"复选框，则在任务栏中会显示"快速启动"栏，对其进行自定义设置，添加常用的启动程序按钮。（5）在"通知区域"中，选中"显示时钟"复选框，则在任务栏右侧显示当前时间。鼠标移至当前时间上自动显示当前日期，双击当前时间弹出"日期和时钟"属性对话框，可重新设置当前日期和时间。（6）在"通知区域"中，选中"隐藏不活动的图标"复选框，可在通知区域隐藏不经常使用的图标按钮。单击【自定义】按钮，单击要设置的图标名称，在"行为"列中设置隐藏或显示状态。

技术提示：

所有属性设置结束，单击【确定】按钮，返回"任务栏和【开始】菜单属性"对话框，再次单击【确定】退出任务栏属性设置。

2.1.5 菜单栏和对话框的基本操作

Windows XP下的菜单基本上有4类："开始"菜单、"快捷"菜单、"应用程序"中的菜单和"窗口控制"菜单。

1.关于菜单的约定

（1）灰色显示项。Windows XP的应用程序在用户工作期间监视其工作状态，在某一段时间内，限制用户只能使用哪些命令。当打开某个菜单时，其中有些菜单项是灰色的，表明该项当前不可用。只有作出了相应的选择或具备了相关条件时才可使用。以"编辑"菜单为例，如图2.5所示，有多个菜单项显示灰色。（2）复选项。复选项是指可以同时选择的菜单项。这些项目如果被选择，其左侧带"√"标记，表示打开了某一条件。选择同样的命令可关闭该条件，并且清除复选标记，如图2.6所示。（3）单选项。单选项指在并列的几项功能中每次只能选用其中的一项。单选项若被选中，左侧会出现"●"标记，如图2.7所示。（4）多级菜单项。若某选项右侧有黑三角，表示该选项将产生一个层叠菜单，供用户进一步选择。（5）带对话框的选项。如果选项右侧带有省略号（…），表明该命令将产生一个对话框，要求用户进一步输入有关信息，该命令才能被执行。（6）热键。热键是指命令中带下划线的字母所对应的按键。当某个菜单项打开时直接按要选项目对应的热键也能完成相应的功能。这种方法一般和键盘方式选择结合使用，能提高选择速度。例如打开"我的电脑"窗口，按Alt+E打开"编辑"菜单，再按键盘上的"A"键就能全部选定窗口中的对象。

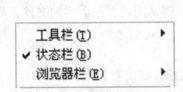

图2.5　不可操作的"编辑"菜单命令　　　图2.6　复选菜单命令　　　图2.7　单选菜单命令

2. 对话框的使用

在 Windows XP 中，有一种外观与窗口类似的人机界面，称为对话框，用于用户与应用程序或系统信息之间的对话。如果在窗口中选择了某一菜单功能项，若该项带有省略号（…），表明选择该项后将出现一个对话框，用户能把自己的要求告诉系统，以便系统执行相应的功能。

对话框的尺寸是固定的，不能像窗口那样缩放，但可以移动。在对话框中，单选框是互相排斥的，只能选其一；复选框可同时选择多个；单击下拉列表按钮可弹出一个列表供选择；单击在线帮助按钮，再单击对话框中想了解的项目，可以得到相应的帮助信息；文本框供输入信息，在文本框中需要输入信息的地方单击鼠标，出现闪烁光标即可进行输入。

项目 2.2 Windows XP 的文件管理 ‖

引言

本项目主要讲述 Windows XP 中的文件管理。

知识汇总

●文件夹的新建、编辑与查找

2.2.1【任务1】建立"课件"文件夹

1. 学习目标

在 C 盘的根目录下建立"课件"文件夹，如图 2.8 所示，在其文件夹内创建"单片机"和"计算机文化基础"两个子文件夹，在"计算机文化基础"文件夹下建立"word"、"excel"和"ppt"三个文件夹，在"单片机"文件夹中新建一个 Word 文档，重命名为"绪论"，在"excel"文件夹中新建一个"学生名单"Excel 文档。

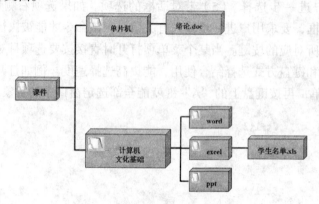

图2.8　"课件"文件夹

无论是操作系统的文件，还是用户自己创建的文件，数量和种类都很多，可以利用文件夹来更好地管理文件。

2. 操作过程

（1）双击"我的电脑"图标，双击 C 盘图标。

（2）单击【文件】→【新建】→【文件夹】菜单命令，文件夹命名为"课件"。

（3）打开"课件"文件夹，按照步骤（2）建立"单片机"文件夹。

（4）操作同上一步，文件夹命名为"计算机文化基础"。

（5）打开"计算机文化基础"文件夹，在其中建立"word"、"excel"和"ppt"文件夹。

（6）打开"excel"文件夹，单击鼠标右键，在弹出的快捷菜单中单击【新建】→【Microsoft Excel 文档】，文档重命名为"学生名单"。

（7）单击两次工具栏"向上"按钮，打开"单片机"文件夹。

（8）打开"单片机"文件夹，单击鼠标右键，在弹出的快捷菜单中单击【新建】→【Microsoft Word 文档】，文档重命名为"绪论"。

3. 相关知识

（1）文件夹、文件的创建与命名。建立文件、文件夹有很多途径，这里仅介绍直接建立法。

打开父文件夹，单击【文件】菜单；或鼠标指向文件夹窗口空白处右击，弹出快捷菜单。在这两个菜单之一单击【新建】→【新建文件夹】命令，若选择相应的文件类型，系统将自动在打开的文件夹内建立一个所选项目的默认图标，且处于修改名称状态。用户可以键入新的项目名称或单击鼠标默认项目名称。此时所建文件或文件夹是空的，用户可双击图标打开进行编辑。

（2）Windows XP 的资源管理器的使用。文件夹、文件的创建与命名操作还可以使用"Windows XP 的资源管理器"实现。"资源管理器"是一个管理计算机所有资源的应用程序。通过使用"资源管理器"，可以运行程序、打开文档、查看和改变系统设置、移动和复制文件、格式化磁盘等。总之，用户对计算机做的所有操作都可以通过"资源管理器"实现。

其实，"资源管理器"和"我的电脑"作为两个 Windows XP 自带的应用程序，功能几乎没有区别，只是窗口的初始显示方式不同。

① 启动资源管理器。启动"资源管理器"的方法很多，这里介绍一种最简便易行的操作：在

【开始】按钮上右击鼠标，在弹出的快捷菜单中单击【资源管理器】命令。

② 使用资源管理器。打开"资源管理器"窗口，如图2.9所示。窗口左侧是"文件夹"列表，窗口右侧显示选中文件夹中的内容。在窗口左侧进行展开和折叠操作时不会改变窗口右侧的内容。

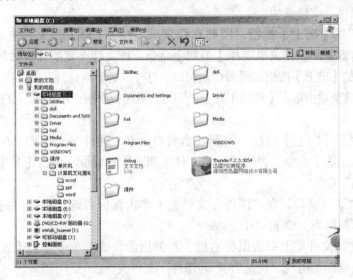

图2.9 "资源管理器"窗口

在窗口左侧的文件夹树中，有符号"+"和"-"，其具体含义是：文件夹前面没有+或-符号表示该文件夹没有子文件夹，单击该文件夹，在右窗口显示文件夹内所有文件；文件夹前面有"+"符号表示文件夹内还有文件夹，单击加号可以展开该文件夹，同时窗口左侧会以树形文件夹结构显示该文件夹所包含的子文件夹；文件夹前面有"-"符号表示该文件夹已经展开，单击减号可以折叠该文件夹中的子文件夹。

③ 建立路径。在C盘下建立文件夹和子文件夹。首先在资源管理器的"文件夹"列表中单击选中"C:"选项，此时C盘图标变成高亮显示。单击【文件】→【新建】→【文件夹】命令，在资源管理器右窗口内出现一个新文件夹图标，默认名称"新建文件夹"。使用同样的方法在"新建文件夹"文件夹下建立子文件夹。

（3）Windows XP的文件夹命名规则。

① 在文件或文件夹的名字中，最多可使用255个字符。用汉字命名，最多可以有127个汉字。

② 组成文件或文件夹名称的字符可以是空格，但不能使用下列字符：+、*、/、?、"、<、>、|。

③ 在同一文件夹中不能有同名文件。

④ 文件和文件夹的名字中可以有多个分隔符。

⑤ 扩展名可以由0~3个字符组成。

⑥ 符号"*"代表任意一串字符，"?"代表任意一个字符。

⑦ 文件名不区分大小写字母。

2.2.2【任务2】编辑"新学期课件"文件夹

1. 学习目标

在C盘根目录下新建名为"新学期课件"文件夹，将【任务1】中的"计算机文化基础"文件夹复制到"新学期课件"文件夹，将"单片机"文件夹移动到"新学期课件"文件夹。完成上述操作，将"课件"文件夹移入回收站，再恢复删除的文件夹，最后彻底删除"课件"文件夹。并尝试在桌面创建"课件"文件夹的快捷方式图标。本案例主要是学习如何实现复制、移动、删除文件夹等操作。

2. 操作过程

（1）打开C盘窗口，单击【文件】→【新建】→【文件夹】，新建文件夹命名为"新学期课件"。

（2）打开"课件"文件夹，单击选中"计算机文化基础"文件夹，单击鼠标右键弹出快捷菜单选择"复制"命令，将文件夹复制到剪贴板上。

（3）单击工具栏的【向上】按钮，回到 C 盘窗口。打开"新学期课件"文件夹，在窗口空白处单击鼠标右键，在弹出的快捷菜单中单击【粘贴】命令，即可将剪贴板中的"计算机文化基础"文件夹复制到"新学期课件"文件夹中。

（4）单击工具栏的【向上】按钮，回到 C 盘窗口。打开"课件"文件夹，单击选中"单片机"文件夹，单击鼠标右键弹出快捷菜单选择【剪切】命令，将文件夹复制到剪贴板上。

（5）单击工具栏的【向上】按钮，回到 C 盘窗口。打开"新学期课件"文件夹，在窗口空白处单击鼠标右键，在弹出的快捷菜单中单击【粘贴】命令，即可将剪贴板中的"单片机"文件夹移动到"新学期课件"文件夹中。

（6）单击工具栏的【向上】按钮，回到 C 盘窗口。在"课件"文件夹上单击鼠标右键，在弹出的快捷菜单中单击【删除】命令，弹出"确认文件夹删除"对话框，单击【是】按钮，将"课件"文件夹删除到"回收站"中。

（7）打开"回收站"窗口，在"课件"文件夹上单击鼠标右键，在弹出的快捷菜单中单击【还原】命令，文件夹重新回到 C 盘窗口中。

（8）若在"课件"文件夹上单击鼠标右键，在弹出的快捷菜单中单击【发送到】→【桌面快捷方式】命令。就会在桌面上出现"快捷方式 到课件"文件夹。

（9）在"课件"文件夹上单击鼠标右键，按下键盘上的 Shift 键，在弹出的快捷菜单中单击【删除】命令，弹出提示选择【是】按钮，"课件"文件夹被彻底删除。

3. 相关知识

（1）选择文件或文件夹。

① 单个对象的选择。找到要选择文件的或文件夹的图标，将鼠标指向它并单击，该图标反色显示，表示被选取。② 多个连续对象的选择。鼠标单击要选取的第一个文件或文件夹，按【Shift】键的同时用鼠标单击要选取的最后一个文件或文件夹。也可以在屏幕空白处按下鼠标左键并拖动，使出现的虚线框包围要选的所有图标后再松开。③ 多个不连续对象的选择。按住【Ctrl】键的同时，逐个单击要选取的图标，如图 2.10 所示。如果在按住【Ctrl】键的同时再次单击被选取的图标，可取消对它的选择。要放弃所有选择，在窗口空白处单击即可。④ 选择全部对象。要选取内容窗口的全部内容，可单击【编辑】→【全部选定】菜单命令，或按下快捷键【Ctrl+A】。⑤ 反向选择。如果已经选择了某些对象，但由于某种原因要取消原来的选择，选择没被选择的其他对象，可单击【编辑】→【反向选择】菜单命令。

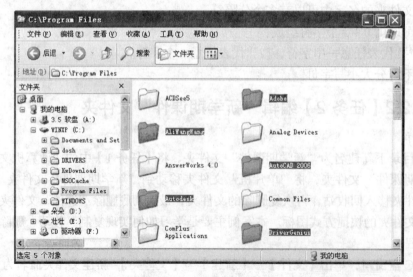

图2.10　选择多个不连续文件夹

（2）文件与文件夹的移动、复制、删除。

① 移动和复制。主要方法如下：

方法一：利用鼠标拖动进行移动和复制。选定要操作的对象，将鼠标指向它们，单击左键选中，拖动到目的文件夹图标上，待目的文件夹反色后松开。同一盘里的不同文件夹之间按左键拖动是移动，按左键拖动的同时按住 Ctrl 键则为复制。不同盘之间按左键拖动为复制，按左键拖动的同时按住 Shift 键则为移动。直接按右键拖到目的地后松开，从弹出的菜单中单击【移动】或【复制】命令也能达到同样的目的。

方法二：单击【编辑】菜单，单击【剪切】命令或【复制】命令。打开目的文件夹，单击【编辑】→【粘贴】命令。

方法三：利用工具栏中的【剪切】、【复制】、【粘贴】按钮。

② 删除。删除文件或文件夹可分为临时删除和彻底删除两种。选中要删除的文件或文件夹，单击鼠标右键，选择【删除】命令即可。通常从硬盘中删除的文件夹或文件，从回收站中能够还原。但若删除文件或文件夹时同时按下 Shift 键，删除的文件不能还原，被彻底删除。

（3）给文件或文件夹创建快捷方式。

① 创建快捷方式图标。选中要创建快捷方式的文件或文件夹，单击鼠标右键，在弹出的快捷菜单中单击【创建快捷方式】命令。创建好的快捷方式可复制或移动到计算机的其他位置，打开快捷方式图标，就可以看到原文件中的所有信息。② 创建桌面快捷方式图标。选中要创建快捷方式的文件或文件夹，单击鼠标右键，在弹出的快捷菜单中单击【发送到】→【桌面快捷方式】命令即可在桌面创建该文件或文件夹的快捷方式图标，在桌面上点击该图标即可看到原文件中的所有信息。（4）文件夹共享。Windows XP 网络方面的功能设置更加强大，用户不仅可以使用系统提供的共享文件夹，也可以设置自己的共享文件夹，与其他用户共享自己的文件夹。用户可以为自己的共享文件夹命名，但需要注意的是，此共享文件夹名称是其他用户连接到此共享文件夹时将看到的名称，而用户本身文件夹的实际名称并没有改变。

设置用户自己的共享文件夹的操作如下：

① 选定要设置共享的文件夹。② 单击【文件】→【共享】命令，或单击右键，在弹出的快捷菜单中单击【共享】命令。③ 打开"属性"对话框中的"共享"选项卡。④ 选中"在网络上共享这个文件夹"复选框，这时"共享名"文本框和"允许其他用户更改我的文件"复选框变为可用状态。用户可以在"共享名"文本框中更改该共享文件夹的名称；若清除"允许其他用户更改我的文件"复选框，则其他用户只能看该共享文件夹中的内容，而不能对其进行修改。⑤ 设置完毕后，单击【应用】按钮和【确定】按钮。

2.2.3【任务3】搜索单片机资料

1. 学习目标

使用 Windows XP 的搜索功能，在 D 盘查找一年内修改的、文字包含有"单片机"的、文档大小在 1 000 KB 字节以内的所有扩展名为".doc"的 Word 文档，效果如图 2.11 所示。

设定具体的搜索条件就可以轻而易举地找到电脑硬盘中需要的文件，通过本案例的学习，可以掌握搜索文件或文件夹的基本操作方法。

2. 操作过程

（1）单击【开始】→【搜索】→【文件或文件夹】命令。

（2）弹出"搜索"对话框，在"要搜索的文件或文件名为"处输入"*.doc"。

（3）在"包含文字"处输入"单片机"字样。

（4）在"搜索范围"下拉列表中选择"D："盘。

（5）在"搜索选项"中"日期"项中设置"修改的文件"、"一年内"；在"大小"项中设置"至多 1 000 KB"。

（6）单击【立即搜索】按钮，开始搜索，结果显示在右侧窗口中。

3. 相关知识

如果忘记了文件或文件夹的位置或名称，要想在成千上万个文件或文件夹中找到它是很困难的，这时可以使用 Windows XP 系统提供的搜索功能，来查找文件或文件夹。

（1）高级搜索选项的设定。选中"搜索选项"，展开"搜索选项"，设置搜索文件的日期、类型、大小等信息，如图 2.12 所示。

完成搜索条件的设置后，单击【搜索】按钮，开始搜索。在搜索过程中，系统每找到一个符合条件的文件，就会显示在"搜索结果"窗口的右侧空白处。如果希望中止搜索，可以单击【停止】按钮。

（2）图片、音乐或视频文件的搜索。单击"搜索助理"栏中的"图片、音乐或视频"链接，在对话框中选择要搜索的文件类型，在"全部或部分文件名"文本框中输入要搜索文件的文件名。例如，要搜索一个 JPEG 文件，可以选中"图片和相片"复选框，在文本框中输入"*.jpeg"，可以搜索到电脑中所有 JPEG 格式的文件。

（3）查看文件属性。查看文件的属性一般包括查看文件的类型、大小、创建的时间和最近一次修改的时间等，如图 2.13 所示。

　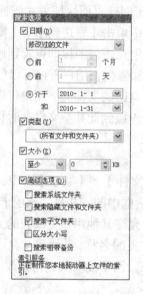　

图2.11　搜索结果窗口　　图2.12　"搜索选项"对话框　　图2.13　文件"属性"对话框

在"常规"选项卡的最下方，是表示该文档状态的复选框。其中"只读"表示该文件不能被修改；"隐藏"表示该文件在系统中是隐藏的，在默认情况下用户不能看见这些文件。

项目 2.3　Windows XP 控制面板的操作 ▌

引言

本项目主要讲述了 Windows XP 控制面板的操作。

知识汇总

●桌面的个性化操作；控制面板的操作

2.3.1【任务4】设置个性化 Windows XP 外观

1. 学习目标

利用"显示"属性对话框改变当前 Windows XP 的外观样式。以一张城市风光图片作为桌面的背景,将桌面的主题设置成"Windows 经典"效果,屏保设置为动态文字"请同学们保持机房卫生"效果,外观"色彩方案"设置为淡紫色。新的 Windows XP 外观和桌面效果如图 2.14 所示。

图2.14　Windows XP外观和桌面效果图

2. 操作过程

（1）单击"开始",在弹出的菜单中单击【控制面板】命令,弹出"控制面板"窗口,单击【显示】图标或右击桌面任意空白处,在弹出的快捷菜单中选择【属性】命令。（2）打开"显示属性"对话框,选择"主题"选项卡,在"主题"下拉列表框中选择"Windows 经典"效果。（3）设置桌面之前在 C 盘根目录下存放一张城市风光图片,选择"桌面"选项卡。单击【浏览】按钮,选择 C 盘中诚实风光图片作为桌面背景,在"位置"下拉列表中选择"拉伸",如图 2.15 所示。（4）选择"屏幕保护程序"选项卡,在该选项卡的"屏幕保护程序"选项组中的下拉列表中选择"三维文字"设置自定义文字内容"请同学们保持机房卫生"字样,其他动态、表面样式、旋转速度、大小、分辨率可根据自己需要设置。（5）选择"外观"选项卡,在该选项卡中的"窗口和按钮"下拉列表中选择"Windows 经典样式"选项。"色彩方案"下拉列表中选择"淡紫色",如图 2.16 所示。

图2.15　"桌面"选项卡对话框

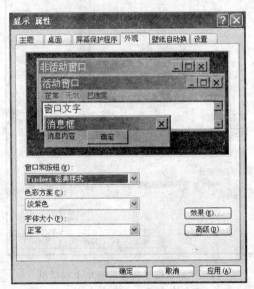

图2.16　"外观"选项卡对话框

3. 相关知识

（1）桌面上的元素。

①图标（Icon）。图标是 Windows 中的一个小的图像。有的代表应用程序，有的代表打印机，有的代表快捷方式。②"开始"按钮。Windows XP 的"开始"菜单有两种形式，一种是 XP 默认的分类显示"开始"菜单，一种是经典"开始"菜单。本教材中均使用后者。③快捷按钮。快捷按钮也是启动应用程序的常用方式，单击快捷按钮就可以启动相应的应用程序。④快捷方式。快捷方式就是一个扩展名为 .lnk 的文件，一般与一个应用程序或文档关联。

（2）设置"显示属性"对话框。

① 设置桌面背景。用户可以选择单一的颜色作为桌面的背景，也可以选择类型为 BMP、JPG、HTML 等的位图文件作为桌面的背景图片。选择"桌面"选项卡，在"背景"列表框中可选择一幅喜欢的背景图片，在选项卡中的显示器中将显示该图片作为背景图片的效果，也可以单击"浏览"按钮，在本地磁盘或网络中选择其他图片作为桌面背景。在"位置"下拉列表中有居中、平铺和拉伸三种选项，可调整背景图片在桌面上的位置。

②设置屏幕保护。在实际使用中，若彩色屏幕的内容一直固定不变，间隔时间较长后可能会造成屏幕的损坏，因此若在一段时间内不用计算机，可设置屏幕保护程序自动启动，以动态的画面显示屏幕，以保护屏幕不受损坏。选择"屏幕保护程序"选项卡，如图 2.17 所示。在该选项卡的"屏幕保护程序"选项组中的下拉列表中选择一种屏幕保护程序，在选项卡的显示器中即可看到该屏幕保护程序的显示效果。单击【设置】按钮，可对该屏幕保护程序进行一些设置；单击【预览】按钮，可预览该屏幕保护程序的效果，移动鼠标或操作键盘即可结束屏幕保护程序；在"等待"文本框中可输入或调节微调按钮确定计算机多长时间无人使用则启动该屏幕保护程序。③设置外观。更改显示外观就是更改桌面、消息框、活动窗口和非活动窗口等的颜色、大小、字体等。在默认状态下，系统使用的是"Windows 标准"，用户也可以根据自己的喜好设计显示 方案。

④更改屏幕分辨率。选择"设置"选项卡，如图 2.18 所示。在"屏幕分辨率"栏中，拖动滑块，设置屏幕的分辨率。一般来说，15 寸显示器使用 800×600 像素；17 寸显示器使用 1 024×768 像素；19 寸显示器使用 1 280×1 024 像素。在"颜色质量"栏中通常选择"最高(32 位)"作为颜色质量。

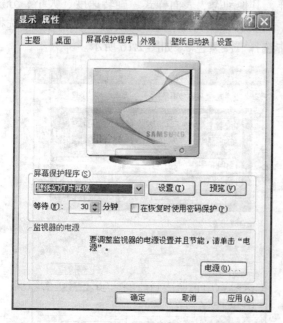

图2.17   "屏幕保护程序"选项卡对话框

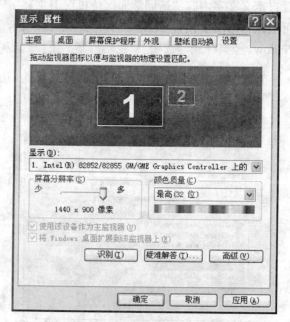

图2.18   "显示属性"之"设置"

⑤单击【高级】按钮，弹出"即插即用监视器"对话框，如图 2.19 所示，进行显示器属性设置。

"监视器"选项卡的"屏幕刷新频率"下拉列表中通常设置显示器所能达到的最高频率。

技术提示：

若用户想用纯色作为桌面背景颜色，可在"背景"列表中选择"无"选项，然后在"颜色"下拉列表中选择喜欢的颜色，单击【应用】按钮即可。

（3）Windows XP控制面板介绍。控制面板是Windows XP操作系统的重要组成部分，是用来对Windows XP本身或系统本身进行设置的一个工具集，可以个性化设置计算机。使用控制面板下的相应选项，可以更改显示器、键盘、鼠标、打印机或调制解调器等硬件的设置，也可以对桌面、时钟、日期、声音、多媒体及网络进行设置。控制面板包括两种视图：分类视图和经典视图。分类视图是将类似项组合在一起，而经典视图则是分别显示所有项，我们主要以经典视图来介绍几个重点的功能项的设置方法。用户可以通过选择【开始】菜单中的【控制面板】命令打开控制面板。

（4）添加其他语言。

① 在控制面板中单击"区域和语言选项"对话框的"语言"选项卡。

② 单击【详细信息】按钮，弹出"文字服务和输入语言"的对话框的"设置"选项卡，如图2.20所示。

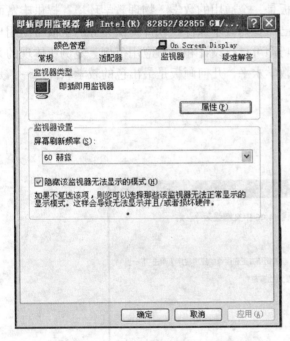
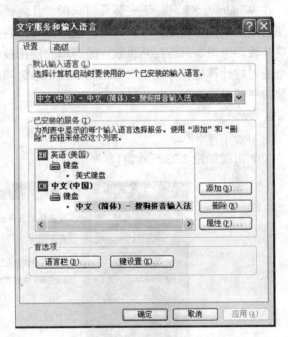

图2.19 "显示属性"设置之"监视器"　　　　图2.20 "文字服务和输入语言"对话框

③ 在"默认输入语言"栏中，选择计算机启动时要使用的一个已安装的输入语言。例如，选择常用的中文"搜狗拼音输入法"；在"已安装的服务"栏的列表中，显示已安装的输入法。可以将不常用的输入法单击【删除】按钮删除掉；也可以单击【添加】按钮，弹出"添加输入语言"对话框，在对话框中，用户可以选择要添加的输入语言和相应的输入法。

④ 在"首选项"栏中，单击【语言栏】按钮，弹出"语言栏设置"对话框，用户可以设置语言栏的属性；单击【键设置】按钮，弹出"高级键设置"对话框，在其中，用户可以设置切换输入法的快捷键。

（5）日期控制面板窗口。双击"日期和时间"图标，即打开"日期和时间属性"对话框，如

图 2.21 所示。利用"日期和时间"选项卡，可以调整日期和系统时间，利用"时区"选项卡可以调整用户所在的时区。

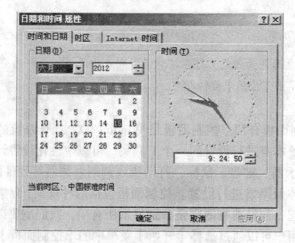

图2.21 "日期和时间"对话框

2.3.2【任务5】几何画板的安装

1. 学习目标

在 Windows XP 环境下安装几何画板。几何画板是一个通用的数学、物理教学环境，提供丰富而方便的创造功能，使用户可以随心所欲地编写出自己需要的教学课件。软件提供充分的手段帮助用户实现其教学思想，只需要熟悉软件的简单的使用技巧即可自行设计和编写应用范例。范例所体现的并不是编者的计算机软件技术水平，而是教学思想和教学水平，几何画板是最出色的教学软件之一，是教师的好帮手。

2. 操作过程

（1）双击 几何画板 4.06 中文版.exe。

（2）出现如图 2.22 所示窗口。

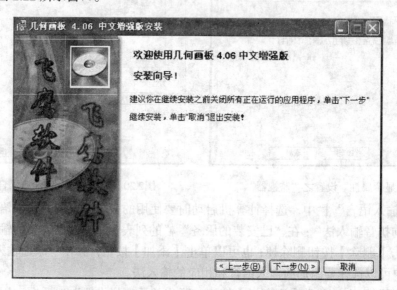

图2.22 几何画板安装第一步

（3）单击下一步，出现如图 2.23 所示窗口。

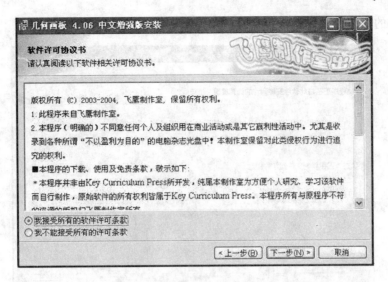

图2.23 几何画板安装第二步

（4）选择"我接受所有的软件许可条款"，单击下一步，如图 2.24 所示。

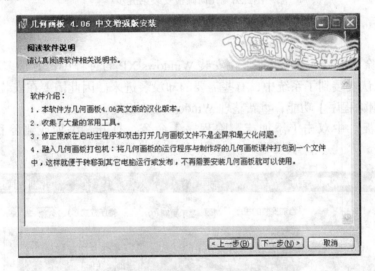

图2.24 几何画板安装第三步

（5）出现软件说明，单击下一步，如图 2.25 所示。

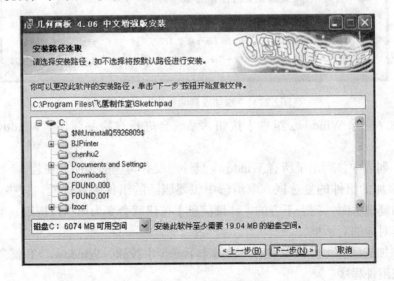

图2.25 几何画板安装第四步

（6）选择软件的安装路径，默认为 C 盘，单击下一步，如图 2.26 所示。

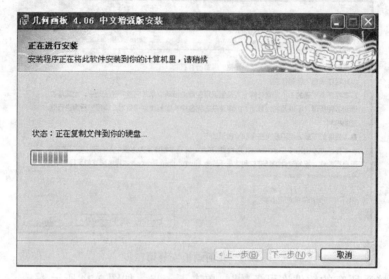

图2.26　几何画板安装第五步

（7）安装完成后，单击完成，即可使用该软件。

3. 相关知识

（1）添加和删除 Windows XP 组件。在安装 Windows XP 的过程中，有很多不需要的 Windows XP 自带的程序被默认安装到了系统中，有些需要的却没装进来。因此需要在安装了 Windows XP 之后，通过【添加或删除程序】功能，重新整理 Windows XP 组件。

①在"控制面板"中双击【添加或删除程序】命令，打开"添加或删除程序"对话框，如图 2.27 所示。

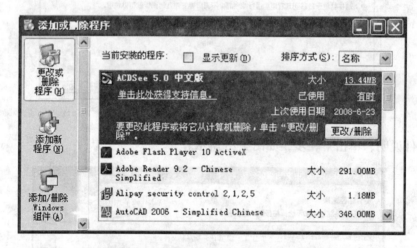

图2.27　"添加或删除程序"对话框

②单击【添加 / 删除 Windows 组件】按钮，系统会进行自检并弹出"Windows 组件向导"对话框。

③在"组件"列表中，列出了所有 Windows 组件。没有勾选的表明未安装。

④选中想要添加的组件的复选框，取消选中想要删除的组件的复选框。有些选项包含子选项，当选中这类选项的复选框时，列表下方的【详细信息】按钮就会变为可执行按钮。单击该按钮或者双击该选项，弹出其对应的对话框。

⑤完成所有添加或删除组件的设置后，单击【下一步】按钮，Windows XP 就会根据用户的设置进行安装或者卸载组件程序。

⑥安装或者卸载完成后，弹出一个对话框，提示用户已成功地完成了 Windows 组件向导。单击【完成】按钮即可。

>>>

技术提示：

在安装和卸载的过程中，系统可能会要求用户插入Windows XP的安装光盘，所以在进行操作之前，要准备好安装光盘。

（2）设置多用户使用环境。在实际生活中，多用户使用一台计算机的情况经常出现，而每个用户的个人设置和配置文件等均会有所不同，这时用户可进行多用户使用环境的设置。使用多用户使用环境设置后，不同用户用不同身份登录时，系统就会应用该用户身份的设置，而不会影响到其他用户的设置。设置多用户使用环境的具体操作如下：

①单击【开始】→【控制面板】命令，打开"控制面板"对话框。

②双击"用户帐户"图标，如图 2.28 所示。

③在该对话框中的"挑选一项任务…"选项组中可选择"更改帐户"、"创建一个新帐户"或"更改用户登录或注销的方式"三种选项；在"或挑一个账户做更改"选项组中可选择"计算机管理员"帐户或"来宾"帐户。

④若用户要进行用户帐户的更改，可单击【更改用户】命令，在打开的对话框中选择要更改的账户，例如选择"计算机管理员"帐户，在下一个对话框中，用户可选择"创建密码"、"更改我的图片"等选项。如选择"创建密码"选项，如图 2.29 所示。在该对话框中输入密码及密码提示，单击"创建密码"按钮，即可创建登录该用户帐户的密码。若用户要更改其他用户帐户选项或创建新的用户帐户等，可单击相应的命令选项，按提示信息操作即可。

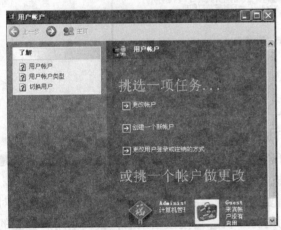
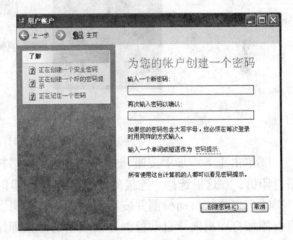

图2.28　"用户帐户"对话框　　　　图2.29　"创建帐户密码"对话框

⑤删除用户的做法：在桌面"我的电脑"上单击右键，弹出快捷菜单选择【管理】→【本地用户和组】→【用户】，里面列出所有用户帐户，删除不要的用户即可。

2.3.3【任务6】打印教案前的准备工作

1.学习目标

如果想将电脑中编辑好的教案电子稿打印出来，前提是要在 Windows XP 环境下安装打印机，并设置打印机属性。

2. 操作过程

（1）连接硬件。在安装本地打印机之前首先要进行打印机的连接，用户可在关机的情况下，把打印机的信号线与计算机的 LPT1 端口相连，并且接通电源。

（2）安装驱动程序。连接好之后，就可以开机启动系统，准备安装其驱动程序了。由于中文版 Windows XP 自带了一些硬件的驱动程序，在启动计算机的过程中，系统会自动搜索新硬件并加载其驱动程序，在任务栏上会提示其安装的过程，如"查找新硬件"、"发现新硬件"、"已经安装好并可以使用了"等对话框。如果用户所连接的打印机的驱动程序没有在系统的硬件列表中显示，就需要用户使用打印机厂商所附带的光盘进行手动安装，用户可以参照以下步骤进行安装：

①单击【开始】→【控制面板】命令，在打开的"控制面板"窗口中双击"打印机和传真"图标，这时打开"打印机和传真"窗口。

②在窗口链接区域的"打印机任务"选项下单击"添加打印机"图标，即可启动"添加打印机向导"。在这个对话框中提示用户应注意的事项是：如果用户是通过 USB 端口或者其他热插拔端口来连接打印机，就没有必要使用这个向导，只要将打印机的电缆插入计算机或将打印机面向计算机的红外线端口，然后打开打印机，中文版 Windows XP 系统会自动安装打印机，如图 2.30 所示。

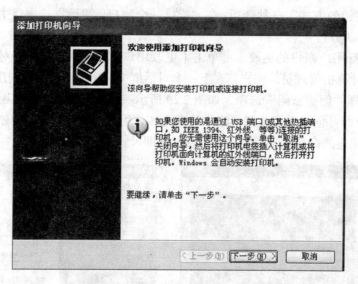

图2.30　"添加打印机向导"对话框

③单击【下一步】按钮，打开"本地或网络打印机"对话框，用户可以选择安装本地或者是网络打印机，在这里选择"连接此计算机的本地打印机"单选项。

④当选择"自动检测并安装即插即用打印机"复选框时，在随后会出现"新打印机检测"对话框，添加打印机向导自动检测并安装新的即插即用的打印机。当搜索结束后，会提示用户检测的结果，如果用户要手动安装，单击【下一步】按钮继续。

⑤这时"添加打印机向导"打开"选择打印机端口"选项，要求用户选择所安装的打印机使用的端口，在"使用以下端口"下拉列表框中提供了多种端口，系统推荐的打印机端口是 LPT1，大多数的计算机也是使用 LPT1 端口与本地计算机通信。如果用户使用的端口不在列表中，可以选择"创建新端口"单选项来创建新的通信端口。

⑥当用户选定端口后，单击【下一步】按钮，打开"安装打印机软件"对话框。在左侧的"厂商"列表中显示了世界各国打印机的知名生产厂商。当选择某制造商时，在右侧的"打印机"列表中会显示该生产厂相应打印机的产品型号。

⑦如果用户所安装的打印机制造商和型号未在列表中显示，可以使用打印机所附带的安装光盘

进行安装。

⑧单击【下一步】按钮打开"命名打印机"选项，在"打印机名"栏中为自己安装的打印机命名，用户可以在此将这台打印机设置为默认的打印机。

⑨用户为所安装的打印机命好名称后，单击【下一步】按钮打开"打印机共享"对话框，该项设置主要适用于连入网络的用户；如果用户个人使用这台打印机，可以选择"不共享这台打印机"单选项。单击【下一步】按钮继续该向导，这时会打开"位置和注释"对话框，用户可以为这台打印机加入描述性的内容，比如它的位置、功能以及其他注释，这个信息对用户以后的使用很有帮助。

⑩在接下来会打开"打印测试页"对话框，如果用户要确认打印机是否连接正确，并且是否顺利安装了其驱动程序，在"要打印测试页吗？"选项下选择"是"单选项，这时打印机就可以开始工作进行测试页的打印。单击【下一步】按钮，出现"正在完成添加打印机向导"对话框，当用户确定所做的设置无误时，可单击【完成】按钮关闭"添加打印机向导"。

3. 相关知识

（1）共享打印机。在中文版 Windows XP 中，用户可以添加本地打印机，在本地打印机上打印输出。如果用户处于网络中，而网络中有已共享的打印机，那么用户也可以添加网络打印机驱动程序来使用网络中的共享打印机进行打印作业。网络打印机的安装与本地打印机的安装过程大同小异，具体的操作步骤如下：

①用户在安装前首先要确认是处于网络中并且该网络中有共享的打印机。

②在"控制面板"窗口中单击"打印机和传真"图标，打开"打印机和传真"窗口，在其"打印机任务"选项下单击【添加打印机】命令，即可启动添加打印机向导。

③单击【下一步】打开"本地或网络打印机"选项卡，向导要求用户选择描述所要使用的打印机的选项，在此要选择"网络打印机或连接到其他计算机的打印机"单选项。

④单击【下一步】在"指定打印机"对话框中，用户需要指定将使用的网络共享打印机，如果用户知道所使用的共享打印机在网络中的具体位置，可以选择"连接到这台打印机"单选项，然后在"名称"文本框中输入该打印机在网络中的位置及打印机的名称，如果用户要使用 Internet、家庭或办公网络中的打印机，可以选择"连接到 Internet、家庭或办公网络上的打印机"单选项。

⑤如果用户不清楚网络中共享打印机的位置等相关信息，可以选择"浏览打印机"单选项，让系统搜索网络中可用的共享打印机，单击【下一步】按钮继续。这时会打开"浏览打印机"对话框，在"共享打印机"列表中将显示目前可用的打印机，当选择一台共享打印机后，在"打印机"文本框中将出现所选择的打印机名称。

⑥当用户选定所要使用的共享打印机后，单击【下一步】按钮所出现的对话框中要求用户进行默认打印机的设置，提示用户在使用打印机过程中，如果不指定打印机，系统会把打印文档送到默认打印机，用户可以根据自己的需要进行选择。

⑦在"正在完成添加打印机向导"对话框中，显示了所添加的打印机的详细信息，比如名称、位置以及注释等，单击【完成】按钮关闭"添加打印机向导"。

这时，用户已经完成了添加网络打印机的全过程，网络共享打印机可启动打印测试页，在"打印机和传真"窗口中会出现新添加的网络打印机，在其图标下会有电缆的标志，用户以后就可以使用网络共享打印机进行打印作业了。

（2）设置打印属性。

①在控制面板中双击"打印机和传真"图标打开窗口。

②选中要设置属性的打印机图标，在窗口左侧的"打印机任务"栏中，单击【设置打印机属性】命令，弹出该打印机的"属性"对话框，选中"常规"选项卡，如图 2.31 所示。

③在打印机图标右侧的文本框中，输入"我的打印机"作为该图标的名称。"功能"栏中，显示该打印机的主要属性和当前设置。单击【打印首选项】按钮，弹出"打印首选项"对话框，选中"布局"选项卡。

④在"方向"栏中，选择是按纸张的垂直方向打印，还是水平方向打印。在"页序"栏中，可以指定文档页面的打印顺序。

⑤完成设置后，单击【确定】按钮。

一般来说，系统都是采用后台打印的方式来打印文档。所谓后台打印，就是先把文档储存在硬盘上，然后再将其发送给打印机的过程。文档一旦存储在磁盘上，就可以继续使用其他程序。

（3）调整键盘。键盘的设计越来越人性化，控制面板中的"键盘属性"设置为用户提供了更好、更完善的支持。

①打开"控制面板"，双击"键盘"图标，打开"键盘属性"对话框。

②选择"速度"选项卡，如图2.32所示。在该选项卡中的"字符重复"选项组中，拖动"重复延迟"滑块，可调整在键盘上按住一个键需要多长时间才开始重复输入该键，拖动"重复率"滑块，可调整输入重复字符的速率；在"光标闪烁频率"选项组中，拖动滑块，可调整光标闪烁的快慢。

图2.31　"打印机属性设置"对话框　　　图2.32　键盘属性对话框"速度"选项卡

③选择"硬件"选项卡，如图2.33所示。在该选项卡中显示了所用键盘的硬件信息，如设备的名称、类型、制造商、位置及设备状态等。

④设置完毕后，单击【确定】按钮即可。

（4）调整鼠标。在安装Windows XP时系统已自动对鼠标进行过设置，但遇到不符合用户个人的使用习惯的情况，可通过控制面板中的"鼠标属性"设置进行调整。下面的设置适合习惯使用左手的用户。

①打开"控制面板"，双击"鼠标"图标，打开"鼠标属性"对话框，如图2.34所示。

②在"鼠标键"选项卡中，系统默认左侧的键为主要键，若选中"切换主要和次要的按钮"复选框，则设置右侧的键为主要键。

③"双击速度"可调整鼠标的双击速度；若选中"启用单击锁定"复选框，则可以不用一直按着鼠标键来移动对象。

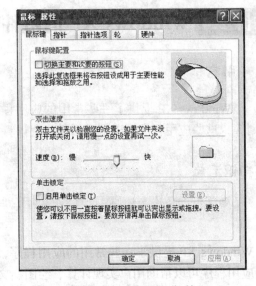

图2.33　键盘属性对话框"硬件"选项卡　　　　　　图2.34　鼠标属性对话框

④在"指针"选项卡中，"方案"下拉列表中提供了多种鼠标指针的显示方案；在"自定义"列表框中显示了该方案中鼠标指针在各种状态下显示的样式，如图2.35所示。不满意样式可选中它单击"浏览"按钮在该对话框中选择一种喜欢的鼠标指针样式单击"打开"按钮，即可将所选样式应用到所选鼠标指针方案中。如果希望鼠标指针带阴影，可选中"启用指针阴影"复选框。

⑤选择"指针选项"选项卡，如图2.36所示。在"移动"中可拖动滑块调整鼠标指针的移动速度；选中"取默认按钮"选项再打开对话框时，鼠标指针会自动放在默认按钮上。

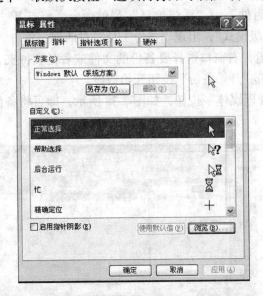

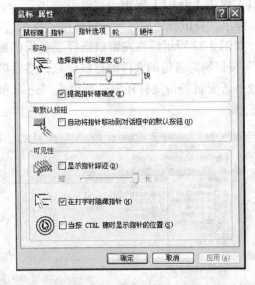

图2.35　鼠标属性对话框"指针"选项卡　　　　图2.36　鼠标属性对话框"指针选项"选项卡

⑥在"可见性"选项组中，有三个复选框，作用如下：

●选中"显示指针轨迹"复选框，则在移动鼠标指针时会显示指针的移动轨迹。

●选中"在打字时隐藏指针"复选框，则在输入文字时将隐藏鼠标指针。

●选中"当按【Ctrl】键时显示指针的位置"复选框，则按【Ctrl】键时会以同心圆的方式显示指针位置。

⑦选择"轮"选项卡，主要是设置滑轮滚动一次移动的行数。

⑧"硬件"选项卡主要是显示鼠标的制造商、型号、设备状态等信息。

项目 2.4 Windows XP 的附件

引言

　　Windows XP 提供了一些常用的应用程序，如画图、记事本、磁盘碎片整理程序、任务计划等，这些应用程序可以帮助用户实现计算、绘图、文字处理、磁盘清理、系统恢复等功能。

知识汇总

　　●文件的备份与还原；计算器的使用；写字板与画图工具的使用

　　Windows XP 提供了一些常用的应用程序，如画图、记事本、磁盘碎片整理程序、任务计划等，这些应用程序可以帮助用户实现计算、绘图、文字处理、磁盘管理、系统恢复等功能。

2.4.1【任务 7】文件的备份与还原

1. 学习目标

　　由于磁盘驱动器损坏、病毒感染、供电中断、网络故障以及其他一些原因，都可能引起磁盘中数据的丢失和损坏，因此，定期备份硬盘上的数据是非常有必要的。数据备份之后，在需要时就可以将其还原。这样，数据即使出现错误或丢失的情况，也不会造成太大的损失。

2. 操作过程

　　（1）单击【开始】按钮→"所有程序"→"附件"→"系统工具"菜单命令，将打开"备份"工具，弹出"备份或还原向导"对话框，单击"高级模式"，出现"备份工具"对话框，单击"备份"按钮，如图 2.37 所示。在左窗口选择要备份的磁盘，右窗口选择要备份的文件或者是文件夹，利用"浏览"按钮确定备份的文件的存放位置，然后单击"开始备份"按钮开始备份。

　　（2）若要将备份文件还原，可单击"还原和管理媒体"按钮，如图 2.38 所示，即可将备份文件进行还原。

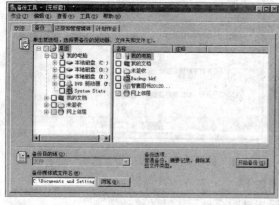 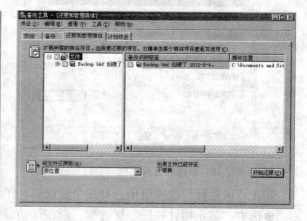

图2.37　备份或还原向导　　　　　　　图2.38　备份还原向导

2.4.2【任务 8】二进制转换为十进制

1. 学习目标

　　使用"计算机"应用程序，将二进制的 111010101 转换为十进制的数字。

2. 操作过程

　　（1）单击【开始】按钮→"所有程序"→"附件"→"计算器"菜单命令，运行"计算器"应用程序。

（2）在"计算器"窗口中，单击"查看"→"科学型"菜单命令，转换成"科学型计算器"窗口，如图2.39所示。

（3）单击计算器的"二进制"按钮，输入111010101，如图2.40所示。

图2.39 "科学性计算器"窗口　　　　　图2.40 在计算器中输入二进制数值

（4）单击计算器"十进制"即可得结果，如图2.41所示。

3. 相关知识

计算器可以帮助用户完成数据的运算，它可分为"标准计算器"和"科学计算器"两种。"标准计算器"可以完成日常工作中简单的算术运算，"科学计算器"可以完成较为复杂的科学运算，比如函数运算等。运算的结果不能直接保存，而是将结果存储在内存中，以供粘贴到别的应用程序或其他文档中。

（1）标准型计算器。在处理一般的数据时，用户使用"标准计算器"就可以满足工作和生活的需要了，单击【开始】按钮→"所有程序"→"附件"→"计算器"菜单命令，即可打开"计算器"窗口，系统默认为"标准型计算器"，如图2.42所示。

图2.41 计算器输出十进制数值　　　　　图2.42 标准型计算器

计算器窗口包括标题栏、菜单栏、数字显示区和工作区几部分。当用户使用时可以先输入所要运算的算式的第一个数，在数字显示区内会显示相应的数，然后选择运算符，再输入第二个数，最后选择"="按钮，即可得到运算后数值。在键盘上输入时，也是按照同样的方法，到最后敲回车键即可得到运算结果。

技术提示：

当用户在进行数值输入过程中出现错误时，可以单击【Backspace】键逐个进行删除；当需要全部清除时，可以单击【CE】按钮；当一次运算完成后，单击【C】按钮即可清除当前的运算结果，再次输入时可开始新的运算。

（2）科学型性计算器。当用户从事非常专业的科研工作时，要经常进行较为复杂的科学运算，可以选择"查看"→"科学型"命令，弹出"科学型计算器"窗口。此窗口增加了数基数制选项、单位选项及一些函数运算符号，系统默认的是十进制，当用户改变其数制时，单位选项、数字区、运算符区的可选项将发生相应的改变。用户在工作过程中，如果需要进行数制的转换，这时可以直接在数字显示区输入所要转换的数值；也可以利用运算结果进行转换，选择所需要的数制，在数字显示区会出现转换后的结果。另外，科学计算器可以进行一些函数的运算，使用时要先确定运算的单位，在数字区输入数值，然后选择函数运算符，再单击"="按钮，即可得到结果。

2.4.3【任务9】制作班级风采介绍

1. 学习目标

在附件中的写字板软件中，制作一个班级风采介绍，效果如图2.43所示。

在Windows XP附件工具中，"写字板"是一个使用简单，但又功能强大的文字处理程序。用户可以利用它进行日常工作中文件的编辑。它不仅可以进行中英文文档的编辑，而且还可以图文混排，插入图片、声音、视频剪辑等多媒体资料。

2. 操作过程

（1）编辑标题。

① 单击【开始】按钮→"所有程序"→"附件"→"写字板"菜单命令，打开"写字板"窗口。

② 输入标题，在窗口第一行输入"会计091班级风采介绍"。

③ 选中标题，在"格式"工具栏的"字体大小"下拉列表框中，选中字号"20"，工具栏上单击【粗体】按钮，颜色设置"红色"，单击【居中】按钮。

（2）编辑正文。

① 输入两段正文文字，然后选中这两段。

② 在标尺上，向右拖动"首行缩进"滑块，设置每个段落首行缩进的幅度。

（3）插入图片。

① 将光标移动到要插入图片的位置，单击【插入】→【对象】菜单命令，弹出"插入对象"对话框，如图2.44所示。

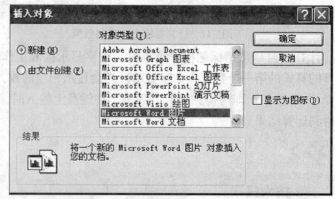

图2.43　写字板中的"会计091班级风采介绍"　　　　图2.44　写字板"插入对象"对话框

② 在"对象类型"列表框中，选中"Microsoft Word 图片"选项。单击【确定】按钮，弹出Word程序窗口。

③ 在 Word 软件中，单击【插入】→【图片】→【来自文件】菜单命令，弹出"插入图片"对话框。在该对话框中，选中要插入的图片文件，然后单击【插入】按钮。

④ 在 Word 文档中，单击"编辑图片"工具栏中的【关闭图片】按钮，返回"写字板"程序界面，图片被插入到文档中。

⑤ 在"格式"工具栏中，单击【居中】按钮，使图片位于文档中央。

>>>

技术提示：

在写字板中不能对图片本身进行修改。

（4）插入日期。

① 输入正文结束按【Enter】键，将光标移到下一行。

② 单击"插入"→"日期和时间"菜单命令，弹出"日期和时间"对话框，如图 2.45 所示。

③ 在列表框中选择适合的日期格式后单击【确定】按钮。

④ 在"格式"工具栏中，单击【右对齐】按钮，使日期位于文档的右侧。

3. 相关知识

（1）写字板的使用。

① 新建文档。当用户需要新建一个文档时，可以在"文件"菜单中进行操作，执行"新建"命令，弹出"新建"对话框，用户可以选择新建文档的类型，默认的为 RTF 格式的文档。单击"确定"后，即可新建一个文档进行文字的输入。

② 字体、段落格式。当用户设置好文件的类型及页面后，就要进行字体及段落格式的选择了，比如文件用于正式的场合，要选择庄重的字体，反之，可以选择一些轻松活泼的字体。用户可以直接在格式栏中进行字体、字形、字号和字体颜色的设置，也可以利用"格式"菜单中的"字体"命令来实现。

在用户设置段落格式时，可选择"格式"菜单中的"段落"命令，其中"缩进"是指用户输入段落的边缘离已设置好的页边距的距离，可以分为三种，左缩进、右缩进和首行缩进。同时在"段落"中有三种对齐方式，左对齐、右对齐和居中对齐。

③ 编辑文档。编辑功能是写字板程序的灵魂，通过各种方法，比如复制、剪切、粘贴等操作，实现编辑功能。其中"查找和替换"代替了手动查找，利用"编辑"菜单中"查找"和"替换"能轻松地找到想要的内容。这样会提高用户的工作效率。

（2）记事本用于纯文本文档的编辑，功能没有写字板强大，适于编写一些篇幅短小的文件。由于记事本使用方便、快捷，应用也是比较多的，比如一些程序的"read me"文件通常是以记事本的形式打开的。在 Windows XP 系统中的"记事本"又新增添了一些功能，比如可以改变文档的阅读顺序，可以使用不同的语言格式来创建文档，能以若干不同的格式打开文件等。

启动记事本时，用户可依照以下步骤来操作：单击【开始】→【所有程序】→【附件】→【记事本】命令，启动记事本，如图 2.46 所示。

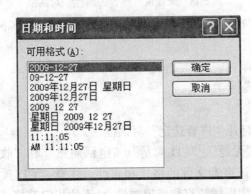

图2.45 写字板"日期和时间"对话框

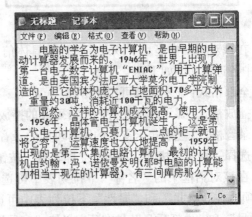

图2.46 记事本

◆◇◇◇ 2.4.4【任务10】录制唐诗欣赏

1. 学习目标

教师可以借助 Windows XP 附件中的"录音机"功能，将唐诗欣赏课中的唐诗录制保存，作为上课素材在课堂上反复播放。

2. 操作过程

（1）单击【开始】按钮→"所有程序"→"附件"→"娱乐"→"录音机"菜单命令，运行"录音机"应用程序，如图 2.47 所示。

（2）单击【录音】按钮，开始录制诗朗诵。对话框中会显示当前录音的长度，最多可以录制一分钟的内容，录制完毕单击【停止】按钮，结束录音。

（3）单击【播放】按钮，可以检查录制的效果。如果不满意可以重新录制。

（4）单击"文件"→"保存"菜单命令，弹出"另存为"对话框，将录制的声音保存到 C 盘"上课素材"文件夹，文件名为"唐诗欣赏"，文件类型为 .wav。

3. 相关知识

使用"录音机"可以录制、混合、播放和编辑声音文件（.wav 文件），也可以将声音文件链接或插入到另一文档中。

（1）调整声音文件的质量。用"录音机"所录制下来的声音文件，用户还可以调整其声音文件的质量。调整声音文件质量的具体操作如下：

① 打开"录音机"窗口。

② 选择"文件"→"打开"命令，双击要进行调整的声音文件。

③ 单击"文件"→"属性"命令，打开"声音的属性"对话框，如图 2.48 所示。

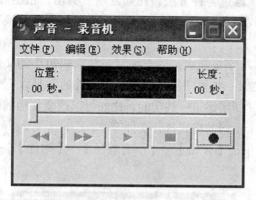

图2.47　录音机

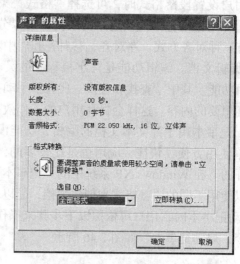

图2.48　录音机"声音的属性"对话框

④ 在该对话框中显示了该声音文件的具体信息，在"格式转换"选项组中单击"选自"下拉列表，其中各选项功能如下：

● 全部格式：显示全部可用的格式。

● 播放格式：显示声卡支持的所有可能的播放格式。

● 录音格式：显示声卡支持的所有可能的录音格式。

⑤ 选择一种所需格式，单击"立即转换"按钮，打开"声音选定"对话框。

⑥ 在该对话框中的"名称"下拉列表中可选择"无题"、"CD 质量"、"电话质量"和"收音质量"选项。在"格式"和"属性"下拉列表中可选择该声音文件的格式和属性。注意："CD 质量"、"收音质量"和"电话质量"具有预定义格式和属性（如采样频率和信道数量），无法指定其格式及属

性。如果选定“无题”选项，则能够指定格式及属性。

⑦ 调整完毕后，单击“确定”按钮即可。

（2）混合声音文件。混合声音文件就是将多个声音文件混合到一个声音文件中。利用“录音机”进行声音文件的混音，可执行以下操作：

① 打开“录音机”窗口。② 选择“文件”→“打开”命令，双击要混入声音的声音文件。③ 将滑块移动到文件中需要混入声音的地方。④ 选择“编辑”→“与文件混音”命令，打开“混入文件”对话框。⑤ 双击要混入的声音文件即可。

>>>

技术提示：

将某个声音文件混合到现有的声音文件中，新的声音将与插入点后的原有声音混合在一起。“录音机”只能混合未压缩的声音文件，如果在“录音机”窗口中未发现绿线，说明该声音文件是压缩文件，必须先调整其音质，才能对其进行修改。

（3）插入声音文件。若想将某个声音文件插入到现有的声音文件中，而又不想让其与插入点后的原有声音混合，可使用“插入文件”命令。

① 打开“录音机”窗口。② 选择“文件”→“打开”命令，双击要插入声音的声音文件。③ 将滑块移动到文件中需要插入声音的地方。④ 选择“编辑”→“插入文件”命令，打开“插入文件”对话框，双击要插入的声音文件即可。

（4）为声音文件添加回音。用户也可以为录制的声音文件添加回音效果，操作如下：

① 打开“录音机”窗口。② 选择“文件”→“打开”命令，打开要添加回音效果的声音文件。③ 单击“效果”→“添加回音”命令即可为该声音文件添加回音效果。

2.4.5【任务 11】绘制爱心雨伞

1. 学习目标

教师在美术课上可以借助 Windows XP 附件中的“画图”工具，教大家如何绘制爱心雨伞。这不但提高学生的创作能力，同时培养了学生的爱心和公德意识。绘制效果如图 2.49 所示。

2. 操作过程

（1）单击【开始】→【所有程序】→【附件】→【画图】菜单命令，打开“画图”程序窗口，如图 2.50 所示。

图2.49　绘制爱心雨伞效果图

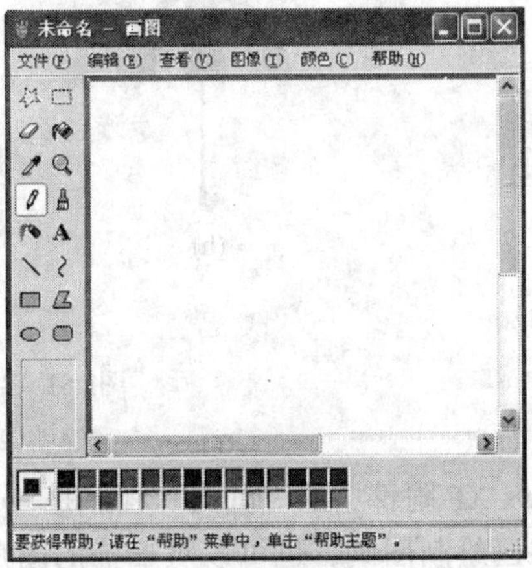

图2.50　“画图”程序窗口

（2）选取【椭圆】工具绘制一个椭圆，如图 2.51(a) 所示。

（3）在第一个椭圆同样高度的左侧按下鼠标左键画一个与第一个椭圆的最高点重合的小椭圆（即内切椭圆），效果如图 2.51(b) 所示。

技术提示：

如果掌握不好内切椭圆的位置，也可以在其他位置把椭圆画好后移进去。

（4）同上一步，即画第二个内切椭圆，如图 2.51(c) 所示。用【选定】工具框选图的一部分，如图 2.51(d) 所示，并移动到另一位置，效果如图 2.51(e) 所示。

（5）用【直线】工具把第三个圆弧一分为二，并用【曲线】工具把每相邻的两条曲线连接起来，效果如图 2.51(f) 所示。

（6）用较粗的【直线】工具和【刷子】工具画出伞柄，如图 2.51(g) 所示。并利用【用颜色填充】工具给雨伞涂上自己喜欢的颜色，如图 2.51(h) 所示。

（7）用【文字】工具输入两行文字，字体为"华文行楷"，字号"20"，设置"加粗"，如图 2.51(i) 所示，完成整幅画的绘制。

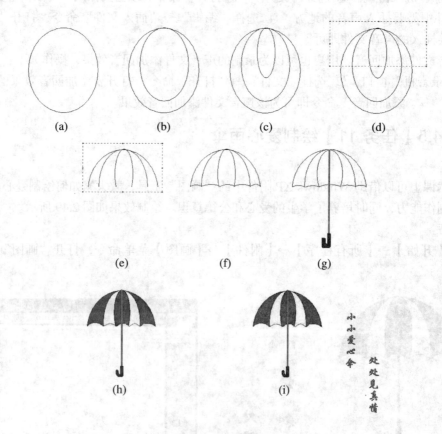

图2.51　绘制爱心雨伞的过程

3. 相关知识

Windows XP 附件中的"画图"程序是一个位图编辑器，可以对各种位图格式的图画进行编辑。用户可以自己绘制图画，也可以对扫描的图片进行编辑修改，在编辑完成后，可以以 BMP、JPG、GIF 等格式存档，用户还可以发送到桌面和其他文本文档中。

（1）"画图"窗口的组成。单击【开始】按钮→【所有程序】→【附件】→【画图】菜单命令，打开"画图"程序，如图2.52所示。

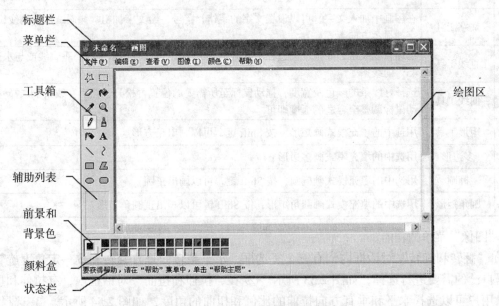

图2.52　"画图"窗口的组成

下面来简单介绍一下程序界面的各部分功能。

①标题栏：在这里标明了用户正在使用的程序和正在编辑的文件。

②菜单栏：此区域提供了用户在操作时要用到的各种命令。

③工具箱：它包含了十六种常用的绘图工具和一个辅助选择框，为用户提供多种选择。

④绘图区：处于整个界面的中间，为用户提供画布。

⑤辅助列表：当使用某些工具时，会在列表框中出现一些单选按钮，通过选择可以确定该工具当前的形式及形状。

⑥前景和背景色：画图时使用前景色来画线和填充图形，用背景颜色来体现图形的背景。

⑦颜料盒：它由显示多种颜色的小色块组成，用户可以随意改变绘图颜色。

⑧状态栏：它的内容随光标的移动而改变，标明了当前鼠标所处位置的信息。

（2）工具箱各按钮的作用。在工具箱中提供了各种功能的工具按钮，具体功能见表2.1。

表2.1　工具箱按钮功能介绍

	名　称	功　能
	裁剪工具	利用此工具，可以对图片进行任意形状的裁切
	选定工具	此工具用于选中对象，可对选中的对象进行复制、移动、剪切等操作
	橡皮工具	用于擦除绘图中不需要的部分
	填充工具	进行颜色的填充，在填充时，一定要在封闭的范围内进行，否则整个画布的颜色会发生改变
	取色工具	此工具的功能等同于在颜料盒中进行颜色的选择，当需要对两个对象进行相同颜色填充时，采用此工具能保证其颜色的绝对一致
	放大镜工具	可以放大绘图区中的某个部分，用户可以在辅助选框中选择放大的比例
	铅笔工具	绘制不规则的线条，线条的颜色依前景色而改变，可通过改变前景色来改变线条的颜色
	刷子工具	绘制不规则的图形，用户可以根据需要选择笔刷粗细及形状
	喷枪工具	可产生喷绘的效果，可选择合适的斑点大小，在喷绘点上停留的时间越久，其浓度越大，反之，浓度越小

续表2.2

	名　称	功　能
A	文字工具	在图画中加入文字，可以设置文字的字体、字号，给文字加粗、倾斜、加下划线，改变文字的显示方向等等
\	直线工具	绘制直线线条，在拖动的过程中同时按 Shift 键，可以画出水平线、垂直线或与水平线成45°的线条
∫	曲线工具	选择好线条的颜色及宽度，拖动鼠标至所需要的位置再松开，然后在线条上选择一点，移动鼠标调整至合适的弧度即可
▭	矩形工具	用选中的填充模式画矩形，按 Shift 键，可以画出正方形
◸	多边形	用选中的填充模式画多边形
⬭	椭圆	用选中的填充模式画椭圆，按 Shift 键，可以画出正圆
▢	圆角矩形	用选中的填充模式画圆角矩形，按 Shift 键可以画出正圆角矩形

（3）"图像"菜单的功能。

① 在"翻转和旋转"对话框内，有三个复选框，水平翻转、垂直翻转和按一定角度旋转。用户可以根据自己的需要进行选择，如图 2.53 所示。② 在"拉伸和扭曲"对话框内，有拉伸和扭曲两个选项组，用户可以选择水平和垂直方向拉伸的比例和扭曲的角度，如图 2.54 所示。③ 选择"图像"下的"反色"命令，图形即可呈反色显示。④ 在"属性"对话框内，显示了保存过的文件属性，包括保存的时间、大小、分辨率以及图片的高度、宽度等，用户可在"单位"选项组下选用不同的单位进行查看，如图 2.55 所示。

（4）颜色的选择。在生活中的颜色是多种多样的，当颜料盒中提供的色彩不能满足用户的需要时，执行"颜色"→"编辑颜色"命令，弹出"编辑颜色"对话框，如图 2.56 所示。

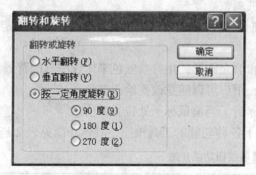

图2.53　"翻转和旋转"对话框

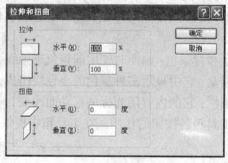

图2.54　"拉伸"和"扭曲"对话框

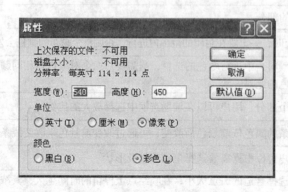

图2.55　"属性"对话框

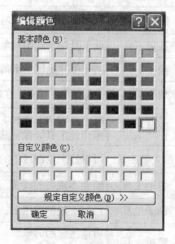

图2.56　"编辑颜色"对话框

用户可在"基本颜色"选项组中进行色彩的选择，也可以单击"规定自定义颜色"按钮自定义颜色，如图2.57所示，然后再添加到"自定义颜色"选项组中。

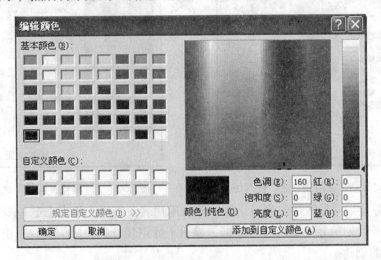

图2.57 "添加自定义颜色"对话框

完成一幅作品后，可以设置为墙纸，还可以打印输出，在"文件"菜单中实现具体的操作。

∴∴∴2.4.6【任务12】制订美术课任务计划

1. 学习目标

教师可以使用Windows XP附件中的"任务计划"工具，在每周三的上午十点整（美术课）打开"画图"程序，为上课做准备。

2. 操作过程

（1）单击【开始】→【所有程序】→【系统工具】→【任务计划】菜单命令，打开"任务计划"对话框，如图2.58所示。

（2）双击"添加任务计划"图标，将弹出"任务计划向导"第一步对话框，单击"下一步"按钮。

（3）弹出"任务计划向导"第二步对话框，如图2.59所示。在"应用程序"列表框中选择"画图"程序，单击【下一步】按钮。

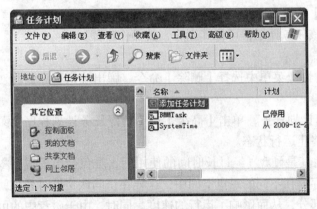

图2.58 "任务计划"对话框

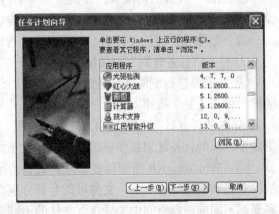

图2.59 "计划任务向导"之"单击要运行的程序"

（4）弹出"任务计划向导"第三步对话框，如图2.60所示。设置"任务名"为"美术课画板"，并选择"每周"执行这个任务一次，单击【下一步】按钮。

（5）弹出"任务计划向导"第四步对话框，如图2.61所示。设置"起始时间"为"10：00"，为每"1"周的"日期"设置为"星期三"。单击【下一步】按钮。

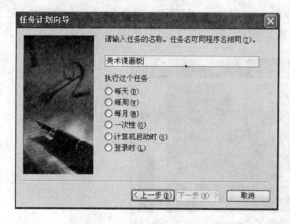 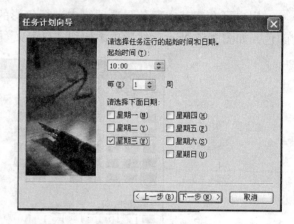

图2.60　"计划任务向导"之"输入任务名称"　　图2.61　"计划任务向导"之四对话框

（6）弹出"任务计划向导"第五步对话框，输入用户名及密码，单击【下一步】按钮。

（7）弹出"任务计划向导"第六步对话框，显示了计划任务的完成信息，单击【完成】按钮就完成了一个任务计划的创建。

3. 相关知识

使用任务计划，用户可以设定计算机定期运行或在最方便时自动运行用户所设定的程序，而不用特意启动。

（1）修改任务计划。若对已创建的任务计划不满意，用户也可以对其进行修改，操作步骤如下：

① 打开"任务计划"对话框。

② 右击要进行修改的任务计划，在弹出的快捷菜单中单击【属性】命令，打开该任务计划的对话框。例如，右击"美术课画板"任务计划，打开"美术课画板"任务计划对话框，选择"任务"选项卡。

③ 在该选项卡中可修改该任务计划要运行的程序、运行方式及密码设置等。设置完毕后，单击【应用】按钮。

④ 选择"日程安排"选项卡，在该选项卡中显示了该任务计划执行的时间，若对其时间不满意，可直接进行修改。设置完毕后，单击【应用】按钮。

⑤ 选择"设置"选项卡，在该选项卡中可对已完成计划的任务、空闲时间和电源管理进行设置。设置完毕后，单击【应用】按钮，单击【确定】按钮。

（2）删除或暂停任务计划。若不想再执行该任务计划，可将其删除，其操作步骤如下：

① 打开"任务计划"对话框。

② 右击要进行删除的任务计划，在弹出的快捷菜单中选择【删除】命令，弹出确认程序删除对话框，单击【是】按钮。

③ 在"任务计划"窗口中，选中要暂停的计划任务，单击【高级】→【暂停任务计划程序】菜单命令，此时任务计划程序虽然启动但却处于终止运行状态。

（3）Windows XP 整理磁盘碎片。磁盘（尤其是硬盘）经过长时间的使用后，难免会出现很多零散的空间和磁盘碎片。一个文件可能会被分别存放在不同的磁盘空间中，这样在访问该文件时系统就需要到不同的磁盘空间中去寻找该文件的不同部分，从而影响了运行的速度。同时，由于磁盘中的可用空间也是零散的，创建新文件或文件夹的速度也会降低。使用磁盘碎片整理程序可以重新安排文件在磁盘中的存储位置，将文件的存储位置整理到一起，同时合并可用空间，从而实现提高运行速度的目的。

运行磁盘碎片整理程序的具体操作如下：

① 单击【开始】按钮，选择【所有程序】→【附件】→【系统工具】→【磁盘碎片整理程序】命令。

② 弹出"磁盘碎片整理程序"第一步对话框，如图 2.62 所示，显示磁盘的一些状态和系统信息。选择一个磁盘，单击【分析】按钮。

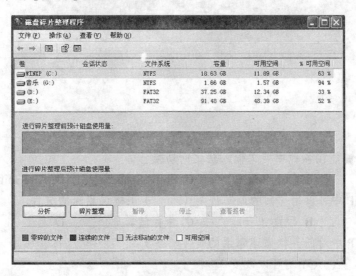

图2.62 "磁盘碎片整理程序"对话框

③ 系统进行所选磁盘是否需要进行磁盘整理的分析，弹出"磁盘碎片整理程序"第二步对话框。在该对话框中单击【查看报告】按钮，可弹出"分析报告"对话框，该对话框中显示了该磁盘的卷标信息及最零碎的文件信息。单击【碎片整理】按钮，开始磁盘碎片整理程序，系统会以不同的颜色条来显示文件的零碎程度及碎片整理的进度。

④ 整理完毕后，弹出"磁盘整理程序"第三步对话框，提示用户磁盘整理程序已完成，单击【确定】按钮结束"磁盘碎片整理程序"。

重点串联 ▶▶▶

Windows XP 的窗口　基本操作　文件的管理　控制面板　附件的使用

拓展与实训

基础训练

一、选择题

1. 按下（   ）键能在各种中英文输入法之间切换。
   A. Ctrl+Shift   B. Ctrl+Space   C. Shift+Space   D. Alt+Shift

2. 在 Windows XP 中可以用"回收站"恢复（   ）上被误删除的文件。
   A. 软盘   B. 硬盘   C. 外存储器   D 光盘

3. 在 Windows XP 中对任务栏描述错误的是（   ）
   A. 任务栏的位置、大小均可以改变
   B. 任务栏不可隐藏
   C. 任务栏上显示的是已打开的文档名或正在运行的程序名
   D. 任务栏的尾端可添加图标

4. Windows XP 中用于文件和文件夹管理的工具是（   ）
   A. 对话框   B. 控制面板
   C. 我的电脑或资源管理器   D. 剪贴板

5. 为了便于不同的用户快速登录来使用计算机，Windows XP 提供了（   ）的功能。
   A. 重新启动   B. 切换用户   C. 注销   D. 登录

6. Windows XP 是一个基于（   ）内核的操作系统。
   A. Windows 95   B. Windows 98   C. Windows ME   D. Windows NT

7. 当用户较长时间不使用计算机，而又希望下次开机时可以直接进入自己的桌面时，可以使用（   ）。
   A. 注销   B. 切换用户   C. 待机   D. 休眠

8. 计算机等待启动屏幕保护程序的最短时间为（   ）。
   A. 30 秒   B. 1 分钟   C. 5 分钟   D. 10 秒

9. 使用 Windows XP 的备份功能，可以备份（   ）。
   A. 我的文档和设置   B. 每个人的文档和设置
   C. 驱动程序   D. 这台计算机上的所有信息

10. 在 Outlook 的通讯簿中，一个联系人可以有（   ）邮件地址。
    A. 1 个   B. 2 个   C. 3 个   D. 多个

二、填空题

1. 在 Windows XP 进行硬件设置的程序组是 _____。

2. 剪切、复制、粘贴的快捷键分别是 _____、_____、_____。

3. 给文件或文件夹重命名的快捷键为 _____。

4. Windows XP Professional 支持的最大内存为 _____。

三、简答题

1. 简述 Windows2000/XP 中的"开始"按钮和"任务栏"的功能。

2. Windows XP 桌面上的常用图标有哪些？哪些图标不允许删除？

3. 窗口由哪些部分组成？窗口的操作方法有哪些？

4. 什么是对话框，对话框与窗口的主要区别是什么？

5. Windows XP 中窗口的关闭有几种方法？

技能训练

操作题

1. 设置计算机屏幕保护为：三维飞行物，等待时间：5分钟。

2. 设置计算机日期为：2012 年 10 月 10 日，时间为：22:10:20。

3. 将显示器的分辨率设为 800*600，刷新率设为 75 Hz。

4. 将本地磁盘 D 盘设为共享。

5. 隐藏桌面"我的文档"图标，并设置文件删除时不是回收站，而直接删除。

6. 为本台计算机添加本地打印机，打印机型号为：Epson LQ-1600K。

7. 将任务栏设置为自动隐藏和任务栏上的时钟隐藏。

8. 文件操作：

（1）一个文件夹，将文件夹更名为自己的姓名，然后再在此文件夹下创建一个名为"ABC"的文件夹。

（2）在以自己姓名命名的文件夹下创建一个名为"练习"的 Word 文档，在其中输入汉字，内容自定。

（3）将名为"练习"的 Word 文档复制到名为"ABC"的文件夹中。

（4）将名为"ABC"的文件夹中的名为"练习"的 Word 文档放入回收站。

（5）打开"回收站"窗口，将删除的名为"练习"的 Word 文档"还原"。

（6）将名为"ABC"文件夹中的名为"练习"的 Word 文档永久性删除。

（7）将以自己姓名命名的文件夹创建快捷方式到桌面。

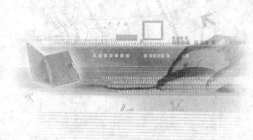

模块3

文字处理系统
Word 2003

教学聚焦

在日常生活和工作中，文字处理是计算机应用的一个非常重要的方面，从日常的公文、论文、书信、通知、电子报刊等各行各业的事务处理，文字处理无所不在。本章以微软的 Microsoft Word 2003 为例讲述文字处理软件。

知识目标

◆ Word 2003 的基本界面

◆ 文档编辑

◆ 排版系统

◆ 表格编辑

技能目标

◆ 熟练掌握 Word 2003 的基本操作

◆ 熟练掌握 Word 2003 的文档编辑、排版

◆ 熟练掌握 Word 2003 的表格编辑

课时建议

　10 课时

教学重点和教学难点

◆ 掌握 Word 2003 的建立、打开、输入、编辑和关闭；Word 2003 的文档编辑

项目 3.1 Word 2003 的基本操作 |||

引言

本项目需要学生掌握 Word 2003 中最基本的文字编辑功能，学会如何输入、编辑、删除文字以及文档的保存等操作。通过文档的编辑，学习如何设置文字和段落的格式，使得整个文档结构清晰、重点突出。

知识汇总

● Word 2003 最基本的文字编辑功能；改变字体样式；添加项目符号、编号；设置段落间距

3.1.1【任务 1】编写一个通知

1. 学习目标

在 Word 2003 中新建一个文档，命名为"通知"。在其中编写一篇标题为"关于举办山东现代职业学院 2012 年毕业生就业双选会的通知"，如图 3.1 所示。编写完成后保存在 D 盘根目录下。通过本任务的学习，读者将掌握 Word 2003 中最基本的文字编辑功能，学会如何输入、编辑、删除文字以及文档的保存等操作。

图3.1 "通知"效果图

2. 操作过程

（1）单击【开始】→【所有程序】→【Microsoft Office】→【Microsoft Office Word 2003】命令，启动 Word 2003。

（2）在光标处输入通知的标题"关于举办山东现代职业学院 2012 年毕业生就业双选会的通知"后将光标定位在标题的最前面，按空格键调整文字的位置。按 Enter 键，将光标移到下一行。

（3）输入通知的正文，每结束一段按 Enter 键开始下一段的文字输入。

（4）单击【文件】→【保存】命令，如图3.2所示。保存位置：D盘，文件命名为"通知"，文件类型默认为"Word文档"，单击【保存】按钮。

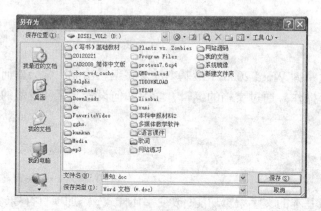

图3.2　保存对话框

3. 相关知识

（1）Word 2003 工作界面。启动 Word 2003 后，就进入其主界面。Word 2003 的操作界面主要由标题栏、菜单栏、工具栏、任务窗格、状态栏及文本区等部分组成，如图 3.3 所示，各部分功能介绍如下：

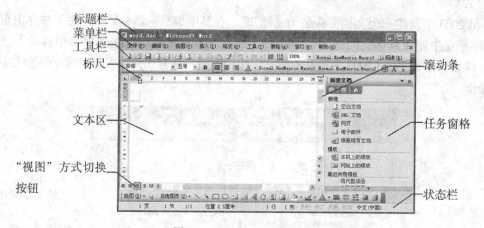

图3.3　Word 2003工作界面

① 标题栏。标题栏位于窗口的顶端，用于显示当前正在运行的程序名及文件名等信息；标题栏最右端有 3 个按钮，分别用来控制窗口的最小化、最大化和关闭应用程序。

② 菜单栏。菜单栏包括"文件"、"编辑"、"视图"、"插入"、"格式"、"工具"、"表格"、"窗口"和"帮助" 9 个菜单，涵盖了用于 Word 文件管理、正文编辑的所有菜单命令。

除用鼠标单击菜单标题外，也可以用键盘选择和执行菜单命令，按 Alt 键或者 F9 键会激活菜单栏，按 Enter 键执行命令所代表的操作。也可以用组合键，即用"Alt + 菜单名后面括号中的字母"打开菜单。

③ 工具栏。在 Word 2003 中，将常用命令以工具按钮的形式表示出来。通过工具按钮的操作，可以快速执行使用频率最高的菜单命令，从而提高工作效率。

单击【视图】→【工具栏】→【＊＊＊】（＊＊＊代表具体工具栏的名称）命令，即可弹出或者关闭相应的工具栏。

④ 状态栏。状态栏位于 Word 窗口的底部，显示了当前的文档信息，如当前显示的文档是第几页、第几节等。在状态栏中还可以显示一些特定命令的工作状态，如录制宏、当前使用的语言等。当这些命令的按钮为高亮时，表示目前正处于工作状态，若变为灰色，则表示未在工作状态下。

⑤ 文本区。文本区是 Word 2003 的编辑窗口，用户可以在此进行文档的输入、编辑、修改、排版和浏览等操作。文本区由滚动条、标尺、视图按钮和文本组成。

⑥ 任务窗格。任务窗格位于操作界面右侧的分栏窗口中，它会根据操作要求自动弹出，使用户及时获得所需的工具，从而有效地控制 Word 的工作方式。

（2）Word 文档的基本操作。Word 文档的基本操作主要包括创建新文档、保存文档、打开文档以及关闭文档等。

① 新建文档。Word 文档是文本、图片等对象的载体，要在文档中进行操作，必须先创建文档。

方法一：在启动 Word 时，自动新建一个空文档，默认文件名为"文档 1"。

方法二：使用菜单栏创建文档。单击菜单栏中的【文件】按钮，在弹出的菜单中选择【新建】菜单项。

方法三：使用工具栏创建文档。单击常用工具栏中的"新建"按钮。

方法四：使用模板创建文档。单击菜单栏中的【文件】按钮，在弹出的菜单中选择【新建】菜单项，弹出如图 3.4 所示的任务窗格，单击下方"本机上的模板"链接，打开"模板"对话框，如图 3.5 所示，从中选择需要的模板样式。

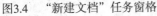

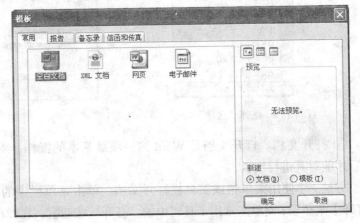

图3.4 "新建文档"任务窗格　　　　　图3.5 根据模板创建新文档

② 保存文档。对于新建的 Word 文档或者正在编辑的某个文档，如果出现了计算机突然死机、停电等非正常关闭的情况，文档中的信息就会丢失，因此为避免做无用功，随时保存文档是十分重要的。

●保存新的、未命名的文档。单击菜单栏中的【文件】按钮，在弹出的菜单中选择【保存】菜单项，如图 3.6 所示；或单击常用工具栏中的"保存"按钮，在弹出的"另存为"对话框中，设定保存的位置和文件名，如图 3.7 所示。

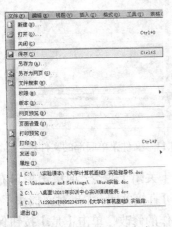

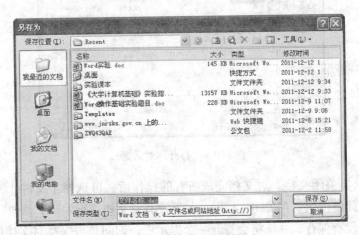

图3.6 选择"保存"命令　　　　　图3.7 "另存为"对话框

● 保存已有的文档。单击菜单栏中【文件】/【保存】菜单项，或者单击工具栏中的"保存"按钮。此类操作无需设定路径和文件名，以原路径和文件名存盘。

● 自动保存文档。Word 2003 提供了一种定时自动保存文档的功能，可以根据设定的时间间隔定时自动地保存文档。单击菜单栏中的【工具】按钮，在弹出的菜单中选择【选项】菜单项，如图3.8所示，在弹出的"选项"对话框中单击"保存"选项卡，如图3.9所示，选中"自动保存时间间隔"复选框，并设定自动保存时间间隔。

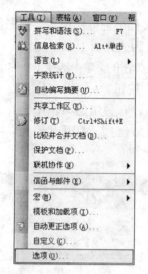

图3.8　选择"选项"命令

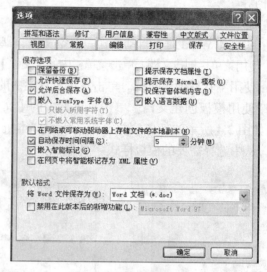

图3.9　　"选项"对话框

③ 打开文档。打开文档是 Word 的一项最基本的操作，对于任何文档来说都需要先将其打开，然后才能对其进行编辑。

方法一：使用菜单栏或工具栏打开文档。单击菜单栏中的【文件】按钮，在弹出的菜单中选择【打开】菜单项；或单击常用工具栏中的"打开"按钮，在弹出的"打开"对话框（如图3.10所示）中选择文档。

方法二：打开最近使用过的文档。单击【开始】按钮，在弹出的菜单中选择【我最近的文档】，或单击菜单栏中【文件】按钮，选择弹出菜单中底部的文件名，如图3.11所示。

图3.10　　"打开"对话框

图3.11　文件菜单底部的文件名

④ 关闭文档。对文档完成所有的操作后，可选择【文件】→【关闭】命令；或单击窗口右上角的关闭✕按钮。在关闭文档时，如果没有对文档进行编辑、修改，可直接关闭；如果对文档作了修改，但还没有保存，系统将会打开一个提示框，询问是否保存对文档所作的修改，单击【是】按钮保存并关闭该文档。

（3）文档的编辑。

① 选取文本。在编辑文本之前，首先必须选取文本。选取文本既可以使用鼠标，也可以使用键盘，还可以结合鼠标和键盘进行选取。

方法一：使用鼠标选定文本。将鼠标指针移到要选定文本的首部，按下鼠标左键并拖曳到所选文本的末端，然后松开鼠标。所选文本可以是一行文字、一个句子、一个段落、整篇文档或矩形文本框。

选定一行文字：将鼠标指针移动到该行的左侧，鼠标指针变成形状，然后单击。

选定一个句子：按住【Ctrl】键的同时，单击句中的任意位置。

选定一个段落：将鼠标指针移动到该行的左侧，鼠标指针变成形状，然后双击。

选定整篇文档：将鼠标指针移动到该行的左侧，鼠标指针变成形状，然后快速三击；或者将鼠标移至左侧，按住【Ctrl】键的同时单击鼠标；或者使用【Ctrl+A】组合键。

选定矩形文本框：按住【Alt】键的同时，按住鼠标向下拖动。

方法二：用键盘选定文本。

Shift + ←（→）方向键：分别向左（右）扩展选定一个字符。

Shift + ↑（↓）方向键：分别扩展选定由插入点处向上（下）一行。

Ctrl + Shift + Home：从当前位置扩展选定到文档开头。

Ctrl + Shift + End：从当前位置扩展选定到文档结尾。

Ctrl + A 或 Ctrl + 5（数字小键盘上的数字键5）：选定整篇文档。

>>>>

技术提示：

使用组合键选定文本。将光标移动到所要选定的文本之前，然后用组合键选择文本。常用组合键及功能见表3.1。

表 3.1　键盘选中文字的常用操作

快捷键	功能说明
Shift+ →	选取光标右侧的一个字符
Shift+ ←	选取光标左侧的一个字符
Shift+ ↑	选取光标位置至上一行相同位置之间的文本
Shift+ ↓	选取光标位置至下一行相同位置之间的文本
Shift+Home	选取光标位置至行首
Shift+End	选取光标位置至行尾
Shift+PageDowm	选取光标位置至下一屏之间的文本
Shift+PageUp	选取光标位置至上一屏之间的文本
Ctrl+Shift+Home	选取光标位置至文档开始之间的文本
Ctrl+Shift+End	选取光标位置至文档结尾之间的文本
Ctrl+A	选取整篇文档

② 删除文本。使用【BackSpace】键删除插入点（光标）左侧的一个字符；使用【Delete】键删除插入点（光标）右侧的一个字符。若删除大块文本，可采用如下方法：

方法一：选定所要删除的文本，按【Delete】键。

方法二：选定所要删除的文本，在菜单栏中选择【编辑】/【清除】/【内容】选项，或【编辑】/【剪切】选项。

方法三：选定所要删除的文本，单击工具栏中"剪切"按钮或者单击右键从快捷菜单中选择"剪切"命令。

③ 复制文本。

方法一：使用鼠标拖放复制文本。选定要复制的文本，将鼠标指针指向所选的文本，待鼠标指针变成向左的箭头↖，按住【Ctrl】键的同时，并按住鼠标左键，鼠标指针尾部会出现虚线方框和一个"+"号，指针前出现一条竖直虚线，然后将鼠标拖动到目标位置，松开鼠标左键即可。

方法二：使用剪贴板复制文本。选定要复制的文本，将选定的文本复制到剪贴板上（在菜单栏中选择【编辑】/【复制】选项，或单击工具栏中的"复制"按钮），然后将鼠标指针定位到目标位置，从剪贴板复制文本到目标位置（在菜单栏中选择【编辑】/【粘贴】选项，或单击工具栏中的"粘贴"按钮）。

④ 移动文本。

方法一：使用鼠标拖放移动文本。选定要移动的文本，将鼠标指针指向所选文本，待鼠标指针变成向左的箭头↖，按住鼠标左键，鼠标指针尾部出现虚线方框，指针前出现一条竖直虚线，然后将鼠标拖动到目标位置，松开鼠标左键即可。

方法二：使用剪贴板移动文本。选定要移动的文本，将选定的文本移动到剪贴板上（在菜单栏中选择【编辑】/【剪切】选项，或单击工具栏中"剪切"按钮），然后将鼠标指针定位到目标位置，从剪贴板复制文本到目标位置（在菜单栏中选择【编辑】/【粘贴】选项，或单击工具栏中"粘贴"按钮）。

（4）撤销和重复。编辑时，如果不小心把有用的文字删除了或者进行了错误的操作，可采用撤消操作将前面的步骤恢复，具体操作如下：

单击【编辑】→【撤销】命令，或者按【Ctrl+Z】键，或者单击工具栏中的撤销按钮，就可撤销前一次的误操作。如果要重复前面的操作，可按【Ctrl+Y】键，或者单击工具栏中的恢复按钮，就可重复前一次的操作。

（5）查找与替换。在文档中查找某一个或者几个特定内容，或者在查找到特定内容后，将其替换为其他内容，可以说是一项费时费力又容易出错的工作。Word 2003 提供的"查找"与"替换"功能能为用户带来很大的方便。

① 查找文本。单击【编辑】→【查找】命令，出现"查找和替换"对话框，如图 3.12 所示。在"查找"内容框中输入要查找的文本，单击【查找下一处】按钮开始查找。Word 找到目标内容后将反色显示，单击【查找下一处】按钮继续查找。

② 替换文本。可将查找到的指定文字用其他的文字或者不同的格式代替。如果未选定替换范围，Word 会将整篇文档中的指定文字替换掉。

单击【编辑】→【替换】命令，弹出如图 3.13 所示对话框。在对话框的"查找内容"列表框中输入要查找的文本，在"替换为"列表框中输入替换字符的内容。单击【查找下一处】按钮开始查找。找到指定的文本后，系统将暂停查找，等待用户的操作。此时单击【替换】按钮，则将指定的文本替换为新的字符；否则单击【查找下一处】按钮继续开始搜索。

图3.12　"查找"对话框　　　　　　　　　　图3.13　"替换"对话框

如果单击【全部替换】按钮，将一次性全部替换指定的字符。

∴∵∴ 3.1.2【任务2】编写实训大纲

1. 任务目标

在 Word 2003 中创建一个名称为"实训室实训大纲"的文档，设计并编写一份"物联网实训大纲"文档，如图 3.14 所示。

通过文档的编辑，学习如何设置文字和段落的格式，使得整个文档结构清晰、重点突出。例如学会如何改变字体样式、添加项目符号、编号、设置段落间距等操作。

物联网实训大纲

课程名称：物联网
实训学时：54 学时
适用专业：计算机应用 计算机网络 应用电子技术等相关专业
课程类别：专业课

一、实训目的
　　本课程是计算机相关专业的一门实现性较强的专业课程。实验从无线网络处理器的基本实验，逐步进阶到无线数据采集通信的高级实验，既能满足教学的基础需求，又能加强学生的实际应用能力。
二、实训方式
1．由指导教师讲清实训的基本原理、要求，实训目的及注意事项。

图3.14　"物联网实训大纲"效果图

2. 操作过程

（1）编辑标题。

① 新建一个 Word 空白文档，在文档的第一行输入文字"物联网实训大纲"。② 设置字体样式。选中标题文本，单击工具栏中"字体"下拉列表的箭头按钮，在弹出的下拉列表框中选择"仿宋"样式，如图 3.15 所示。③ 设置字号大小。选中标题文本，单击工具栏中字号下拉列表的箭头按钮，在弹出的下拉列表框中选择"三号"，如图 3.16 所示。④ 设置字形。选中标题文本，单击工具栏加粗 **B** 按钮。⑤ 设置位置。单击工具栏的居中 ▇ 按钮，将标题放置在文档的中央。

（2）编辑正文。

① 编辑好标题后按 Enter 键，光标移到第二行，单击工具栏的两端对齐 ▇ 按钮，正文的字体设置为"仿宋 _GB2312"，字号设置为"四号"，弹起【加粗】按钮，从第二行起输入正文内容（自己设计具体内容）。② 输入好正文各段落内容后选中除标题外的所有文字，单击【格式】→【段落】命令，弹出"段落"对话框，如图 3.17 所示。③默认"缩进和间距"选项卡，默认"特殊格式"的设置；

在"间距"栏中设置段前段后间距都是默认的"0行";"行距"下拉列表框中选择"最小值","设置值"为"16.5磅",单击【确定】按钮,完成正文段落的设置。④单击【文件】→【保存】命令,将文档保存在D盘"教学文件"文件夹内。

3. 相关知识

(1)设置文本样式。在 Word 2003 中为了使文档更加美观、条理更加清晰,通常需要对文本样式进行设置。

① 格式工具栏设置字体格式。设置字符格式时,经常要使用格式工具栏中的工具按钮,如图3.18 所示。除"字号"和"字体"为下拉列表框外,其他按钮都属于开关性质,单击字符格式按钮进行设置,再次单击按钮取消设置。在字体设置时要遵循"先选定,后操作"的原则,首先选定需要进行格式设置的部分,然后对选定的文本进行格式的设置。

图3.18　"格式"工具栏

● "字体"下拉列表框:可以选择需要的字体,Word 2003 提供了近百种字体,其中包括"宋体"等 20 多种中文字体。

● "字号"下拉列表框:选择需要的文字的大小。

● 【加粗】B按钮:按钮被按下时,选中的文字和待输入的文字被加粗,按钮弹起时取消加粗。

● 【倾斜】I按钮:按钮被按下时,文字倾斜。

● 【下划线】U按钮:按下时文字被添加下划线,单击按钮的箭头按钮可以选择下划线的形状和颜色。

● 【字符边框】A按钮:按下时文字被添加外边框。

● 【字符底纹】A按钮:按下时文字被添加灰色底纹。

● 【字符缩放】按钮:调整文字水平方向的宽度,单击按钮箭头选择字符缩放比例。

● 【字体颜色A·】按钮:改变文字颜色起到突出文字的效果。单击按钮箭头可以选择文字的具体颜色,默认黑色。

② "字体"对话框设置字体格式。单击【格式】→【字体】命令,出现"字体"对话框,如图 3.19 所示。

● "字体"选项卡用来设置字体本身的外观,包括字体、字形、字号、颜色、下划线、效果等。

● "字符间距"选项卡用来设置字符的缩放、间距及位置。缩放包括缩放百分比,间距包括标准、加宽、紧缩等选项;位置包括标准、提升、降低等选项。用户可根据需要在"磅值"框中输入间距值。

● "文字效果"选项卡可以为选取文本设置动态效果,如礼花绽放、七彩霓虹、赤水情深等效果。

(2)格式刷。利用工具栏上的格式刷按钮,可将一个文本的格式复制到另一个文本上,格式越复杂,越适合使用该工具,从而提升操作效率。具体操作方法如下:

① 设计好样本的格式。

② 用鼠标在样本中点一下,或选中样本。

③ 单击或者双击格式刷按钮(取刷),可以看到鼠标的旁边多了一把小刷子。如果通过单击取刷,则刷子只能使用一次,而双击后的刷子可以使用多次。

④ 用这把刷子去"刷"目标,也就是单击目标(适用于段落格式和图形格式)或者拖拽鼠标将目标"抹黑"(适用于字符格式),即可将这些目标设置成和样本同样的格式。

⑤ 再单击一下格式刷,按钮弹起,即可停止格式刷的使用。

(3)设置段落格式。段落格式用来改变段落的外观属性,它包括段落缩进和对齐方式、行间距和段落间距等的设置,常用的设置方法有 4 种,段落对齐、段落缩进、段落间距、行间距。

①段落对齐。

方法一：使用"段落"对话框。选定要进行设置的段落，在菜单栏中选择【格式】/【段落】选项，打开"段落"对话框，如图 3.20 所示，选择"缩进和间距"选项卡中的"对齐方式"，可设置段落左对齐、居中、两端对齐等对齐方式。

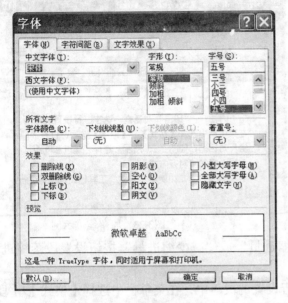 

图3.19　"字体"对话框　　　　　　　　　　图3.20　"段落"对话框

方法二：使用"格式"工具栏。选定要进行设置的段落，单击"格式"工具栏上的相应按钮（两端对齐、居中、右对齐、分散对齐），完成段落对齐设置。图 3.21 为段落各种对齐方式的示例。

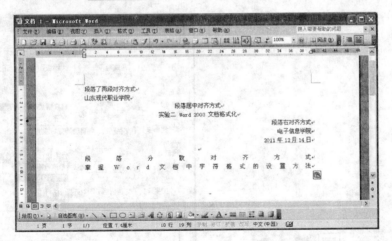

图3.21　段落各种对齐方式示例

②段落缩进。

方法一：使用"段落"对话框设置段落缩进。选定需要设置缩进的段落，在菜单栏中选择【格式】/【段落】选项，打开"段落"对话框，选择"缩进和间距"选项卡，按需要在左、右、悬挂、首行缩进中的某一项里输入具体数值，单击"确定"按钮即可完成段落缩进设置，如图 3.22 所示。

方法二：使用水平标尺设置段落缩进。将光标移到需要设置缩进的段落中，拖动水平标尺左端的"首行缩进"标记▽，可改变文本段落第一行的左缩进；拖动"悬挂缩进"标记△，可改变文本段落中第一行外的其余行的缩进；拖动"左缩进"标记□，可改变该段中所有文本的左缩进；拖动"右缩进"标记△，可改变该段中所有文本的右缩进。图 3.23 为段落缩进示例，第一段首行缩进两个字符，第二段首行缩进两个字符，左缩进两个字符，右缩进两个字符。

第二段首行缩进两个字符，左缩进两个字符，右缩进两个字符。

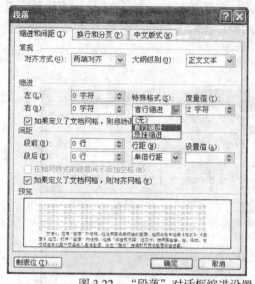

图 3.22　"段落"对话框缩进设置

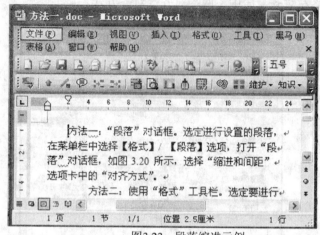

图 3.23　段落缩进示例

方法三：使用"格式"工具栏中的"增加缩进量"或"减少缩进量"按钮设置段落缩进。如图 3.24 所示。

③段落间距、行间距。将光标移到需要进行设置的段落中，在菜单栏中选择【格式】/【段落】选项，打开"段落"对话框，选择"缩进和间距"选项卡，在"间距"选项的"段前"和"段后"文本框中输入所需的间距值，可调节该段与前一段及和后一段的间距；在"行距"下拉列表框中选择所需间距值可以修改该段落内各行之间的距离，如图 3.25 所示。

图3.24　"减少缩进量"和"增加缩进量"按钮

图 3.25　"段落"对话框设置段落间距、行间距

（4）项目符号和编号。Word 可以为提纲式的列表加上各种项目符号或者编号，使文档组织更有条理，重点更突出。创建好列表后，还可以按笔划顺序、编号顺序或者创建日期对列表排序。使用"项目符号和编号"对话框。将插入点移动到首行开始的位置，在菜单栏中选择【格式】/【项目符号和编号】选项，打开"项目符号和编号"对话框，选择"项目符号"选项卡或"编号"选项卡，单击"确定"按钮，完成项目符号和编号的设置，如图 3.26 所示。

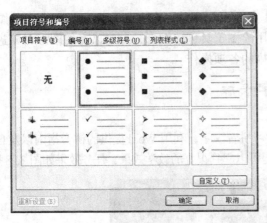

(a) "项目符号"选项卡

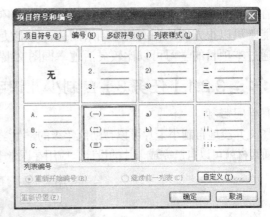

(b) "编号"选项卡

图3.26 "项目符号和编号"对话框

（5）分栏。在报刊上看到的版式往往都是以多栏排版的方式出现的，使用 Word 提供的分栏工具就可以达到一样的效果。

① 选中要分栏的文档内容。

② 执行【格式】→【分栏】命令，打开"分栏"对话框。

③ 根据需要，选择"预设"框中的样式，或者在"栏数"框中直接设置分栏数。默认情况下，自定栏数时，各栏宽度相等，如果要调整它们的宽度，可取消"栏宽相等"复选项的选择，然后针对栏宽、栏间距进行精确调整。在对话框中可预览设置后的效果，如图 3.27 所示。

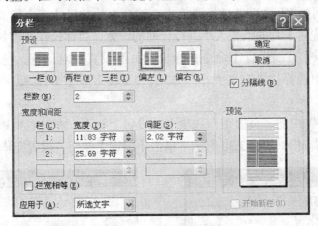

图3.27 "分栏"对话框

项目 3.2 Word 2003 的图文混排功能 ‖

引言

本项目利用 Word 提供的拼音指南以及自带的剪贴画素材就可以自己完成卡片的设计。通过 Word 中提供的丰富的文字、图形、声音对象以及图文混排和编辑工具，就能设计出图文并茂的电子贺卡。

知识汇总

● Word 提供的拼音指南；Word 自带的剪贴画素材；Word 中丰富的文字、图形、声音对象以及图文混排和编辑工具在文档中添加艺术字、图片等图形对象能够使文档更加生动形象。使用 Word 2003 中的图文混排功能既可以很方便地在文档中插入图片，还能使用绘图工具创建图形，并对已有的图形对象进行编辑。通过本项目的学习可以比较灵活地掌握图文混排的各项操作。

❖❖❖▪▪ 3.2.1【任务 3】自制少儿识字卡片

1. 学习目标

图文并茂地自制小卡片可以帮助低年级的学生学习拼音汉字，利用 Word 提供的拼音指南以及自带的剪贴画素材就可以自己完成卡片的设计，应用在课堂上可以起到很好的教学效果，任务效果如图 3.28 所示。

图3.28　"识字卡片"效果图

（1）自定义纸张大小。Word 默认的纸张大小不符合卡片的尺寸，为了节省纸张以及方便打印后的剪切，可以在设计前先对卡片的纸张大小进行合理的设置，具体操作步骤如下：

① 单击【文件】→【页面设置】命令，弹出"页面设置"对话框，选择"纸张"选项卡，在"纸张大小"下拉列表中选择"自定义大小"选项，"宽度"设置 8 厘米，"高度"设置 6 厘米，如图 3.29 所示。

② 选择"页面设置"中的"页边距"选项卡，设置上、下、左、右页边距为 1 厘米，同时不留装订线，方向设置为"横向"，如图 3.30 所示。单击【确定】按钮，设置完毕。

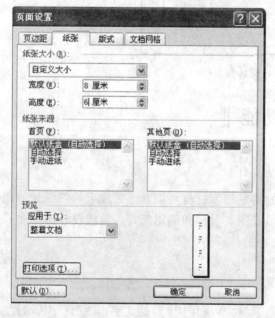

图3.29　"纸张"选项卡设置

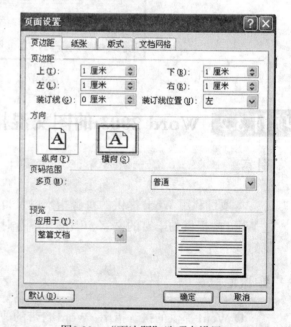

图3.30　"页边距"选项卡设置

（2）输入、设置文字。在文档的左侧输入文字"马"，设置文字的字体、字号、颜色，通过前面的学习自己动手将"马"设置为"小初、楷体、绿色"，使文字看起来更醒目。

（3）添加拼音。选中文字"马"，单击【格式】→【中文版式】→【拼音指南】，打开"拼音指南"对话框，如图3.31所示。拼音字体改为"宋体"，单击【确定】按钮即可。

（4）插入图片。

①在网上下载"马"的图片，以便被使用。

②单击【插入】→【图片】→【来自文件】命令，找到下载的"马"的图片，如图3.32所示，

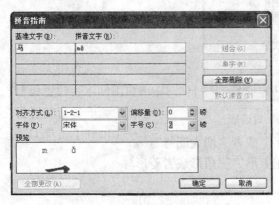

　　图3.31　"拼音指南"对话框　　　　　　　　　　图3.32　"插入图片"对话框

③调整文字和图片之间的距离。为使卡片看起来版面更合理，在文字和图片之间插入一个空格。编辑完毕保存即可。

2. 相关知识

（1）插入图片。Word除了可以插入自带的剪贴画以外，还可以插入来自文件的许多图片，可以根据要求和自己的喜好，自行设计。向文中插入图片的步骤如下：

① 将插入点移到文档中要插入图画的位置。

② 单击【插入】→【图片】→【来自文件】命令，选择需要的图片。

（2）页面设置。页面设置是指页边距、纸型和纸张来源等选项的设置。当重新设置页面后，文档将随之重新进行排版，因此，在编辑和排版文档之前，最好先进行页面设置。页面设置的方法如下：

① 设置页边距。页边距是指正文和纸张边缘之间的距离。单击【文件】→【页面设置】命令，弹出"页面设置"对话框，选择"页边距"选项卡；在"上"、"下"、"左"、"右"框中输入具体的数值，设置四边的边距；如果打印后需要装订，可以在"装订线"框中输入装订线的宽度，在"装订线位置"下拉列表框中设置"左"还是"上"；在"方向"区中，可以设置纸张的摆放方向，一般选择"纵向"，如果需要打印的文档页面较宽，可以选择"横向"选项。

② 设置纸型。如果要将文档打印出来，应该考虑纸张的大小和来源，选择"纸张"选项卡，在"纸型"下拉列表框中选择纸张大小，如A4、B5、16开等标准纸张大小。"自定义大小"可以在"高度"和"宽度"框中设置纸张的宽度和高度。设置"纸张来源"，用"首页"列表框为第一页选择一种送纸方式，用"其他页"列表框为其他页指定一种送纸方式。

（3）拼音指南。使用拼音指南功能可以在选定文本上标注拼音，具体操作方法如下：

① 选定需要标注拼音的文本。

② 单击【格式】→【中文版式】→【拼音指南】命令，弹出其对话框。

③ 在"基准文字"框内列出了选定的文字，在"拼音文字"框内输入相应的拼音。在"对齐方式"列表框中选择拼音与文字的对齐方式，还可以选择拼音的字体、字号等。

④ 单击【确定】按钮，所选文字上方就可以看到拼音标注的效果。

（4）带圈字符。使用带圈字符功能可以给选定的文本加上圆圈或者正方形等，具体使用方法如下：

① 选定需要制作带圈字符的文字。

②选择【格式】→【中文版式】→【带圈字符】命令，弹出"带圈字符"对话框，如图3.33所示。

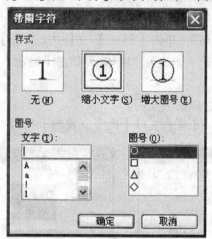

图3.33　"带圈字符"对话框

③在"样式"区中选择所需的样式，如"缩小文字"或者"增大圈号"。

④在"圈号"列表框中选择一种圈号，如圆圈、正方形、三角形或者菱形。

⑤单击【确定】按钮完成操作。

3.2.2【任务4】制作母亲节贺卡

1. 学习目标

母亲节亲手制作一张贺卡，打印出来送给妈妈表达祝福。不需要复杂的贺卡制作软件，利用 Word 2003 软件就可以轻松帮你实现。软件中提供了丰富的文字、图形、声音对象以及图文混排和编辑工具，综合利用这些功能，我们就能设计出图文并茂的电子贺卡，效果如图 3.34 所示。

图3.34　母亲节贺卡

通过本任务的学习，掌握艺术字、图片以及剪贴画的编辑和与图形有关的各工具栏的使用方法。

2. 操作过程

（1）准备一张符合贺卡风格的图片。

（2）设置贺卡尺寸。单击【文件】→【页面设置】命令，选择"纸张"选项卡，设置贺卡尺寸为 16 cm*10 cm，四周要留有空白空间，选择"页边距"选项卡，设置上、下、左、右页边距为1厘米，在"方向"单选项中选"横向"打印。选择"版式"选项卡，设置页眉页脚为0厘米。

（3）设置贺卡背景色。单击【格式】→【背景】→【填充效果】命令，弹出"填充效果"对话框，如图 3.35 所示。颜色选择"双色"，实例中选择"粉红"和"青绿"两种颜色的过渡效果，底纹样式选择"水平"，选中"变形"中第一行第一列的变形效果，在示例中能够预览设置的背景色效果。

（4）添加花样边框。单击【格式】→【边框和底纹】命令，弹出"边框和底纹"对话框，选择"页面边框"选项卡，如图3.36所示。

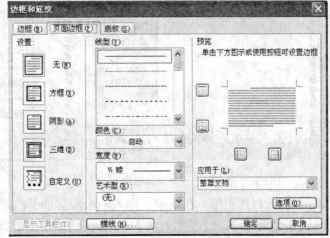

图3.35　"填充效果"对话框　　　　　图3.36　"页面边框"选项卡

在"艺术型"中选择需要的边框样式，这种做法既简便，又美观。添加边框后的贺卡效果如图3.37所示。

（5）插入水平文本框。单击【插入】→【文本框】→【横排】命令，出现"在此处创建图形"的绘图画布，如图3.38所示。

在贺卡的右半部按鼠标左键拖拽一个适当大小的水平文本框，为插入图片做准备。将图片置于文本框内，一来美化图片，二来也便于任意移动图片。这样换作可以达到精确定位图片的目的。

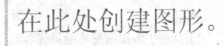

在此处创建图形。

图3.37　贺卡制作——添加边框　　　　图3.38　"文本框输入"提示框

（6）插入图片。将鼠标定位在文本框内，单击【插入】→【图片】→【来自文件】命令，弹出"插入图片"对话框，选择准备好的图片素材插入文本框中。图片的大小会依据之前插入的文本框的大小自动调整，效果如图3.39所示。

（7）插入艺术字。在小小的贺卡上写上温馨的祝福文字是表达感情的最好方式。Word 2003提供了一种对文字建立图形效果的艺术字功能，样式丰富多彩，非常适合放在图形中。具体做法是：定位插入点后，单击【插入】→【图片】→【艺术字】命令，弹出"艺术字样式"对话框，本例中选择第三行第五列的艺术字样式，如图3.40所示。双击选择的艺术字样式，打开"编辑'艺术字'文字"对话框中，输入文字内容"妈妈，您辛苦了"，并对字体、字号和字形、颜色等格式依据自己的喜好进行设置。

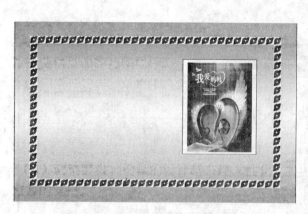
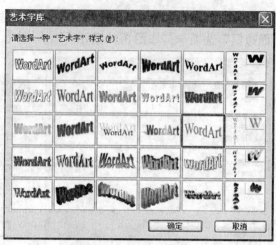

图3.39　贺卡制作——添加图片　　　　　　　　图3.40　"艺术字库"对话框

（8）插入自选图形。在贺卡上加入一个温馨的笑脸增添暖意。具体做法：单击【插入】→【图片】→【自选图形】→【基本形状】→【笑脸】命令，按鼠标左键在贺卡的左下方拖拽一个适当大小的笑脸并填充喜爱的颜色。

（9）添加阴影。为了让笑脸的效果看起来更逼真，可以在笑脸上设置阴影效果。具体做法：单击【视图】→【工具栏】→【绘图】命令，打开"绘图"工具栏，在"绘图"工具栏上单击【阴影】▓按钮，单击"阴影样式11"。

（10）打印输出。单击【文件】→【打印】命令，弹出"打印"对话框。只有彩色打印机才能打印出预想的效果。

3. 相关知识

（1）"图片"工具栏。使用"图片"工具栏可以设置图片的大小、亮度、对比度、环绕方式等属性。单击【视图】→【工具栏】→【图片】命令，弹出"图片"工具栏，如图3.41所示。

图3.41　"图片"工具栏

"图片"工具栏中各按钮的功能见表3.2。

表3.2　"图片"工具栏按钮功能介绍

图标	名称	功能说明
▧	"插入图片"按钮	单击该按钮，弹出"插入图片"对话框，选择图片所在位置，可在光标处插入需要文件
▥	"颜色"按钮	单击该按钮，在弹出的快捷菜单中设置图片的颜色效果为黑白、冲蚀等特殊效果，控制图片的色调
◑	"增加对比度"按钮	单击该按钮可以增加图片颜色的饱和度和明暗度
◐	"降低对比度"按钮	单击该按钮可以降低图片颜色的饱和度和明暗度
☀	"增加亮度"按钮	单击该按钮可以增加图片的亮度
☀	"降低亮度"按钮	单击该按钮可以降低图片的亮度
✛	"裁剪"按钮	若需要的图片仅为插入图形的一部分，可对插入图形进行剪裁，单击该按钮将鼠标移到图片四周的任意小矩形标记上，拖动鼠标即可对图片进行裁剪处理
◰	"向左旋转90°"按钮	单击该按钮可将图片逆时针旋转90°

续表 3.2

图标	名称	功能说明
	"线型"按钮	单击该按钮可以选择线条的粗细
	"压缩图片"按钮	单击该按钮在图形的任意位置单击，图形四周出现有 8 个方向的句柄，将鼠标指针指向某句柄时，鼠标指针变成双向箭头，拖动鼠标即可改变图片大小
	"文字环绕"按钮	单击该按钮，从下拉菜单中选择所需的文字环绕方式，设置图片与文字之间的层次关系和位置关系
	"设置图片格式"按钮	单击该按钮，弹出"设置图片格式"对话框，可以设置图片的颜色、大小等属性
	"设置透明色"按钮	单击该按钮，单击图片会将图片的所选颜色变成透明效果
	"重设图片"按钮	单击该按钮可以恢复图片插入时的原始状态

（2）艺术字工具栏。艺术字就是对文字进行艺术处理，产生具有艺术效果的文字，在 Word 中可通过艺术字工具栏创建、编辑、美化艺术字。单击【视图】→【工具栏】→【艺术字】命令，弹出"艺术字"工具栏，如图 3.42 所示。

图3.42 "艺术字"工具栏

（3）文本框。文本框是一种包含文字的图形对象，可以在文本框中填充颜色、图案等，同时还可以对文本框本身的线条样式、环绕方式等属性进行设置。

① 创建文本框。单击【插入】→【文本框】命令，在二级菜单中选择"横排"或者"竖排"文本框样式。

② 设置文本框格式。将鼠标移到文本框的边框上，单击鼠标右键，在弹出的快捷菜单中选择"设置文本框格式"命令，弹出"设置文本框格式"对话框，如图 3.43 所示。

● "颜色与线条"选项卡。可以设置文本框边框线的颜色、边线样式以及内部填充颜色、透明度等。

● "大小"选项卡（见图 3.44）。可以设置文本框的高度和宽度，并且能够在水平和垂直方向进行缩放。如果选中"锁定纵横比"复选框，则宽度和高度会等比例缩放。

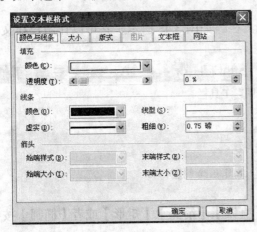
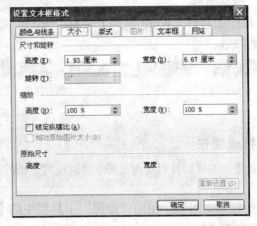

图3.43 "设置文本框格式"对话框　　图3.44 "设置文本框格式"之"大小"选项卡

● "版式"选项卡（见图 3.45）。在"环绕方式"栏中，选择文本框与文档中其他文字的位置关系。在"水平对齐方式"栏中，选择文本框在文档中的位置。

● "文本框"选项卡（见图 3.46）。在"内部边距"栏中，可以设定文本框中的内容与文本框边框的四周距离。

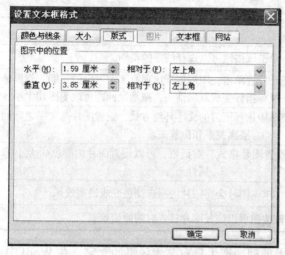 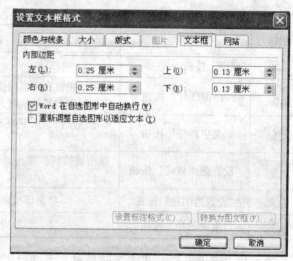

图3.45 "设置文本框格式"之"版式"选项卡　　　图3.46 "设置文本框格式"之"文本框"选项卡

③ 设置文本框中的文字方向。单击【格式】→【文字方向】命令，弹出"文字方向 - 文本框"对话框，如图3.47所示。在"方向"栏中单击选中需要的文字方向并在预览中确认效果是否符合需要。

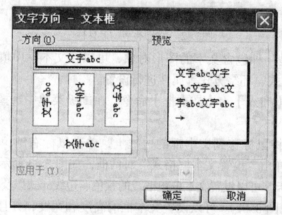

图3.47 "文字方向-文本框"对话框

（4）绘制图形。

① 绘图工具栏。Word提供了一个"绘图"工具栏，如图3.48所示。它可以让用户在文档中绘制需要的图形。

图3.48 "绘图"工具栏

技术提示：

注意：必须切换到页面视图下才能使用"绘图"工具栏绘制图形。

② 绘制基本图形。使用"绘图"工具栏中的【直线】、【箭头】、【矩形】或者【椭圆】按钮，可以绘制出这四种基本图形，具体方法如下：

单击绘图工具栏中的【直线】、【箭头】、【矩形】或者【椭圆】按钮，文档中会出现一个标明"在此处创建图形"的绘图画布，在画布上按鼠标左键拖动，即可绘制出图形，如图3.49所示。

在绘制椭圆、矩形、三角形的同时按住Shift键，可以得到圆、正方形、正三角形。只要在画直线的同时按住Shift键，拖动直线的一端，每次拖动可改变15°角，就能够绘制出特定角度的直线。

③ 绘制自选图形。Word 2003 提供了大量的自选图形，可以在文档中方便地使用。绘制自选图形的操作方法：单击【自选图形】 自选图形 (U) ▾ 按钮，出现如图 3.50 所示的级联菜单，在菜单中选择所需类型（如"线条"、"基本形状"等），再从级联菜单中选择要绘制的图形；将鼠标指针移到要插入图形的位置，拖动鼠标调整大小；绘制完毕按 Esc 键退出绘图状态，关闭画布。

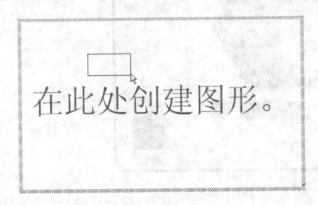

图3.49 绘制矩形　　　　　　　　　　图3.50 "自选图形"快捷菜单

④ 在图形中加入文字。在任何一个自选图形中都可以添加文字，具体操作步骤：在要添加文字的图形上单击鼠标右键，在弹出的快捷菜单中单击【添加文字】命令；此时插入点出现在图形的内部，输入所需文字。单击自选图形之外的地方，即可停止添加文字。

（5）添加边框和底纹。在 Word 中可以为选中的文字、段落或者整篇文档添加边框和底纹，具体操作如下。

① 添加边框。页面边框的添加方法同边框类似，主要应用于本节或者整篇文档，其中"艺术性边框"样式的添加让整篇文档更加生动。

选中对象，单击【格式】→【边框和底纹】命令，弹出"边框和底纹"对话框，选择"边框"选项卡，如图 3.51 所示；在"设置"中选择边框样式，在中间列设置边框的线条样式、颜色和宽度。在"预览"栏中查看效果，并可取消其中的某个边框线；在"应用范围"下拉列表中可以选择"文字"或者"段落"，设置完成后单击【确定】按钮。

② 添加底纹。选中对象，单击【格式】→【边框和底纹】命令，弹出"边框和底纹"对话框，选择"底纹"选项卡，如图 3.52 所示。

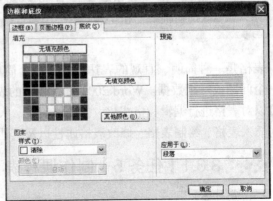

图3.51 "边框和底纹"之"边框"选项卡　　　图3.52 "边框和底纹"之"底纹"选项卡

在"填充"栏中，单击选择需要的色块，如果没有适合的颜色可以单击【其他颜色】按钮，在更丰富的颜色中进行选择，如图 3.53 所示。

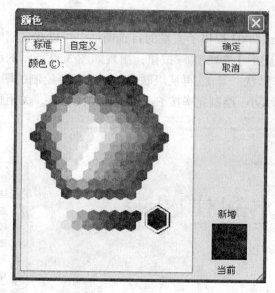

图3.53　"颜色"选项卡

单击【确定】按钮，返回"边框和底纹"对话框的"底纹"选项卡。在"样式"下拉列表框中选择底纹的填充样式。在"颜色"下拉列表框中选择底纹图案中线和点的颜色。在"预览"中查看效果，并设置好应用范围。设置完毕单击【确定】按钮。

项目 3.3　Word 2003 的表格功能 ‖‖

引言

本项目主要是利用学习的艺术字、边框和底纹等功能以及表格的基本操作，制作一个漂亮的课程表。主要掌握"表格和边框"工具栏中各按钮的使用方法，以及实现对表格中的数据进行简单的运算和排序功能。

知识汇总

● Word 的艺术字、边框和底纹　表格的基本操作；"表格和边框"工具栏中各按钮的使用方法；　表格中数据的简单运算；表格中数据的简单排序

表格是一种简明、直观的表达方式，一个简单的表格远比一大段文字更有说服力，更能清楚表达一个问题或一组数据。Word 2003 具有强大的表格处理能力，用户可以十分方便的制作多种表格，并可以对表格进行编辑和格式化，使表格美观、大方、布局合理。本节我们通过任务的学习主要掌握如何插入表格、绘制表格、修改表格属性以及其他和表格有关的编辑、运算。

3.3.1【任务 5】制作课程表

1. 任务目标

利用前面学习的艺术字、边框和底纹等功能以及表格的基本操作，制作一个漂亮的课程表，效果图 3.54 所示。

课程表

星期 课程	星期一	星期二	星期三	星期四	星期五
1-2节	计算机	数字电路	电路	数学	电路实训
3-4节	国学	自习	AutoCAD	数电实训	C语言
5-6节	C语言	数学	体育	自习	AutoCAD

图3.54　课程表效果图

2. 操作过程

（1）新建一个 Word 空白文档。（2）插入标题。单击【插入】→【图片】→【艺术字】命令，弹出"艺术字库"对话框，单击选中第2行第3列的艺术字样式。（3）单击【确定】按钮，弹出"编辑'艺术字'文字"对话框。在"文字"文本框内输入"课程表"文字，字体设置"楷体"，字号设置"14"，单击【确定】按钮，插入艺术字。（4）单击常用工具栏的【居中】按钮，使艺术字位于文档的中央。（5）将光标下移一行，单击【表格】→【插入】→【表格】命令，弹出"插入表格"对话框，如图3.55所示。（6）在"插入表格"对话框内的的"表格尺寸"栏中，设置表格的列数为6，行数为4，在"'自动调整'"栏中默认"固定列宽"，单击【确定】按钮，创建如图3.56所示表格。

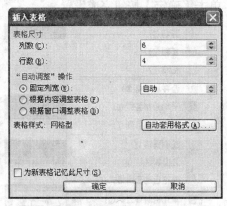

图3.55　"插入表格"对话框

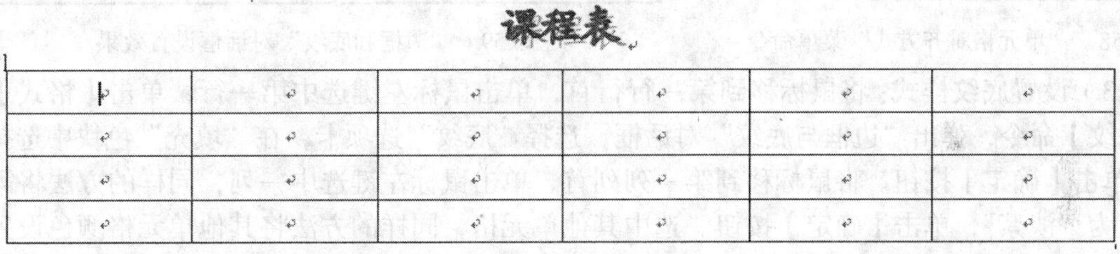

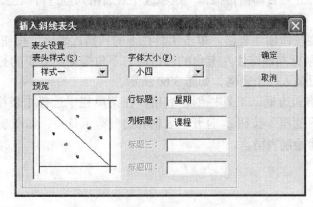

图3.56　创建表格—插入表格

（7）绘制斜线表头。将光标定位在表格的第一行第一列单元格上，单击【表格】→【绘制斜线表头】命令，弹出"插入斜线表头"对话框，如图3.57所示。"表头样式"选择"样式一"，"字体大小"设置"小四"，"行标题"处输入"星期"，"列标题"处输入"课程"，单击【确定】按钮，表头编辑完成。

图3.57　"插入斜线表头"对话框

（8）在表格中依次输入课程表的内容。

（9）调整行高。选定表格的2到4行，单击【表格】→【表格属性】命令，弹出"表格属性"对话框，选择"行"选项卡，选定"指定高度"，设置2到4行的行高为1厘米。

（10）调整文字位置。将鼠标移至表格左上方会显示⊞图标，单击该图标可以快速选中整张表格，在表格上单击鼠标右键，在弹出的快捷菜单中单击【单元格对齐方式】命令，出现二级菜单，如图3.58所示，单击中部居中 按钮。

（11）设置文字样式。再次选中整张表格，将表格中文字字体设置"楷体"，字号设置"四号"。

（12）设置边框样式。选中整张表格，单击【格式】→【边框和底纹】命令，弹出"边框与底纹"对话框，选择"边框"选项卡，在"设置"栏中单击"网格"选项，线形选择如图3.59所示，单击【确定】按钮完成设置。

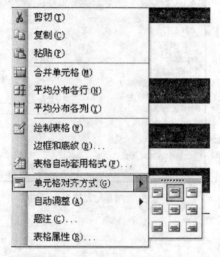

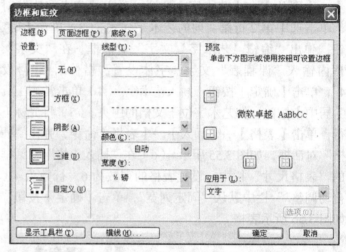

图3.58　"单元格对齐方式"菜单命令　　　　图3.59　"边框和底纹"对话框设置效果

（13）设置底纹样式：将鼠标移到第一行行首，单击鼠标左键选中第一行，单击【格式】→【边框和底纹】命令，弹出"边框与底纹"对话框，选择"底纹"选项卡，在"填充"色块中选择"浅青绿"，单击【确定】按钮。将鼠标移到第一列列首，单击鼠标左键选中一列，同样的方法将第一列颜色设置为"淡紫"，单击【确定】按钮。选中其他单元格，同样的方法将其他单元格颜色设置为"浅黄"，单击【确定】按钮。

3. 相关知识

（1）创建表格。

方法一：利用"插入表格"对话框创建表格。在菜单栏中选择【表格】/【插入】选项，在子菜单中选择【表格】选项，打开"插入表格"对话框，如图3.55所示。在"表格尺寸"选项区中填入所需表格的列数与行数，在"自动调整操作"选项区中对表格列宽进行调整，点击"确定"按钮即可完成表格的创建。

方法二：使用工具栏按钮创建表格。单击工具栏上的"插入表格"按钮 ，在它下方出现一个表格网络的下拉列表，用鼠标左键按住左上角的网格向右下角拖动到需要的行数和列数，松开鼠标左键，即可在文档插入点处插入一个表格，如图3.60所示。

方法三：使用"表格和边框"工具栏创建表格。在菜单栏中选择【表格】/【绘制表格】选项，或单击工具栏中"表格和边框"按钮 ，打开"表格和边框"工具栏，如图3.61所示，同时鼠标指针变成铅笔的形状，可自由绘制表格。

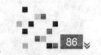

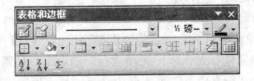

图3.60　"插入表格"按钮下拉菜单　　　　图3.61　"表格和边框"工具栏

（2）在表格中移动光标。在表格中移动光标最简单的方法是使用鼠标移动光标，只要将鼠标指针置于所需的位置，再单击鼠标即可。使用键盘来移动光标的快捷键见表 3.3。

表 3.3　键盘移动光标快捷键功能表

按键或者组合键	功能说明
Tab	移动到下一个单元格内
Shift+Tab	移动到上一个单元格内
Alt+Home	移动到本行的第一个单元格内
Alt+End	移动到本行的最后一个单元格内
Alt+PageUp	移动到本列的第一个单元格内
Alt+PageDown	移动到本列的最后一个单元格内

（3）插入单元格、行或者列。

方法一：在需要插入新行或新列的位置选定一行（一列）或多行（多列），如果要插入单元格就要先选定单元格。单击"表格"菜单中的"插入"命令，出现"插入"子菜单，如图 3.62 所示，如果是插入行，可以选择"行（在上方）"或"行（在下方）"命令；如果是插入列，可以选择"列（在左侧）"或"列（在右侧）"命令；如果要插入的是单元格，则选择"单元格"命令，在弹出的"插入单元格"对话框中进行设定，如图 3.63 所示。

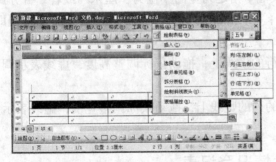
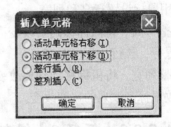

图3.62　"插入"子菜单　　　　图3.63　"插入单元格"对话框

方法二：选定行或列后，单击右键选"插入行（列）"命令来实现。

方法三：如果要在表格末尾插入新行，将插入点移动到表格的最后一个单元格中，然后按 Tab 键，即可在表格的底部添加一行。将插入点移动到表格的最后一行右键的回车处，按回车键也可以在表格的底部添加一行。

（4）删除单元格、行或者列。

① 删除单元格。选定要删除的单元格，单击【表格】→【删除】→【单元格】命令，弹出"删除单元格"对话框，如图 3.64 所示。选择删除方式，单击【确定】按钮。如果选择"右侧单元格左移"，则该单元格删除后，右侧的单元格自动向左侧移动来填补。

② 删除行。选定要删除的行，单击【表格】→【删除】→【行】命令，这时 Word 将删除选定

的行，并将其余的行向上移动。

③ 删除列。选定要删除的列，单击【表格】→【删除】→【列】命令，这时 Word 将删除选定的列，并将其余的列向左移动。

（5）调整行高与列宽。

① 利用菜单调整行高。选定需要调整高度的一行或者若干行，单击【表格】→【表格属性】命令，打开"表格属性"对话框，选择"行"选项卡，如图 3.65 所示，选中"指定高度"复选框，并输入行高度。在"行高值是"列表框中选择"最小值"或者"固定值"，想改变选定行的上一行或者下一行的行高，可单击【上一行】或者【下一行】按钮，单击【确定】按钮即可。

如果设置为"最小值"，而单元格内容超过此值，则 Word 将自动调整行高与内容匹配；如果设置为"固定值"，而单元格内容超出范围，则 Word 只显示或者打印在行高固定值范围内的内容。

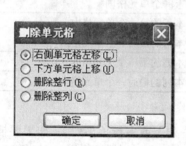

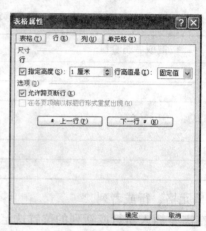

图3.64　"删除单元格"对话框　　　　图3.65　"表格属性"之"行"选项卡

② 利用菜单调整列宽。选定需要调整宽度的一列或者若干列，单击【表格】→【表格属性】命令，打开"表格属性"对话框，单击"列"选项卡，选中"指定宽度"复选框，然后在右侧的文本框中输入具体的宽度值，在"列宽单位"列表框中指定列宽的单位为"厘米"或者"百分比"，使用【前一列】或者【后一列】按钮，能够自动选择一个相邻的列进行修改，单击【确定】按钮即可。

③ 使用鼠标设置行高和列宽。

● 调整行高。将鼠标移到要改变高度的行的横线上，拖动鼠标调整高度，虚线表示调整后的高度，释放鼠标，该行的高度改变。

● 调整列宽。将鼠标移动到要改变宽度的列的竖线上，拖动鼠标调整宽度，虚线表示调整后的宽度，释放鼠标，该列的宽度改变。

3.3.2【任务 6】绘制学生情况登记表

1. 学习目标

在 Word 2003 中，创建表格的方法有很多种，有些表格的结构比较复杂，可以借助"表格和边框"工具栏，用鼠标代替画笔绘制表格。通过本任务的学习，主要掌握该工具栏中各按钮的使用方法，表格效果如图 3.66 所示。

学生情况登记表

姓　名		性别		
班级职务		民族		照片
学号				
专业				
身份证号码		联系电话		
家庭住址				
何时受过何种奖励				
何时受过何种处罚				

简历	起止时间	所在学校及职务	证明人

图3.66　"学生情况登记表"效果图

2. 操作过程

（1）创建一个文档，输入标题"学生情况登记表"，设置字体"楷体_GB2312"，字号为二号、加粗、居中。

（2）单击【视图】→【工具栏】→【表格和边框】命令，弹出"表格和边框"工具栏，如图 3.67 所示。

图3.67　"表格和边框"工具栏

（3）在"表格和边框"工具栏中，按下【绘制表格】按钮，鼠标指针变成 ⅋ 形状。

（4）绘制一行。在水平方向拖动笔形指针画出虚线，如图 3.68 所示。释放鼠标后即可在操作区域添加一行。

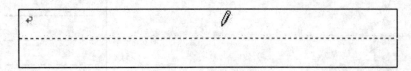

图3.68　绘制一行

（5）绘制一列。在垂直方向拖动笔形指针画出虚线，如图 3.69 所示。释放鼠标后即在操作区域添加一列。

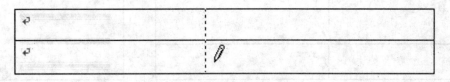

图3.69　绘制一列

（6）重复步骤（4）和（5），绘制出案例要求的表格样式。

（7）可使用橡皮擦快速擦除不需要的线条，多用在误操作和合并单元格操作中。在表格和边框工具栏中，按下【擦除】██按钮，鼠标指针变成 ✎ 形状。用鼠标拖动经过要删除的线段，之后释放鼠标，则线段擦除，如图 3.70 所示。

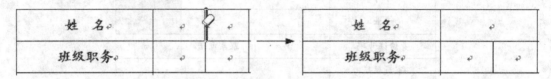

图3.70　使用橡皮擦工具

（8）绘制完成表格后，按照任务效果图输入各个单元格的内容。

（9）选中表格右上角照片所在的单元格，单击"表格和边框"工具栏的【底纹颜色】██·按钮右侧的箭头，选中"灰度-20%"颜色块，选中单元格的底纹颜色变成浅灰色，整张表格制作完毕。

技术提示：

"灰度-20%"颜色块的选择，单击"表格和边框"工具栏的【底纹颜色】██·按钮右侧的箭头，在颜色选择中，选择第一行第六列的颜色块即可。

3. 相关知识

（1）"表格和边框"工具栏。

①【绘制表格】██按钮。按下【绘制表格】按钮不仅可以绘制水平线和垂直线，还可以在单元格内绘制斜线，从单元格的左上角向右下角拖动笔形指针画出虚线，如图 3.71 所示，释放鼠标后给单元格添加斜线。

②"线型" ███████·下拉列表框。在"线型"下拉列表框中选择线段的形状，如图 3.72 所示。如果选中"无边框"选项，则表格没有边框。

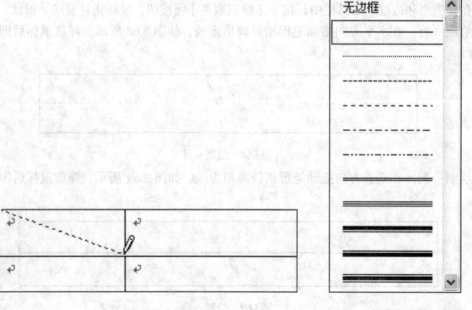

图3.71　绘制斜线　　　　　　　　　图3.72　"线型"下拉列表框

③【边框颜色】 按钮。单击其箭头按钮，显示颜色框，单击一种颜色可以设定表格框线的颜色。

④单击【＊＊框线】下拉列表的右侧箭头，展开表格框线样式列表，单击选取可以设定表格框线的形式。之所以称为【＊＊框线】，是因为其外观和悬停提示是随着框线样式的改变而改变的。初建表格时，展开【外侧框线】对应的框线样式如图 3.73 所示。

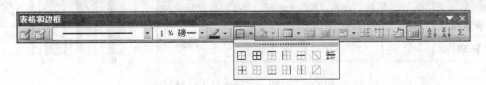

图3.73 "外侧框线"下拉列表

⑤【显示／隐藏虚框】 按钮。单击【显示／隐藏虚框】按钮，表格中的虚框会以灰色显示出来。

（2）合并和拆分单元格。用户可以合并或者拆分表格中的多个单元格使其成为一个或者多个单元格。

①合并单元格。Word2003 允许将表格中的多个连续的单元格合并为一个单元格。

选定要合并的单元格，单击【表格】→【合并单元格】命令，或者单击表格和边框工具栏中的合并单元格 按钮，实现单元格合并，如图 3.74 所示。

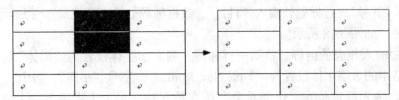

图3.74 合并单元格

②拆分单元格。选定要拆分的单元格，单击【表格】→【拆分单元格】命令，或者单击表格和边框工具栏中的拆分单元格 按钮，出现"拆分单元格"对话框，设置拆分后的列数和行数，如图 3.75 所示。

单击【确定】按钮，实现单元格拆分，如图 3.76 所示。

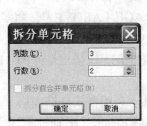
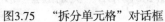

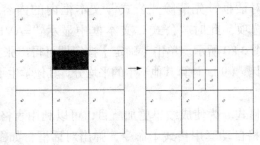

图3.75 "拆分单元格"对话框　　　　图3.76 拆分单元格

3.3.3【任务 7】制作期中成绩统计图表

1. 学习目标

Word 2003 可以实现对表格中的数据进行简单的运算和排序功能。本任务运用表格的这些功能制作一张班级几名同学的成绩单，并依据此表格生成对应的图表，效果如图 3.77 所示。通过本任务的学习应该掌握 Word 中自动套用格式、运算、排序、生成图表等操作。

期中成绩统计表

科目 成绩 姓名	语文	数学	英语	总分	平均分
张尧	85	90	78	253	84.33
王晓明	87	91	81	259	86.33
康亚楠	68	87	84	239	79.66
孙明	80	75	82	237	79.00

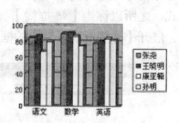

图3.77　"期中成绩统计表"效果图

2. 操作过程

（1）创建一个 Word 文档，命名为"期中成绩统计图表"。

（2）在第一行输入标题"期中成绩统计表"，字体设置为"楷体_GB2312"，字号"小二"，加粗、居中。

（3）在标题下一行插入一个 5 行 6 列的表格，第一行行高设置为 2 厘米，其他行行高设置 为 1 厘米。

（4）绘制斜线表头。单击【表格】→【绘制斜线表头】命令，弹出对话框，表头样式选择"样式二"，字体大小"五号"，行标题处输入"科目"，数据标题处输入"成绩"，列标题处输入"姓名"，单击【确定】按钮，如图 3.78 所示。

（5）在表格中输入相应的内容。将第一行和第一列文字字体设置为"黑体"，字号"小三"，加粗，居中，将表格中的数字字体设置为"Time New Roman"，字号"小四"，居中。

（6）求总分。将光标定位在"张尧总分"所在单元格，单击【表格】→【公式】命令，弹出"公式"对话框，如图 3.79 所示。

（7）在"公式"文本框中输入"=SUM（LEFT）"，表示累加光标所在单元格左侧所有在同一行的单元格内的数据，单击【确定】按钮，得出张尧各科成绩的总和，显示在总分单元格内。

（8）重复步骤（7），计算其他几名同学的总分成绩。

（9）求平均分。将光标定位在"张尧平均分"所在单元格，单击【表格】→【公式】命令，弹出"公式"对话框，先清除"公式"文本框内的内容，在"粘贴函数"下拉列表框中，选择"AVERAGE"选项，此时"公式"文本框中显示"=AVERAGE（ABOVE）"，将"ABOVE"改成"B2：D2"，如图 3.80 所示。单击【确定】按钮即可得出张尧各科的平均分。

（10）重复步骤（9），计算其他学生的平均分。其他学生平均值的范围依次是："B3：D3"、"B4：D4"、"B5：D5"。

（11）套用格式。为使成绩单更加醒目，可以利用表格自动套用格式修饰表格，具体操作：单击【表格】→【表格自动套用格式】命令，弹出对话框，如图 3.87 所示。类别选择"所有表格样式"，表格样式选择"列表型 8"，单击【应用】按钮。

（12）选中除"总分"、"平均分"两列以外的所有单元格，单击【插入】→【对象】命令，弹出"对象"对话框，如图 3.88 所示。

（13）在"对象类型"列表中选择"Microsoft Graph 图表"选项，单击【确定】按钮，生成与期末成绩统计表关联的图表和数据表，如图 3.83 所示。

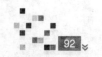

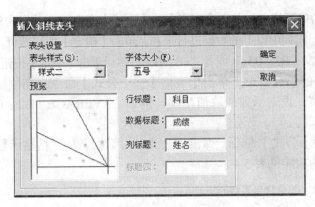

图3.78　绘制斜线表头

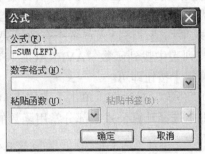

图3.79　"公式"对话框

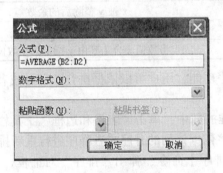

图3.80　求平均值公式

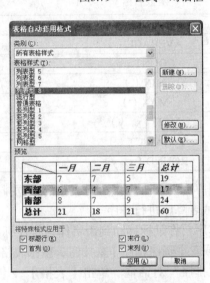

图3.81　"表格自动套用格式"对话框

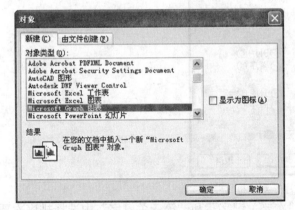

图3.82　"对象"对话框

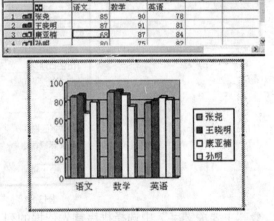

图3.83　生成数据表和图表

（14）调整图表大小，使图表的内容全部显示出来。双击"数据表"中的单元格，可以编辑该单元格内的内容。

（15）单击文档的空白处，关闭"数据表"，恢复到 Word 编辑状态。

3. 相关知识

（1）单元格地址。表格中的每个单元格都有一个地址，即唯一的标志。

（2）表格数据的简单计算。

①求和。将插入点置于存放运算结果的单元格中，单击【表格】→【公式】命令，此时公式文本框中的内容默认为"=SUM（ABOVE）"，即对当前列中以上的数据进行求和，单击【确定】按钮即可。如果不使用默认的形式，也可以在框中输入"=SUM（B2，B5）"或者"=B2+B5"，然后单击【确定】按钮即可。

②求平均值。将插入点置于存放结果的单元格中，单击【表格】→【公式】命令，在"粘贴函数"下拉列表中找到函数"AVERAGE（）"，设定函数的取值范围，例如"AVERAGE（B2：D3）"，单击【确定】按钮即可。

（3）"公式"对话框。单击【表格】→【公式】命令，弹出"公式"对话框。从"粘贴函数"下拉列表框中选择计算公式。部分常用函数的功能见表 3.4 。

表3.4　部分常用函数的功能

函数名称	功能说明
ABS（x）	数字或者算式的绝对值
AVERAGE（）	一组值的平均值
COUNT（）	包含数值单元格的个数
MIN（）	取一组值的最小值
MAX（）	取一组值的最大值
MOD（x，y）	x 被 y 整除后的余数
PRODUCT（）	一组值的乘积
ROUND（x，y）	将数值 x 舍入到由 y 指定的小数位数

（4）数据排序。Word 提供了对表格的数据排序功能，用户可以依据拼音、字母或者数字等对表格内容以升序或者降序进行排序。

①快速排序。将鼠标移动到表格作为排序标准的列中，单击"表格和边框"工具栏中的【升序排序】按钮或者【降序排序】按钮，整张表格将依据该列的升序或者降序进行重新排列。

②使用"排序"对话框。单击【表格】→【排序】命令，弹出"排序"对话框，如图 3.84 所示，在其中提供了更多排序选项。

图3.84　"排序"对话框

● "主要关键字"中选择排序首先依据的列，"次要关键字"和"第三关键字"中选择排序次要和第三依据的列。

● "列表"栏中如果选择"有标题行"，则标题所在一列不参与排序。

● 排序标准。字母升序按照从 A 到 Z 排列，数字升序按照从小到大排列，日期升序按照最早到最晚日期排列。

（5）套用表格格式。除了可以应用边框和底纹选项修饰表格之外，Word 2003 还预先为表格设计了 30 多种用于打印和用于 Web 页的现成格式，使用"自动套用格式"功能即可快速改变表格的样式，具体操作方法如下：

① 在表格内任意单元格单击鼠标。

② 单击【表格】→【表格自动套用格式】命令，弹出"表格自动套用格式"对话框。

③ 在"类别"列表框中选择表格样式的类别，在"表格样式"栏中选择一种样式，在"预览"框中自动显示出相应表格样式的外观。

④在"将特殊格式应用于"栏内设置表格"标题行"、"首列"等特殊格式。

⑤单击【确定】按钮，即可将当前表格按套用格式进行处理。

（6）Microsoft Graph 图表。Word 2003 提供了图表软件——Graph，它是可以利用 Word 中的表格、电子表格或者在 Graph 程序的工作表中直接输入的数据生成图表。

① 生成图表。单击【插入】→【图片】→【图表】命令，Word 会自动产生一个默认的数据表和相应的图表。在数据表中修改文字或者数据，图表会随之改变。

② 图表的组成。图表由数值轴、背景墙、数据系列、分类轴、图例和数值轴主要网格线 6 部分组成，如图 3.85 所示。

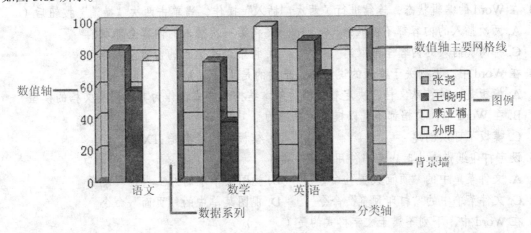

图3.85　图表的组成

③ 图表的编辑。双击选中要编辑的图表，单击鼠标右键，在弹出的快捷菜单中单击相应的菜单项，修改图表的设置。例如，在图表的背景墙上单击鼠标右键，弹出相应的快捷菜单，如图 3.86 所示。单击【设置背景墙格式】命令，弹出"背景墙图案"对话框，在其中可对边框的线条样式、颜色以及内部填充效果等实现个性化设置。

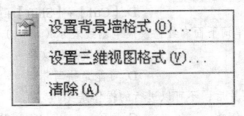

图3.86　"图表背景墙"快捷菜单

重点串联 ▶▶▶

　　Word 的基本操作　文档的编辑　字体的的设置　段落的设置　查找与替换　打印设置　表格的制作　图文混排

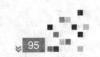

拓展与实训

▶ 基础训练

一、选择题

1. 在 Word 的编辑状态，设置了标尺，可以同时显示水平标尺和垂直标尺的视图方式是（　　）。

A. 页面方式　　　　B. 全屏显示方式　　C. 大纲方式　　　　D. 普通方式

2. 在 Word 中，（　　）的作用是能在屏幕上显示所有文本内容。

A. 滚动条　　　　　B. 标尺　　　　　　C. 控制框　　　　　D. 最大化按钮

3. 在 Word 的编辑状态，连续进行了两次"插入"操作，当单击两次"撤消"按钮后（　　）。

A. 两次插入的内容都不被取消　　　　B. 将第一次插入的内容全部取消

C. 将两次插入的内容全部取消　　　　D. 将第二次插入的内容全部取消

4. 在 Word 中，下列关于模板的说法中，正确的是（　　）。

A. 模板是一种特殊文档，决定着文档的基本结构和样式，作为其他同类文档的模型

B. 在 Word 中，文档都不是以模板为基础的

C. 模板不可以创建　　　　　　　　　D. 模板的扩展名是 .TXT

5. 设定打印纸张大小时，应当使用的命令是（　　）。

A. 文件菜单中的"页面设置"命令　　B. 视图菜单中的"工具栏"命令

C. 文件菜单中的"打印预览"命令　　D. 视图菜单中的"页面"命令

6. 在 Word 中，下列不属于文字格式的是（　　）。

A. 字号　　　　　　B. 分栏　　　　　　C. 字型　　　　　　D. 字体

7. 在 Word 编辑状态下，给当前打开的文档加上页码，应使用的菜单项是（　　）。

A. 编辑　　　　　　B. 工具　　　　　　C. 格式　　　　　　D. 插入

8. 在 Word 中，如果删除文档中一部分选定的文字的格式设置，可按组合键（　　）。

A.【Ctrl】+【Shift】　　　　　　　B.【Ctrl】+【Alt】+【Del】

C.【Ctrl】+【F6】　　　　　　　　D.【Ctrl】+【Shift】+【Z】

9. 在 Word 编辑时，英文单词下面有红色波浪下划线表示（　　）。

A. 对输入的确认　　　　　　　　　　B. 已修改过的文档

C. 可能是语法错误　　　　　　　　　D. 可能是拼写错误

10. 在 Word 文档中插入图片后，不可以进行的操作是（　　）。

A. 编辑　　　　　　B. 缩放　　　　　　C. 删除　　　　　　D. 剪裁

二、填空题

1. 在水平滚动条的左侧，有 4 个不同图标的按钮，用来提供 4 种不同的视图方式，分别是_____、_____、_____和_____。

2. 剪贴画可以在_____菜单中得到。

3. 在 Word 中精确设置行高，选择"表格"菜单中的_____来完成。

4. 文本框分为_____文本框和_____文本框两种。

5. 在"图片"工具栏中_____按钮可以设置图片与周围文本的环绕方式。

6. Word 将自选图形、图片、文本框、公式和艺术字等都作为_____对象处理。

7. 单击"表格"菜单中的_____命令可以将表格拆分成两个表格。

8. 绘制矩形时拖动鼠标按住_____键可以绘制正方形。

9. 在 Word 中，要将表格中相邻的两个单元格变成一个单元格，在选定此两单元格后，应选择"菜单"表格中的_____命令。

10. 若要快速将文档中多处相同内容换成其他相同内容，可利用"编辑"菜单中的_____功能。

三、简答题

1. 怎样对文本进行选定？选定后的文本是什么效果？

2. 如何对文本进行移动、复制操作？

3. 如何设置"自动保存"文档？

4. 什么是样式和模板？如何使用样式和模板？

5. 什么是无缩进、首行缩进、悬挂缩进？

▶ 技能训练

操作题

1. 根据题意要求完成所需要的操作

（1）输入以下内容（段首暂不要空格），并在 D 盘上新建一文件夹，以 W1.DOC 为文件名（保存类型为"word 文档"）保存在新建文件夹中，然后关闭该文档：

WordStar（简称为 WS）是一个较早产生并已十分普及的文字处理系统，风行于 20 世纪 80 年代，汉化的 W S 在我国曾非常流行。1989 年香港金山电脑公司推出的 WPS（Word Processing System），是完全针对汉字处理重新开发设计的，在当时我国的软件市场上独占鳌头。

随着 Windows95 中文版的问世，Office95 中文版也同时发布，但 Word95 存在着在其环境下可存的文件不能在 Word6.0 下打开的问题，降低了人们对其使用的热情。新推出的 Word97 不但很好地解决了这个问题，而且还适应信息时代的发展，增加了许多新功能。

（2）打开所建立的 W1.DOC 文件，在文本的最前面插入一行标题：文字处理软件的发展。然后在文本的最后另起一段，输入以下内容，并保存文件：

1990 年 Microsoft 推出的 Windows3.0，是一种全新的图形化用户界面的操作环境，受到软件开发者的青睐，英文版的 Word for Windows 因此诞生。1993 年，Microsoft 推出 Word5.0 的中文版，1995 年，Word6.0 的中文版问世。

（3）使"1989……独占鳌头。"另起一段：将正文第三段最后一句"……增加了许多新功能。"改为"……增加了许多全新的功能．"；将最后两段正文互换位置；然后在文本的最后另起一段，复制标题以下的四段正文。

（4）将后四段文本中所有的"Microsoft"替换为"微软公司"，并利用拼写检查功能检查所输入的英文单词有否拼写错误，如果存在拼写错误，请将其改正。

（5）以不同的显示方式显示文档。

（6）将文档以同名文件另存到"我的文档"。

2. 表格制作

（1）表格的制作方法练习。

（2）表格的排版方式练习。

（3）制作表格，如图 3.89 所示。

个人简历

姓　名		性别		照片
学　历		政治面貌		
专　业		英语水平		
联系电话				
特　长				
奖　励				

图3.89　"个人简历"

【操作注意事项】

（1）数清表格的行数和列数后再进行表格的插入。

（2）个人简历表可在表格中使用绘制表格工具进行表格线的绘制，也可以使用橡皮擦工具进行多余边线的擦除。

（3）课程表中的斜线表头可使用绘制表头工具进行绘制，也可手工绘制后将表格中的内容分为上下两段，上段执行右对齐，下段执行左对齐的方式来绘制。

（4）加边框或底纹时注意选择的对象（是单元格还是整个表格）

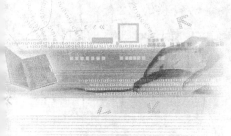

模块4

中文电子表格
Excel 2003

教学聚焦

Excel 2003 是微软公司推出的 Office 2003 套件中的重要组件之一。它是一套功能强大的电子表格软件，能够实现快速制表、数据图表化以及数据分析和管理等功能。

知识目标

◆ 工作簿和工作表的管理
◆ 表格的建立和编辑、各种类型数据的输入
◆ 公式和常用函数的使用方法
◆ 图表创建及编辑
◆ 页面设置及打印
◆ 数据的查询、排序、筛选、汇总

技能目标

◆ 工作表的基本操作
◆ 各种类型数据输入的操作
◆ 熟练使用公式和常用函数
◆ 创建图表的操作
◆ 分析和管理数据

课时建议

8课时

教学重点和教学难点

◆ Excel 工作表的基本操作；公式和函数的使用；图表的创建及数据的分析和管理

项目 4.1 初识 Excel 2003 ▥

引言

本项目需要掌握 Excel 2003 的启动和退出，工作簿的建立和保存，了解 Excel 2003 的窗口。

知识汇总

● Excel 窗口；Excel 的启动和退出；工作簿建立和保存的操作

❖❖❖ 4.1.1【任务 1】制作学生名单

1. 学习目标

在 Excel 2003 中新建一个工作簿，命名为"学生名单"，在其中录入学生信息，如图 4.1 所示，完成后保存在"D:\xsmdexcel"目录下。本任务旨在了解 Excel 2003 工作界面，掌握管理 Excel 2003 工作簿的操作。

图4.1　学生名单

2. 操作过程

（1）启动 Excel 2003。单击【开始】→【所有程序】→【Microsoft Office Excel 2003】命令，或者双击桌面上的 Excel 2003 快捷方式图标，都可以启动 Excel 2003。双击任意已存在的 Excel 工作簿文件，Excel 2003 也会启动并且打开相应的文件。Excel 2003 的工作界面如图 4.2 所示。同时自动建立空白工作簿 Book1，其中包括三个默认的工作表 Sheet1、Sheet2 和 Sheet3。

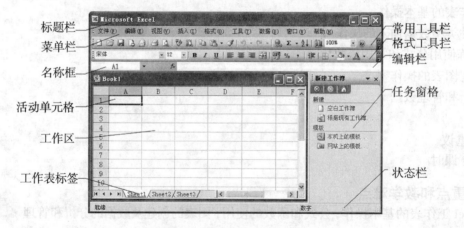

图4.2　Excel 2003 工作界面

（2）录入学生名单，步骤为：

① 在当前工作表 Sheet1 的活动单元格 A1 中输入"姓名"，按【Enter】键，使其下方的 A2 成为

活动单元格。

②依次输入学生的姓名，每输入一个姓名，按一次【Enter】键，使活动单元格下移。

③鼠标选中单元格B1，单击左键使其成为活动单元格，输入"性别"。

④依次输入学生的性别。

（3）保存学生名单，步骤为：

①单击【文件】→【保存】命令，或者单击常用工具栏中的【保存】按钮，弹出"另存为"对话框，如图4.3所示。

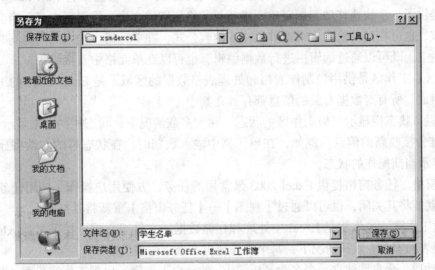

图4.3　"另存为"对话框

②在"保存位置"的下拉列表中选择D盘下的"xsmdexcel"文件夹。

③在"文件名"下拉列表框中输入"学生名单"作为工作簿文件名，替换掉原来的文件名"Book1"。

④Microsoft Office Excel文件类型默认为"Microsoft OfficeExcel工作簿"。

⑤单击【保存】按钮。

（4）退出Excel 2003。单击【文件】→【退出】命令，或者单击标题栏右边的关闭按钮，可以退出Excel 2003。如果想对"学生名单.xls"进行编辑或查看，需要重新将这个工作簿文件打开。

3. 相关知识

（1）Excel 2003工作界面。启动Excel 2003后，进入Excel 2003的工作界面，如图4.2所示。

①标题栏。标题栏显示表格处理软件名称"Microsoft Excel"或所编辑的工作簿名称，并包含Excel工作界面的最小化按钮、最大化/还原按钮和关闭按钮。

②菜单栏。菜单栏显示可用下拉菜单的名称，包括"文件"、"编辑"、"视图"、"插入"、"格式"、"工具"、"数据"、"窗口"、"帮助"9个菜单。如果工作簿处于最大化状态，菜单栏还会在最左端显示工作簿界面控制菜单按钮，在最右端显示工作簿界面的最小化按钮、还原按钮和关闭按钮。菜单是用来显示命令的列表，大多数菜单位于Excel窗口的菜单栏中。在Excel中，无论是处理工作表还是处理工作表中的数据，都可以通过执行菜单命令来实现。除用鼠标单击菜单标题外，也可以用键盘选择来执行菜单命令。按【Alt】键会激活菜单栏，按【Enter】键执行命令所代表的操作。用组合键【Alt+菜单名后面括号中的字母】也可以打开菜单。

③工具栏。工具栏显示带图像的按钮，鼠标左键单击工具按键能够产生Excel命令。Excel中含有许多内置工具栏，默认情况下显示"常用"和"格式"两个工具栏。常用工具栏的命令按钮中包括"新建"、"打开"、"复制"、"粘贴"等工具按钮。格式工具栏中包括常用的格式命令按钮，如"字体"、"字号"、"合并居中"等。

在任意工具栏的空白处单击鼠标右键，系统将弹出一个包含所有工具栏名称的快捷菜单，在其中进行选择，就可以将隐藏的工具栏显示出来。【视图】→【工具栏】级联得到所有工具栏菜单名称，在其中进行选择，或者选择【视图】→【工具栏】→【自定义】，打开"自定义"对话框，在"工具栏"选项卡的"工具栏"列表中进行选择，都能够显示需要的工具按钮。

④ 名称框和编辑栏。活动单元格或活动区域，是指被粗框线包围的表格项或表格区域，就是当前正在处理的表格对象。

名称框中显示活动单元格或单元区域的名称。它提供了一个快速命名单元格或单元格区域的方法，同时也提供了一个快速移动到指定单元格或单元格区域的方法。编辑栏中显示当前活动单元格中的常数或公式，也可在其中输入、编辑单元格或内容公式。在单元格中输入的内容同时出现在活动单元格和编辑栏上。既可以通过编辑栏进行数据编辑，也可以在单元格中直接编辑。

⑤ 工作区。工作区是供用户制作表格和处理表格数据的区域，是 Excel 2003 的工作簿界面，由若干工作表组成。所有与数据有关的信息都存放在其中。

⑥ 状态栏。状态栏显示当前工作区的状态。在大多数情况下，状态栏的左端显示"就绪"，表明工作表正在准备接收新的信息。例如，在单元格中输入数据时，在状态栏的左端将显示"输入"字样，状态栏显示当前操作的状态。

⑦ 任务窗格。任务窗格提供 Excel 2003 最常用的任务，方便用户操作。使用任务窗格右上角的"关闭"按钮就能将其关闭，也可以通过【视图】→【任务窗格】重新将其打开。

（2）新建工作簿。工作簿是 Excel 中处理和存储数据的文件或文档，扩展名为 .xls，保存着若干个工作表、图表和宏表。默认情况下，每个工作簿由 3 个工作表组成。

Excel 启动后，会自动建立一个名为"Book1"的空白工作簿，出现工作簿界面，如图 4.4 所示。

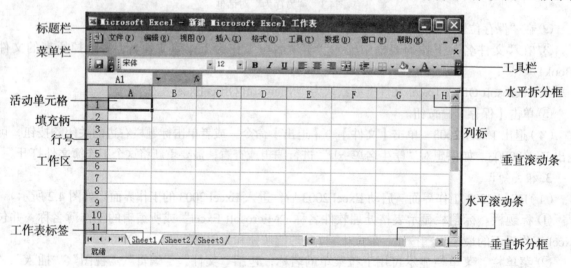

图4.4 工作簿界面

在 Excel 工作界面下新建工作簿的方法如下：

①执行【文件】→【新建】命令，出现"新建工作簿"任务窗格，在其中单击"新建"栏中的【空白工作簿】选项。

②在常用工具栏中单击新建 🔲 按钮。在不关闭 Excel 的情况下，如果多次新建工作簿，则这些工作簿的默认文件名依次是 Book1、Book2、Book3……

（3）工作簿界面。在新建或打开工作簿文件后，会出现工作簿界面，前图 4.4 为空白工作界面。

①工作簿标题栏。工作簿标题栏显示工作簿文件名，并包含工作簿界面控制菜单按钮 🔳，以及工作簿界面的最小化 ▬ 按钮、最大化 🔲 按钮和关闭 ✕ 按钮。

②工作表标签。工作表可以理解成工作簿的页，就是 Excel 表格的工作区，每个工作表用工作表

标签进行标识。当前编辑的工作表称为活动工作表。单击工作表标签可以激活工作表；双击工作表标签可以重命名工作表，使之处于工作表名编辑状态。

③列标与行号。每个工作表由256列、65535行单元格组成，单元格是存储数据的基本单位。工作簿名、工作表标签、列标、行号共同标识了一个确定的单元格。列标用字母表示（A ~ IV），行号用数字表示（1 ~ 65536）。

④活动单元格。工作区边框为粗线的单元格称为活动单元格，正在进行的数据输入或编辑就发生在这个单元格里。活动单元格右下角的黑色"十"字小方块，称为填充柄。

⑤拆分框。如果工作表的内容超出了屏幕的显示范围，使用滚动条可到达工作表的任何位置。如果同时关注工作表的多个部分，浏览或编辑，就要使用拆分框。拆分框位于水平滚动条的右方和垂直滚动条的上方。双击水平拆分框（垂直拆分框），可以在活动单元格以下（以右）得到另外的窗口。也可以用鼠标拖动拆分框，在鼠标释放的位置得到另外的窗口。利用拆分框，一个工作表可以在2个或4个窗口中显示，每个窗口可以单独滚动，每个窗口的操作对工作表均有效。双击或拖动拆分框就可以使工作表仍然在一个窗口中显示。

（4）保存工作簿。工作簿经过编辑后应保存起来，方便用户日后编辑和使用。

① 对于工作簿的第一次保存，步骤如下：

● 单击【文件】→【保存】命令，或者单击常用工具栏中的保存■按钮，出现"另存为"对话框。

● 在"另存为"对话框中设置保存位置和文件名。文件名可以采用工作簿的默认文件名，但是，为了便于管理，在保存工作簿时，通常会用一个能够标识工作簿内容的新文件名来代替原来的默认文件名。

● 设置保存选项，此步可跳过。

技术提示：

　　如果不希望工作簿被随意查看或修改，在"另存为"对话框中单击【工具】→【常规选项】，弹出"保存选项"对话框，如图4.5所示。设置工作簿的打开权限密码后，每次打开工作簿时，Excel都会要求用户输入口令。设置工作簿的修改权限密码后，只有输入了正确的修改权限密码，打开的工作簿才可以被编辑，否则仅能以只读方式打开。这两项密码都区别大小写。

　　设置保存选项为工作簿文件提供了一定的保护措施。不过，无论是加口令还是将工作簿设为只读，该文件还是可以被删除的。

图4.5 "保存选项"对话框

● 文件类型默认"Excel 工作簿"，单击【保存】按钮。

② 如果确实想保留原工作簿而把编辑后的工作簿保存成另外的文件，单击【文件】→【另存为】命令，弹出图4.3所示的"另存为"对话框，在其中进行设置并单击【保存】按钮。

③ 对于因工作簿修改而进行的非第一次的保存，同样通过单击【文件】→【保存】命令，或单击常用工具栏中的保存■按钮。只是这种保存不会弹出"另存为"对话框，当然也无法设置保存选项。

（5）打开工作簿。对于已经存在的工作簿文件，只有将其打开，在出现的工作簿界面中才能对其进行进一步的编辑。打开工作簿的步骤是：

①单击【文件】→【打开】命令，或者单击常用工具栏中的打开■按钮，弹出"打开"对话框，如图4.6所示。

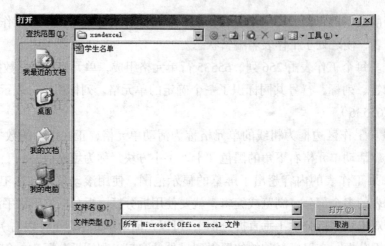

图4.6 "打开"对话框

②设置"查找范围"下拉列表，到文件的存放位置，则此位置下指定文件类型的所有文件名都会出现。

③在出现的文件名中单击要打开的工作簿文件名，或者在"文件名"下拉列表框中输入要打开的工作簿文件名，完成文件的选定。如果需要同时打开多个工作簿，则可以先单击其中一个文件名，然后按住【Ctrl】键，单击其余文件名即可。正处于编辑状态的工作簿只能是一个工作簿。

④单击【打开】按钮。如果只是打开一个工作簿文件，③、④两个步骤也可以合并实现，只要在出现的文件名中双击要打开的工作簿文件名即可。

（6）关闭工作簿。单击【文件】→【关闭】命令，或者单击常用工具栏中的关闭⊠按钮。如果打开了多个工作簿，按住【Shift 键】，再从菜单选择【文件】→【全部关闭】命令，可以一次关闭所有工作簿。

如果当前工作簿的所有的编辑工作已经保存过，则直接关闭工作簿；如果当前工作簿中的编辑工作没有保存，则弹出一个询问对话框，如图 4.7 所示。单击【是】按钮保存工作簿并关闭，单击【否】按钮不保存工作簿并关闭，单击【取消】按钮返回且不关闭工作簿。

（7）Excel 2003 的退出。下述方法均可以退出 Excel 2003：

①单击【文件】→【退出】命令。

②按 Alt+F4 键。

③双击 Excel 的控制菜单按钮。

④单击 Excel 的控制菜单按钮，再单击【关闭】命令。

⑤单击 Excel 标题栏最右端的关闭⊠按钮。

Excel 工作界面下可以打开多个工作簿，如果所有工作簿的所有的编辑工作已经保存过，则任意上述操作均可直接退出 Excel。如果只剩下一个工作簿的编辑工作没有保存，弹出含有三个按钮的询问对话框，如图 4.7 所示。如果有多个工作簿的编辑工作尚未保存，则弹出含有四个按钮的询问对话框中，如图 4.8 所示。单击【是】/【否】按钮则逐个工作簿进行询问，全部询问后退出；单击【全是】按钮，则完成全部保存工作后退出；在任意询问对话框中单击【取消】，则未询问的工作簿不再询问，不退出 Excel。

图4.7 含有三个按钮的"是否保存工作簿"对话框

图4.8 含有四个按钮的"是否保存工作簿"对话框

技术提示:

工作簿和工作表是两个不同的概念,工作表是不能单独存盘的,只有工作簿才能以文件的形式存盘。默认情况下,每个工作簿由3个工作表组成。这个默认值是可以改变的,通过【工具】→【选项】→【常规】,修改新工作簿中的工作表数。

项目 4.2 工作表的编辑 ‖

引言

本任务需要掌握各种类型数据的输入,单元格基本操作及格式化,单元格区域的基本操作,自动填充的实现 。

知识汇总

● 特殊类型数据的输入;单元格格式化;单元格及单元格区域的基本操作;自动填充

4.2.1【任务2】制作学生成绩表

1. 学习目标

在"学生成绩表"工作簿中编制"2012级3班"工作表,保存最多40名学生的信息,如图4.9所示,完成后保存在"D:\xscjbexcel"目录下。本任务旨在掌握 Excel 2003 工作表的编辑,了解各种类型数据的输入。

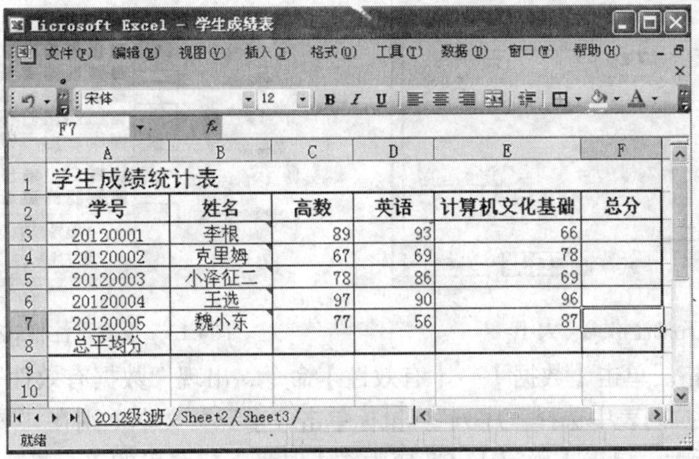

图4.9 学生成绩表

2. 操作过程

(1)启动 Excel 2003,新建"学生成绩表"工作簿。双击工作表标签 Sheet1,处于工作表名编辑状态,如图 4.10 所示,输入"2012级3班"。

(2)输入工作表信息:

① 选中 A1 单元格,输入"学生成绩统计表"。

②在 A2～F2 单元格输入"学号"、"姓名"、"高数"、"英语"、"计算机文化基础"、"总分"。

③在 A3 单元格输入"20120001"。用鼠标右键拖动填充柄至 A7 单元格，鼠标释放后，在右下角出现"自动填充选项"，从中选择"以序列方式填充"，完成学号的编辑，其过程如图 4.11 所示。

图4.10　工作表标签的编辑状态

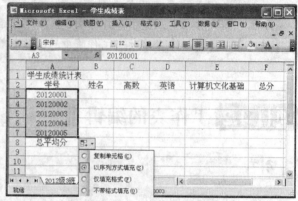

图4.11　序列方式的自动填充

④向 B3～B7 单元格依次输入姓名。

⑤选定 B3 单元格，单击【插入】→【批注】命令，出现批注输入框。将输入框中的文字删除。选中输入框，并在其边缘处双击，出现"设置批注格式"对话框，选择"大小"选项卡，设置高度、宽度均为 1.4 厘米，如图 4.12 所示。选择"颜色与线条"选项卡，在颜色中选择"填充效果"，出现"填充效果"对话框，如图 4.13 所示。在其"图片"选项卡中，单击"选择图片"按钮，出现"选择图片"对话框。在其中选择"李根 .jpg"，单击【确定】按钮，为 B3 加入以李根的照片为内容的批注，如图 4.14 所示，并依次为每位学生插入批注。

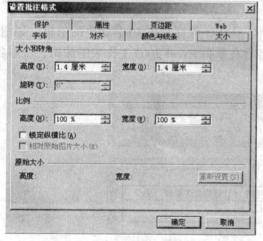
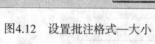

图4.12　设置批注格式—大小

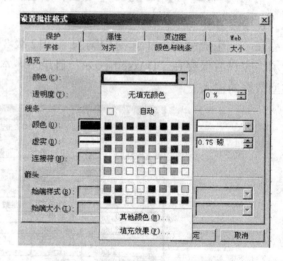

图4.13　设置批注格式—颜色与线条

⑥选定 C3 单元格。单击【数据】→【有效性】命令，出现"数据有效性"对话框。在"设置"选项卡的"允许"下拉列表中选择"序列"。鼠标单击"来源"文本框则在"来源"文本框中出现相应信息，如图 4.15 所示。单击【确定】，C3 成为输入时带下拉菜单的单元格，如图 4.16 所示。依次输入其他人的高数成绩。

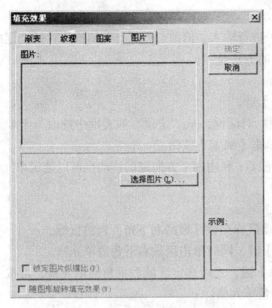

图4.14　填充效果—图片

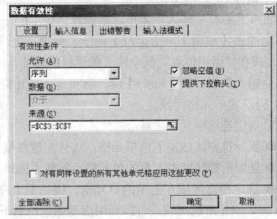

图4.15　数据有效性—设置

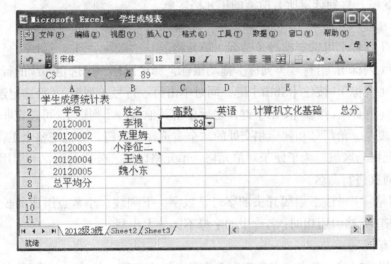

图4.16　带下拉菜单的单元格

⑦选定 D3 单元格，依次输入"英语"的成绩。

⑧选定 E3 单元格，依次输入"计算机文化基础"的成绩。

（3）对工作表进行格式化处理。

①鼠标选定 A1 单元格，按住左键并拖动鼠标至 F1 单元格，释放鼠标，这样就选定了 A1～F1 单元格区域。单击格式工具栏中的合并及居中 按钮。选中合并后的单元格 A1，在格式工具栏中设置字体为黑体 16 号。选定 A2～F2 单元格区域，在格式工具栏中设置字体为宋体 12 号加粗，对齐方式为居中，填充颜色为浅黄。选定 A3～F8 单元格区域，设置字体为宋体 12 号常规。

②选定 A3～A7 单元格区域，按住【Ctrl】键，同时选定 A3～B7 单元格区域，设置对齐方式为居中。选定 C3～E7 单元格区域，设置为右对齐。

③单击行号 2，选定第 2 行，按住左键并拖动鼠标至行号 8，释放鼠标，这样就选定了第 2～8 行。单击【格式】→【行】→【行高】命令，在弹出的对话框中输入 18，单击【确定】。

④选定 A2～E7 单元格区域，在格式工具栏中展开边框菜单，选择"所有框线"和"粗匣框线"。

3. 相关知识

（1）选定单元格。只能对选定的单元格（区域）进行输入、修改、删除等编辑操作，被选定的单元格（区域）就是活动单元格（区域）。选定单元格的方法是：

① 鼠标单击所需单元格。

② 在名称框中输入所需单元格地址，按【Enter】键。

③ 单击【编辑】→【定位】命令，弹出"定位"对话框，从"定位"列表框中选取一个单元格区域，或在"引用位置"框中输入单元格的地址，单击【确定】按钮。

④ 输入数据后按【Enter】键，会将下一单元格激活；利用四个方向键的移动也可以选定单元格。

（2）选定单元格区域。

① 选定连续单元格区域。

● 鼠标选定区域左上角单元格，按住左键并拖动鼠标至该区域的右下角，释放鼠标。

● 选定所需区域左上角的单元格，按住【Shift】键，同时单击区域右下角的单元格。

● 选定所需区域左上角的单元格，按一下【F8】键，之后选定区域右下角的单元格，再按一下【F8】键，确定所选区域。可以利用滚动条定位右下角单元格。

② 选定不连续单元格区域。选定一个单元格区域，按住【Ctrl】键，同时选定另一区域的左上角单元格，再选区域，直到选定所有所需的单元格区域。

③ 选定整行、整列。

● 单击行号（列标）可选定整行（整列）单元格。

● 单击行号（列标），沿行号（列标）拖动鼠标，释放鼠标，可选定连续的行（列）。

● 单击行号（列标），按住【Shift】键，同时单击另一行号（列标），可选定连续的行（列）。

● 单击行号（列标），按住【Ctrl】键，之后单击其他行号（列标），可选定非连续的行（列）。

④ 单击工作表左上角行号和列标相交处的"全表选择"按钮，可选定整个工作表。

（3）命名单元格与区域。为了便于对单元格、单元格区域、公式的记忆和引用，除了行号、列标表示外，还可以对其进行命名。

① 命名规则是：字母或下划线开头的字母、数字、下划线、小数点组成的长度不超过255的字符串；名称不能与单元格引用相同；名称中的字母不区分大小写。

② 命名方法有：

● 选定单元格或区域。单击"名称框"并在其中输入名称，按【Enter】键。

● 选定单元格或区域。单击【插入】→【名称】→【定义】命令，弹出"定义名称"对话框，在"在当前工作簿中的名称"文本框中输入名称，单击【确定】。

（4）向单元格中输入文本。文本就是字符串。在 Excel 中，每个单元格最多可容纳 32 000 个字符。其相关知识有：

① 在输入数字之前加字符"'"，可将数字作文本处理。

② 按【Alt+Enter】，使文本在光标处换行。

③ 将文本用双引号括起来，可用在公式中。

④ 单击【插入】→【特殊符号】命令，可在文本中得到特殊符号。

（5）向单元格中输入日期和时间。

① 插入日期方法如下：

● 年月日用斜杠"/"或减号"-"分隔。

● 按【Ctrl+；】键，可得到当前日期。

② 插入时间方法如下：

● 时分秒用冒号"："分隔。

● 如果需要 12 小时制的时间，则在时间数字后按空格键，再输入表示上午（或下午）的 a（或 p）；否则将以 24 小时制方式来处理时间。

● 按【Ctrl+Shift+ ：】键，可得到当前时间。

③ 可同时输入日期和时间（不计输入次序），中间用空格分隔。

（6）向单元格中输入数值。数值是能用来计算的数据，Excel 限定可以组成数值的字符包括：0~9、+、−、( )、/、$、%、、、.、E、e。可以向单元格中输入整数、小数和分数。

①可以用小数形式，也可以用指数形式输入小数。如 34.56、32.56e2 等。指数形式输入后以科学计数法形式显示。

②直接输入分数会被当成日期处理，因此在输入分数前，要先输入 0 和一个空格。如输入"0 1/2"，得到分数 1/2。

③如果带正号输入数值，则正号被忽略。

④可以带负号输入负数，也可以将其绝对值放在圆括号中。如输入"−10.5"或"(10.5)"，均可得到负数 −10.5。

⑤输入到单元格中的数值，将自动以右对齐形式显示。

（7）向单元格中输入批注。可以为单元格插入批注。批注往往是一些注释性的内容。

选定单元格，单击【插入】→【批注】命令，出现批注输入框，在其中编辑注释信息，单击【确定】按钮。此时，在单元格的右上角显示一个红色小三角，表示该单元格含有批注。

对于含有批注的单元格，只有在鼠标滑过单元格，或单元被激活时，批注才会显示出来。大多数情况下批注是隐藏的。右键单击含有批注的单元格，在弹出的菜单中选择相应的命令进行操作，可以编辑或删除批注。

（8）建立输入下拉列表填充项。建立输入下拉列表填充项后，输入将变成下拉列表的选择，既简单，又杜绝了非法输入。操作步骤如下：

① 在表格以外的连续单元格依次输入拟生成下拉列表的填充项；

② 选定要进行输入的单元格；

③ 单击【数据】→【有效性】命令，出现"数据有效性"对话框。

● 在"设置"选项卡的"允许"下拉列表中选择"序列"。

● 激活"来源"文本框，到工作表中选定已输入下拉列表填充项的单元格区域。

（9）批量输入单元格区域信息如下：

① 批量输入相同信息的方法：

● 选定单元格区域，输入相应的数据，按【Ctrl+Enter】键。

> **技术提示：**
>
> 为使工作表美观，可在设置完成后，将下拉列表填充项区域所在的行或列隐藏起来。

● 选定单元格，输入信息。用鼠标左键沿行号或列标方向拖动填充柄，释放鼠标后，在右下角出现"自动填充选项"，从中选择"复制单元格"。

② 批量输入序列信息的方法如下：

● 选定单元格，输入填充序列的初始值。用鼠标左键沿行号或列标方向拖动填充柄，释放鼠标后，在右下角出现"自动填充选项"快捷菜单，从中选择"以序列方式填充"。默认情况下，填充序列是步长为 1 的等差数列。

● 如果填充步长不等于 1，则需输入两个初始值以确定步长，同时选中这两个单元格，拖动自动填充柄完成序列填充，如图 4.17 所示。

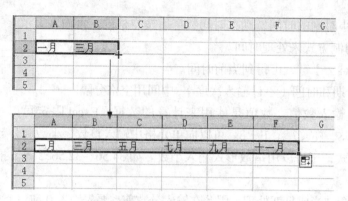

图4.17　步长不为1的序列填充

● 选定单元格，输入填充序列的初始值。以此为起点，选定单元格区域。单击【编辑】→【填充】→【序列】命令，弹出"序列"对话框，如图4.18所示。在"序列产生在"中选取择"行"或"列"，然后在"类型"中选择需要的序列类型并输入步长值。单击【确定】。

● 自定义填充序列。Excel预设了一些自动填充序列，如星期、月份、季度等，分别以"Sun"、"Sunday"、"Jan"、"January"、"日"、"星期日"、"一月"、"第一季"、"正月"、"子"、"甲"起始。如果拟填充单元格区域长度大于序列长度时，则自动进行循环填充。

用户也可以根据需要自定义填充序列，方法是：单击【工具】→【选项】命令，出现"选项"对话框，选择"自定义序列"选项卡，在"自定义序列"列表框中选择"新序列"，在"输入序列"列表框中输入自定义的序列项，单击【添加】按钮，完成自定义填充序列的添加，如图4.19所示，单击【确定】。

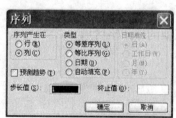

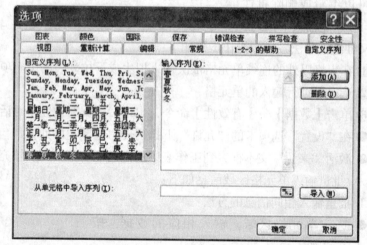

图4.18　"序列"对话框　　　　　　　图4.19　选项-自定义序列

（10）移动、复制、清除单元格和单元格区域的内容。

① 选定单元格或单元格区域后，移动的方法有：

● 移动鼠标至粗线边框处，使光标形状变为带箭头的十字，按下鼠标左键拖动至目标位置，释放鼠标。

● 单击【编辑】→【剪切】命令，或者在常用工具栏中单击剪切![]按钮，或者按【Ctrl+X】键，使所选内容剪切进入剪贴板。然后选定目标单元格，单击【编辑】→【粘贴】命令，或者在常用工具栏中单击粘贴![]按钮，或者按【Ctrl+V】键，完成移动。

② 选定单元格或单元格区域后，复制的方法有：

● 移动鼠标至粗线边框处，按住【Ctrl】键，使光标形状变为带右上角十字的光标，继续按住

【Ctrl】键，按下鼠标左键拖动至目标位置，释放鼠标。

● 单击【编辑】→【复制】命令，或者在常用工具栏中单击复制 ![]按钮，或者按【Ctrl+C】键，使所选内容复制进入剪贴板。然后选定目标单元格，单击【编辑】→【粘贴】命令，或者在常用工具栏中单击粘贴![]按钮，或者按【Ctrl+V】键，完成粘贴。单击粘贴按钮右侧箭头，展开相应下拉列表，如图4.20所示，可进行选择性粘贴。单击此列表中的【选择性粘贴】，或者单击【编辑】→【选择性粘贴】命令，弹出"选择性粘贴"对话框，可在粘贴时进行一些简单的运算。

③ 清除单元格或（和）单元格区域的内容，就是保留单元格或（和）单元格区域，根据需要部分删除其中的信息。

选定单元格或单元格区域，单击【编辑】菜单，其【清除】的级联菜单中包括【全部】、【格式】、【内容】、【批注】4项，根据需要单击相应的命令即可完成清除。

选定单元格或单元格区域，按【Delete】或【Del】键，相当于前述单击【编辑】→【清除】→【内容】命令。

（11）插入、删除行（列）和单元格。

① 插入单元格。选定单元格，单击鼠标右键，在出现的菜单中单击【插入】，或者单击【插入】→【单元格】命令，弹出"插入"对话框，如图4.21所示。选择"活动单元格右（下）移"，单击【确定】。

② 插入行（列）。

● 在前述"插入"对话框中选择"整行（列）"，单击【确定】。

● 右键单击行号（列标），在出现的菜单中单击【插入】。

● 选定所在行（列）的单元格，或者选定行（列），单击【插入】→【行】（【列】）。

③ 插入多行（列）。

选定多行（多列），或者选定单元格区域，按前述方法插入行（列），可在所选区域上方（左侧）插入与选所定区域行（列）数相同的多行（列）。

④ 删除单元格（单元格区域）。

选定单元格或单元区域，单击鼠标右键，在出现的菜单中单击【删除】，或者单击【编辑】→【删除】，弹出"删除"对话框，如图4.22所示。选择"右侧单元格左移"或"下方单元上移"，单击【确定】。

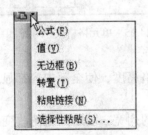
图4.20 粘贴按钮展开

图4.21 "插入"对话框

图4.22 "删除"对话框

⑤ 删除行（列）。

● 在前述"删除"对话框中选择"整行（列）"，单击【确定】。

● 选定行（列），单击【编辑】→【删除】命令。

（12）Excel的格式工具栏。Excel的【格式】菜单可以对单元格、行、列、工作表进行外观设置，还可以通过格式工具栏对单元格进行外观设置。

格式工具栏的按钮说明如图4.23所示，将鼠标悬停在按钮上能够获取对应的按钮提示。选定单元格或单元格区域，单击格式工具栏上的按钮，实现对所选区域字体、字号、对齐方式、货币样式、百分比样式、颜色等的简单外观设置。

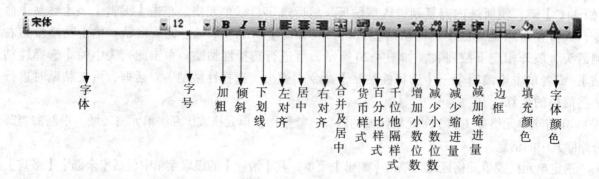

图4.23　格式工具栏

（13）单元格格式。单击【格式】→【单元格】命令，弹出"单元格格式"对话框，其中包含的选项卡可对单元格进行较为复杂的外观设置。

① 设置数值格式。弹出的"单元格格式"对话框的"数字"选项卡如图 4.24 所示。

选定数字单元格或单元格区域，在左侧列表框中选择合适的分类，在右侧根据需要进一步设置，单击【确定】，完成数字的格式设置。

② 设置对齐和缩进。弹出的"单元格格式"对话框的"对齐"选项卡如图 4.25 所示。可以设置所选内容在水平和垂直两个方向的对齐方式、水平方向的缩进量、相对水平线的旋转角度。

图4.24　单元格格式—数字

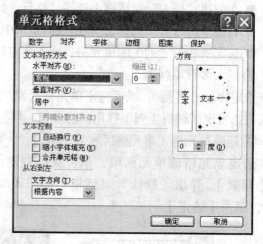

图4.25　单元格格式—对齐

对文本的控制包括：

● 自动换行。根据单元格列宽把文本拆行，并自动调整单元格高度，使全部内容都显示在该单元格上。如果不设置自动换行，则要按【Alt+Enter】键实现换行。

● 缩小字体填充。自动缩小单元中字体大小，以适应单元格的列宽。随着列宽的改变，字符大小可自动调整，但不会超过设置的字号。

● 合并单元格。将多个相邻单元格合并为一个单元格，以合并前左上角单元格名称作为合并后的单元格名称。

③ 设置字体格式。弹出的"单元格格式"对话框的"字体"选项卡如图 4.26 所示。可以设置字体、字形、字号等格式，在预览框中显示出相应的设置效果。

用户也可以根据需要定义默认的字体和字号，方法是：单击【工具】→【选项】命令，出现"选项"对话框，在"常规"选项卡中设置"标准字体"，单击【确定】完成。

④ 设置边框和底纹。弹出的"单元格格式"对话框的"边框"选项卡如图4.27所示。选择线条的样式和颜色后，可以单击预置选项简单设置所选区域的边框，也可以选择单击预览草图及其周围的8个按钮进行较为细致的边框设置。

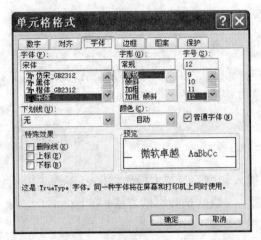

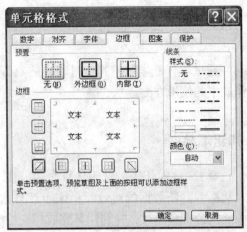

图4.26　单元格格式—字体

图4.27　单元格格式—边框

"单元格格式"对话框的"图案"选项卡可以设置单元格底纹、底纹颜色，在示例框中显示相应的设置效果。

（14）设置行高（列宽）、隐藏行（列）。

①鼠标移到拟调整行（列）的行号（列标）下（右）边界处，鼠标形状变成双向箭头，可以进行调整。

● 沿着行号（列标）的方向上下（左右）拖动鼠标，到合适的高（宽）度释放鼠标。

● 鼠标双击行号（列标）的下（右）边界，则得到适合该行（列）中所有单元格内容的行高（列宽）。

②单击【格式】菜单。在其【行】（【列】）的级联菜单中，单击相应命令即可得到需要的行高（列宽），最合适的行高（列宽），也可以隐藏或者取消隐藏选定的行（列）。

③选定连续的行（列），鼠标拖动其中任一行（列）的下（右）边界，释放鼠标，则各行（列）等高（宽）。

（15）自动套用格式。Excel提供了一些现成的表格格式可以套用。选定单元格区域，单击【格式】→【自动套用格式】命令，弹出"自动套用格式"对话框，选择其中的表格格式，单击【选项】按钮进行限定，单击【确定】。

技术提示：

在创建自定义序列时，选定区域中的数据必须是文本类型，否则将弹出"将忽略太复杂的字符串单元格"的提示框。

项目 4.3 公式与函数

引言

通过本任务学习的制作过程，能熟练掌握关于 Excel 工作表的基本操作及公式和函数在工作表中的使用方法。

知识汇总

● Excel 工作表的选定、重命名、移动或复制、插入和删除等基本操作；Excel 工作表中插入数据并判断数据的有效性；Excel 工作表中基本筛选、高级筛选数据的方法；在 Excel 工作表中插入公式和函数，并利用其完成相应的数据操作

4.3.1【任务 3】学生成绩评定处理

1. 学习目标

在学校的教学工作中，对学生的成绩进行统计分析是一项非常重要的工作。利用 Excel 强大的数据处理功能，可以迅速完成对学生成绩的处理。本任务要求对学生的期末成绩作如下处理：

（1）制作本学期成绩综合评定表。在综合评定表中包含学生的各科成绩、综合评定、综合名次等。

（2）筛选出优秀学生名单和不及格学生名单。

（3）单科成绩统计分析。统计单科成绩的最高分、最低分、各分数段人数与比例等。（效果如图 4.28、图 4.29、图 4.30 所示）

学号	姓名	性别	数据结构	微机原理	操作系统	计算机组	VF程序设	体育	总分	平均分	名次
100104200001	侯慧囡	女	80	78	81	84	78	70	472	135	6
100104200005	王美云	女	64	88	75	83	84	80	474	135	5
100104200006	刘培坤	男	77	88	80	70	76	67	457	131	7
100104200007	徐廷	男	64	89	70	90	74	95	482	138	3
100104200008	王雪	男	79	90	77	79	78	87	490	140	2
100104200009	夏宝生	男	82	92	75	89	64	77	479	137	4
100104200010	邵元龙	男	61	76	77	90	62	77	443	126	10
100104200011	郭晓彤	女	79	87	72	74	62	75	449	128	8
100104200012	王林	女	87	90	89	85	91	74	516	147	1
100104200013	刘志	男	60	77	75	75	60	70	417	119	14
100104200014	李健林	男	36	79	41	61	62	43	322	92	15
100104200015	张然	女	63	86	76	80	73	69	446	128	9
100104200016	齐永强	男	63	85	48	73	60	90	419	120	13
100104200017	郑裕伟	男	60	97	60	83	60	78	439	125	12
100104200021	张玉林	男	62	70	71	84	66	88	441	126	11

图4.28　成绩综合评定表

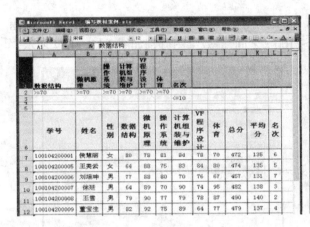

图4.29 优秀学生名单表

图4.30 单科成绩统计表

2. 操作步骤

（1）新建"学生成绩处理"工作簿。启动 Excel 2003，新建"学生成绩处理"工作簿。激活 Sheet1 工作表，重命名为"成绩综合评定"表，插入工作表 Sheet4。依次将 Sheet2、Sheet3、Sheet4 的工作表重命名为"优秀学生筛选"、"不及格学生筛选"、"单科成绩分析"，在各表中输入各字段标题。

（2）创建"成绩综合评定"表框架。激活"成绩综合评定"工作表，步骤为：

① 设置标题格式。选定 A1：K1 单元格区域，单机工具栏上的"合并居中"按钮，合并该单元格区域，并将字体居中对齐。设置字体格式为宋体、20 号、加粗、红色；行高 40。② 设置字段项格式。选定 A2：K2 单元格区域，将字体设置为 14 号、加粗。③ 设置边框和底纹。选中 A2：K17 单元格区域，单击工具栏上的"边框"按钮右边的下拉按钮，选择"所有框线"，为工作表指定区域设置边框。选中标题单元格，将标题底纹设置为淡蓝色；选中字段项单元格区域，将字段项底纹设置为黄色。④设置所有单元格内容垂直方向和水平方向居中对齐。

（3）利用条件格式化设置单元格内容显示格式。设置输入成绩显示格式。为了突出显示满足一定条件的数据，90 分以上单元格数字设置为蓝色粗体效果，低于 60 分单元格数字设置为红色斜体效果。操作步骤如下：

① 选定 D3:I17 单元格，选择【格式】→【条件格式】命令，打开"条件格式"对话框，在"条件1（1）"中设置优秀成绩的数据条件，如图 4.31 所示。②单击"格式"按钮，在打开的"单元格格式"对话框中设置满足条件的单元格格式（蓝色、加粗）。设置完成后单击"确定"按钮回到"条件格式"对话框。③在"条件格式"对话框中单击"添加"按钮，对话框变为图 4.32 所示，按照同样方法添加不及格成绩的格式（红色、斜体效果）。（如果条件设置错误，可以在"条件格式"对话框中单击"删除"按钮，在打开的"删除条件格式"对话框中选择要删除的条件序号，然后再重新设置即可。）

图4.31 "条件格式"对话框1

图4.32 "条件格式"对话框2

（4）设置数据有效性。本任务中，各门课程对应的成绩范围为 0~100，性别设置范围为"男，女"。下面以设置各科成绩输入时只能在 0~100 之间为例，操作步骤如下：

① 单击【数据】→【有效性】命令，出现"数据有效性"对话框，在"设置"选项卡的"允许"

下拉列表中选择"小数",接着设置"介于"0和100之间。在"输入信息"选项卡中,填入标题"输入成绩",填入信息"请输入对应课程成绩(0～100)之间"。效果图分别如图4.33、4.34所示。

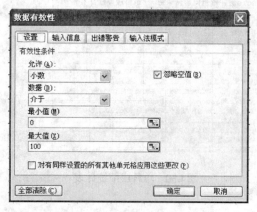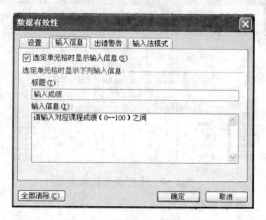

图4.33 "数据有效性"对话框1　　　　　　　图4.34 "数据有效性"对话框2

② 选择"出错警告"选项卡,选中"输入无效数据时显示出错警告"复选框,在"样式"中选择"停止",在"标题"和"错误信息"编辑框中输入相应的错误信息文字,如图4.35所示,单击"确定"按钮,完成数据有效性的设置。

同理可按要求设置好"性别"字段的有效性。

(5)数据信息的输入。完成各项设置后,即可进行数据信息的输入。本任务中数据输入是指学生基本信息和原始数据的输入,具体数据可自行输入,其他列的内容都需要使用公式和函数计算。

输入数据两种方法:数据表直接输入和利用记录单输入。

数据表直接输入是指在工作表中选定某一单元格直接输入相应数据的方式。常用在按字段列输入信息的情况,即逐个字段输入数据。采用数据表直接输入数据时,单元格的有效性设置、条件格式化等都将发挥作用。同时,可以充分利用Excel的序列填充等技巧加快数据输入速度。但要注意输入时必须与课程列相对应。

记录单是Excel专门为按逐条记录输入数据时提供的输入方法。选中工作表字段行所在的单元格,选择"数据"→"记录单"命令,打开记录单(见图4.36)。它显示出数据表中的所有字段,并且提供了增加、修改、删除以及检索记录功能。当数据记录很多时,记录单将会显示出很大的优势,利用它可以简捷、精确地输入数据。

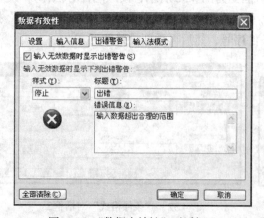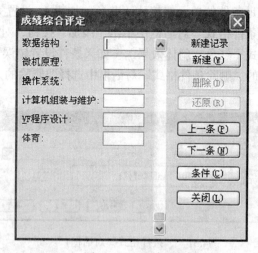

图4.35 "数据有效性"对话框3　　　　　　图4.36 记录单对话框

(6)利用公式计算总分、平均分、名次等字段值。

① 计算总分。计算总分需要用sum函数,先选择J3单元格,在编辑栏中输入公式"=sum

（D3:I3）”，然后单击回车确定。拖动填充柄复制得到每个学生的总分。

②计算平均分。计算平均分需要用average函数，先选择K3单元格，在编辑栏中输入公式“=average（D3:I3）”，然后单击回车确定。拖动填充柄复制得到每个学生的平均分。

③计算名次。计算名次需要用rank函数，先选择L3单元格，在编辑栏中输入公式“=rank（K3,$K$3:$K$17）”，然后单击回车确定。拖动填充柄复制得到每个学生的名次。

（7）利用高级筛选制作“优秀学生筛选”表和“不及格学生筛选”表。下面以筛选优秀学生为例，说明高级筛选的操作法。优秀学生的评定标准：各科考试成绩均在70分以上，或者名次在前10名以内。

操作时首先需要设置筛选条件，为此最好在一张新表中设置筛选条件，并存放筛选结果。操作步骤如下：

①选择“优秀学生筛选”表，然后按照图4.37所示，在A2:G4区域内设置筛选条件。在选择筛选条件时，字段行最好能够从原表中复制得到。每个字段的条件若处于同一行中，则各条件之间是逻辑“与”的关系，即必须同时满足条件的记录才被筛选出来；若处于不同行中，则属于逻辑“或”的关系，即只要一个条件成立就符合筛选要求。

	A	B	C	D	E	F	G	H
1								
2	数据结构	微机原理	操作系统	计算机组装与维护	VF程序设计	体育	名次	
3	>=70	>=70	>=70	>=70	>=70	>=70		
4							<=10	

图4.37 设置筛选条件

② 单击“优秀学生筛选”工作表中的任意一个单元格。选择“数据”→“筛选”→“高级筛选”命令，出现“高级筛选”对话框如图4.38所示。作如图的设置后，单击“确定”按钮，得到“优秀学生筛选”表如图4.39所示：

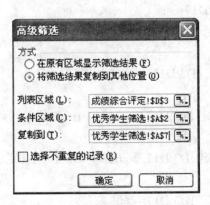

图4.38 “高级筛选”对话框

	A	B	C	D	E	F	G	H	I	J	K	L
6	学号	姓名	性别	数据结构	微机原理	操作系统	计算机组装与维护	VF程序设计	体育	总分	平均分	名次
7	100104200001	侯慧丽	女	80	78	81	84	78	70	472	135	6
8	100104200005	王美云	女	64	88	75	83	84	80	474	135	5
9	100104200006	刘培坤	男	77	88	80	70	76	67	457	131	7
10	100104200007	徐廷	男	64	89	70	90	74	95	482	138	3
11	100104200008	王雪	男	79	90	77	79	78	87	490	140	2
12	100104200009	董宝生	男	82	92	75	89	64	77	479	137	4
13	100104200010	郭元龙	男	61	76	77	90	62	77	443	126	10

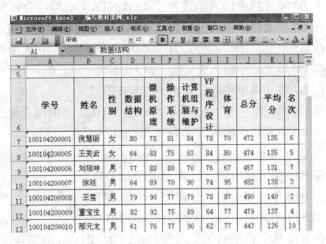

图4.39 “优秀学生筛选”表

按照同样的方法，制作“不及格学生筛选”表。

（8）建立“单科成绩分析”表。在“单科成绩分析”表中按照如图4.40所示的效果图框架做相关处理操作。利用公式和函数进行各项计算。

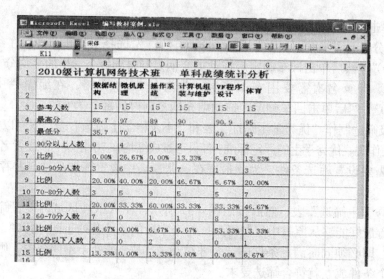

图4.40 单科成绩统计分析表

>>>

技术提示：

百分数的显示方法。以B7单元格为例，右击→"设置单元格格式"→"数字选项"，点击左侧栏中的"百分比"单击确定即可。

在 B 列中分别输入下列公式函数后，利用公式和函数的复制功能得出其他列的数据。

在 B3 单元格中输入公式为 "=COUNTA（成绩综合评定 !D3:D17）"；

在 B4 单元格中输入公式为 "=MAX（成绩综合评定 !D3:D17）"；

在 B5 单元格中输入公式为 "=MIN（成绩综合评定 !D3:D17）"；

在 B6 单元格中输入公式为 "=COUNTIF（成绩综合评定 !D3:D17,">=90"）"；

在 B7 单元格中输入公式为 "=B6/B3"；

在 B8 单元格中输入公式为 "=COUNTIF（成绩综合评定 !D3:D17,">=80"）−B6"；

在 B9 单元格中输入公式为 "=B8/B3"；

在 B10 单元格中输入公式为 "=COUNTIF（成绩综合评定 !D3:D17,">=70"）−B6−B8"；

在 B11 单元格中输入公式为 "=B10/B3"；

在 B12 单元格中输入公式为 "=COUNTIF（成绩综合评定 !D3:D17,">=60"）−B6−B8−B10"；

在 B13 单元格中输入公式为 "=B12/B3"；

在 B14 单元格中输入公式为 "=COUNTIF（成绩综合评定 !D3:D17,"<60"）"；

在 B15 单元格中输入公式为 "=B14/B3"。

3. 相关知识

（1）选定工作表。

① 单击工作表标签，选定单个工作表。

② 如果希望对一个工作表的操作同时在多个工作表中进行，就需要同时选定多个工作表，此时，工作簿标题栏内就会出现"工作组"字样。

● 选定该组中第一个工作表，按住【Shift】键，单击该组中最后一个工作表标签，可以选定相邻工作表。

● 选定该组中任意工作表，按住【Ctrl】键，单击其他的工作表标签，可以选定非相邻工作表。

● 右键单击工作表标签，在其快捷菜单上单击【选定全部工作表】命令，可以选定全部工作表。

③单击任意非组内工作表的标签，或者右键单击任意组内工作表标签，在其快捷菜单上单击

【取消成组工作表】命令，可以取消多个工作表选定。

（2）重命名工作表。为便于对工作表的查找、使用，可以重新命名工作表。激活一个工作表，使其处于工作表标签编辑状态，输入新的工作表标签，按【Enter】键，即可完成重命名操作。使工作表处于标签编辑状态的方法有：

① 单击【格式】→【工作表】→【重命名】命令。

② 右键单击工作表标签，在其快捷菜单上单击【重命名】命令。

③ 双击工作表标签。

（3）插入、删除工作表。

① 插入工作表。

● 单击【插入】→【工作表】命令，或者右键单击活动工作表标签，在其快捷菜单上单击【插入】命令，可以在活动工作表前面插入一个工作表。

● 选定多个相邻工作表，单击【插入】→【工作表】命令，可以在这组工作表前面插入同样数目的多个工作表。

● 选定多个相邻工作表，右键单击其中一个工作表标签，在其快捷菜单上单击【插入】→【工作表】命令，可以在此工作表前面插入同样数目的多个工作表。

② 删除工作表。

选中单个或多个工作表，单击【编辑】→【删除工作表】，或者右键单击所选工作表标签，在其快捷菜单中单击【删除】命令，可以将所选工作表删除。

（4）移动或复制工作表。

① 同一个工作簿中工作表的移动或复制。

● 单击工作表标签，按住鼠标左键拖动到目标位置，释放鼠标，完成工作表移动；如果在按住【Ctrl】键的同时释放鼠标，完成工作表复制。鼠标拖动时标签行上方出现一个小黑三角形，指示当前工作表所要插入的新位置。

● 选定工作表，单击【编辑】→【移动或复制工作表】命令，弹出"移动或复制工作表"对话框，如图4.41所示。选择本工作簿及插入的位置，选择是否建立副本，单击【确定】，完成选定工作表的移动或复制。

② 不同工作簿中工作表的移动或复制。打开源工作簿和目标工作簿。在源工作簿中选定工作表，单击【编辑】→【移动或复制工作表】命令，在图4.41所示对话框中选择目标工作簿及插入的位置，选择是否建立副本，单击【确定】完成选定工作表的移动或复制。

图4.41 "移动或复制工作表"对话框

（5）有效性设置：选定单元格（区域），单击【数据】→【有效性】命令，出现"数据有效性"对话框，如图4.33所示。"设置"选项卡的"允许"右侧下拉列表项包括：任何值、整数、小数、序列、日期、时间、文本长度、自定义，根据实际问题进行选择和设置。还可以设置输入时的提示信息和输入错误时的警告信息。这对于保证正确输入十分有用。

（6）输入和编辑公式。电子表格处理中，如果一个单元格的内容是某些非空单元格内容的运算结果，就要用到Excel的公式。

选定单元格，在单元格或者编辑栏中输入公式，按【Enter】键或者单击编辑栏前面的确认按钮，即可在单元格中显示出计算结果。Excel公式输入时以"＝"开头，其后是由运算符、数值、单元格引用或者函数构成的表达式。公式中不能包含公式单元格自身。输入或者编辑公式时，公式中引用的单元格被彩线包围，在公式中的单元格引用也以对应的彩色显示，起到跟踪公式、提示用户的作用。

编辑或更改单元格内容后，系统会重新对公式进行计算，也就是说，计算结果会随着公式中单元格引用的内容发生变化而自动更新。

（7）运算符。如果在公式中用到多个运算符，Excel将按下列的优先级次序进行运算。同一级别的运算符按从左至右的次序运算。

①（ ）括号。括号的优先级最高。

②引用运算符。

● ：冒号。区域运算符，引用两对角的单元格围起的单元格区域。如"B2：C4"，指定了 B2、C2、B3、C3、B4、C4 这 6 个单元格，"B2：B5"指定了 B2、B3、B4、B5 这 4 个单元格。

● 单个空格。交叉运算符，用于引用两个或两个以上单元格区域的重叠部分。如"B3：C5　C3：D5"指定 C3、C4、C5 这 3 个单元格 3：（5），如果单元格区域没有重叠部分，就会出现错误信息 #NULL!。

● ，逗号。联合运算符，表示逗号前后单元格同时引用。如"B2，B4，C3"指定 B2、B4、C3 这 3 个单元格。

③算术运算符。

● 负号。

● % 百分比。

● ^ 乘方。

● *、/ 乘、除。

● +、- 加、减。

④& 连接。连接两个文本字符串为一个字符串。公式中的文本要用双引号括起来。

⑤<、<=、>、>=、=、<> 关系运算符分别表示小于、小于等于、大于、大于等于、等于、不等于。

（8）公式中单元格的引用。公式的灵活性是通过单元格的引用来实现的。可以在一个公式中引用工作表上的多个单元格，也可以在多个公式中使用同一个单元格。可以引用所在工作表中的单元格，也可以引用同工作簿上不同工作表中的单元格，甚至可以引用不同工作簿上不同工作表中的单元格。

根据公式复制时所包含单元格地址的变化情况，可分为相对引用、绝对引用和混合引用三种类型。选定包含公式的单元格，选中整个公式，数次按下【F4】键，则选中的公式段就能在几种单元格引用间进行切换。

①相对引用。相对单元格引用（如 A1）是基于包含公式的单元格的相对位置。如果公式所在单元格的位置改变，引用也随之改变。如果多行或多列地复制公式，引用会自动调整。例如，如果将单元格 B2 中的相对引用 A1 复制到单元格 B3，则复制后将调整为 A2。

②绝对引用。绝对单元格引用（如 $A$1）是指确定的单元格（A1）。如果公式所在单元格的位置改变，绝对引用的单元格始终保持不变。如果多行或多列地复制公式，绝对引用将不作调整。例如，如果将单元格 B2 中的绝对引用 $A$1 复制到单元格 B3，则在两个单元格中一样，都是 $A$1。

③混合引用。混合引用分为绝对列和相对行、绝对行和相对列两种情况。绝对引用列采用 $A1、$B1 等形式。绝对引用行采用 A$1、B$1 等形式。如果公式所在单元格的位置改变，则相对引用改变，而绝对引用不变。如果多行或多列地复制公式，相对引用自动调整，而绝对引用不作调整。例如，如果将一个混合引用 A$1 从 A2 复制到 B3，则复制后将调整为 B$1。

（9）函数的输入。函数是 Excel 预定义的公式，可以直接调用。函数由函数名和参数组成。函数的名称表明函数的功能。参数是函数运算的对象，位于函数名右侧并用括号括起来，可以是数字、文本、逻辑值、引用或者错误值等。参数由用户提供，多个参数之间用逗号隔开，有些函数不需要参数。

①如果函数以公式形式出现，则必须在函数名前键入"="。

②如果熟悉使用的函数及其语法规则，可以在编辑框内直接输入函数。

③选定单元格，输入"="，在名称框的位置显示公式选项板，可以在选项板展开函数列表中选择常用的函数类型，如图 4.42 所示。如果在列表中没有需要的函数类型，单击【其他函数】，出现"插入函数"对话框。在其中选择所需的函数类别和要使用的函数，单击【确定】，出现相应的"函数

参数"对话框，输入参数。如果参数是单元格区域（如 E5：E44），激活参数文本框后，可以直接输入，也可以在工作表中进行区域选择。

④单击【插入】→【函数】命令，或者单击编辑栏左侧的插入函数 ƒx 按钮，也能够弹出"插入函数"对话框。

⑤选定单元格区域，单击常用工具栏上的求和 Σ 按钮，可在紧接着所选区域的单元格中得到和值。单击求和按钮右侧箭头，展开相应下拉列表，如图 4.43 所示。单击【其他函数】，出现"插入函数"对话框。

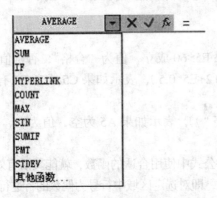

图4.42 公式选项板

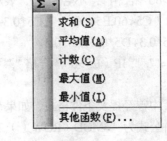

图4.43 求和按钮展开

（10）临时查看关于区域的数值信息。选中单元格区域，右键单击状态栏中的任意位置，在弹出的快捷菜单中单击所关注的计算类型，就会在状态栏中显示对应的值。在工作表编辑过程中，可以使用这个办法得到临时计算结果。

（11）常用的算术函数。

①求和 SUM。

格式：SUM（number1,number2,…）。

功能：返回一组数值 number1,number2,…的和。

说明：此函数的参数是必不可少的，参数允许是数值、单个单元格的地址、单元格区域、简单算式，最多允许使用 30 个参数。

② 计数 COUNT。

格式：COUNT（value1,value2,…）。

功能：返回参数序列中数值的个数。

说明：函数在计数时，会把数值、空值、逻辑值、日期或以文字代表的数值计算进去，但对于错误值和其他无法转化为数字的文字将被忽略。如果参数是引用，那么在引用中只有数字或日期会被计数，而空白单元格、逻辑值、文字和错误值都将被忽略。

③求平均值 AVERAGE。

格式：AVERAGE（number1,number2,…）。

功能：返回一组数值 number1,number2,…的平均值。

说明：对于所有参数进行累加，并计数，再用总和除以计数结果，区域内的空白单元格不参与计数，但数据为"0"的单元格参与运算。

④求最大值 MAX。

格式：MAX（number1,number2,…）。

功能：返回一组数值 number1, number2,…的最大值。

说明：与 SUM（）函数的要求一样。

⑤ 求最小值 MIN。

语法：MIN（number1,number2,…）。

功能：返回一组数值 number1, number2, …的最小值。

说明：与 SUM（）函数的要求一样。

（12）逻辑类函数。

① IF 函数应用。

格式：IF（logical_test,value_if_true,value_if_false）。

功能：logical_test 是逻辑表达式，value_if_true 是逻辑表达式为真时对应的值，value_if_false 是逻辑表达式为假时对应的值。

应用：

● =IF（E5>60," 合格 "," 不合格 "），表示如果 E5>60 成立，值为"合格"，否则值为"不及格"。

● =IF（OR（C5<60,E5<60），"",C5*0.3+D5*0.2+E5*0.5），表示如果 C5 或者 E5 有不及格，值为空，否则值为 C5*0.3+D5*0.2+E5*0.5。

● =IF（A5="","",IF（E5>60," 合格 "," 不合格 "）），表示如果 A5 为空，值为空，否则依据对 E5 的判断进行取值。

在【任务3】中曾经提及条件格式，如果在条件公式中使用合适的函数，就能灵活有效地设置表格的格式。例如，条件公式为"=MOD（ROW（），2）=0"，即对选定区域中行号为偶数的行进行格式设置。

技术提示：

（1）在进行格式化和数据有效性等操作时一定要首先选中操作对象，然后进行相应的设置工作，否则设置无效。

（2）在进行输入数据之前，首先要确定数据的数据类型，然后对单元格进行格式设置，再输入数据。

（3）在单元格中输入公式时，不能忘记先写"="，然后再输入公式内容，否则为无效公式。

（4）在筛选数据过程中一定要注意筛选条件，当为多个条件时要注意各条件之间的逻辑关系。

（5）在输入公式中的条件时，要注意输入法为英文状态以及单元格的引用方式（相对引用或绝对引用）。

项目 4.4 图表创建与编辑

引言

通过本任务的学习制作过程，能熟练掌握关于在 Excel 工作表中创建、编辑图表的基本操作方法。

知识汇总

● 了解图表的组成及各种图表类型的特点；掌握图表的创建、编辑方法步骤

4.4.1【任务4】制作班级单科成绩分析表

1. 学习目标

在"学生成绩处理"工作簿中编制"单科成绩分析"工作表，存放2010级网络技术班的学生单科成绩三维饼形图，如图4.44所示，完成后保存在D:\excel目录下。

2. 操作过程

（1）启动Excel 2003，激活【任务3】中建立的"学生成绩处理"工作簿，激活工作表"2010网络技术班"。

（2）制作学生成绩柱形图。

① 选定A2:G15单元格区域。

② 单击【插入】→【图表】命令，或者单击常用工具栏的图表向导按钮，弹出"图表向导-4步骤之1-图表类型"对话框，如图4.45所示。选择柱形图中的"饼图"中的"三维饼图"，单击【下一步】。

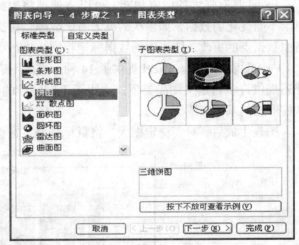

图4.44　单科成绩统计分析图　　　　　图4.45　"图表向导-4步骤之1-图表类型"对话框

③ 出现"图表向导-4步骤之2-图表源数据"对话框，如图4.46所示。所选单元格区域已经存在于"数据区域内＝单科成绩统计!$A$2:$G$15"，其中"!"是工作表与单元格（区域）的分隔符。选择序列产生在"列"。单击【下一步】。

④ 出现"图表向导-4步骤之3-图表选项"对话框，如图4.47所示。在"标题"选项卡中分别为图表、X轴、Y轴输入标题。在"图例"选项卡中选择在底部显示图例。单击【下一步】。

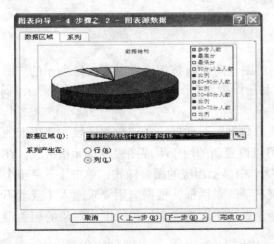

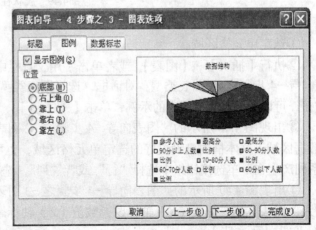

图4.46　"图表向导-4步骤之2-图表源数据"对话框　　图4.47　"图表向导-4步骤之3-图表选项"对话框

⑤ 出现"图表向导-4 步骤之 4-图表位置"对话框，如图 4.48 所示。选择作为 2010 网络技术工作表的对象插入，单击【完成】。

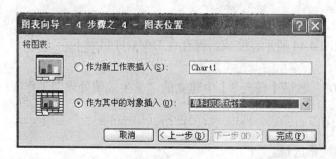

图4.48   "图表向导-4步骤之4-图表位置"对话框

⑥ 单击图表区，即图表上的空白处，鼠标拖动使图表到达目标位置，释放鼠标。

3. 相关知识

Excel 具有强大的图表功能，可以方便地将表格数据转化为图表，从而更直观地体现数据信息。对于不断变化的数据，如多次的英语考试成绩，用折线图能很清楚地观察出发展趋势。并且，随着表格中数据点的更改，图表中的数据标记将同步进行更新。

（1）图表的组成。Excel 提供了 14 种标准的图表类型，每种图表类型又包含若干子图表类型，此外还提供许多自定义图表类型，适用于不同特性的数据。图表在组成上大体相同，图 4.49 所示为簇状柱形图的基本组成。

图表生成后，只需选定图表，将鼠标悬停在数据点处，就可以获得该数据点的有关信息。

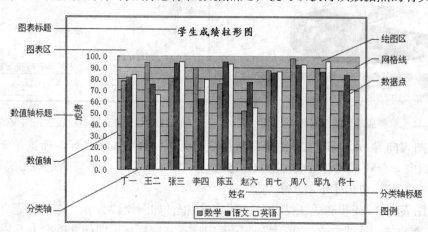

图4.49   簇状柱形图

（2）创建图表的步骤。

①选定单元格区域。

②执行【插入】→【图表】，或者单击常用工具栏中的图表向导 按钮，弹出图 4.45 所示的"图表向导-4 步骤之 -1 图表类型"对话框，选择图表类型和子图表类型。单击【按下不放可查看示例】按钮，可以看到将生成图表的示例，单击【下一步】。

③出现图 4.46 所示的"图表向导-4 步骤之 -2 图表源数据"对话框，在"数据区域"选项卡的"数据区域"文本框内已设置好的选定单元格区域，也可以设置新的用于生成图表的单元格区域。在"系列产生在"单选按钮组中选择"行"或者"列"，选项卡中显示相应的图表样式，单击【下一步】。

④出现图 4.47 所示的"图表向导-4 步骤之 -3 图表选项"对话框，根据应用要求输入（或者不输入）图表标题、分类（X）轴标题、数值（Z）轴标题。选择不同选项卡，进行图表对象的相关设置，单击【下一步】；

⑤出现图 4.48 所示的"图表向导-4 步骤之 -4 图表位置"对话框，设置图表位置。图表可以作

为其中的对象插入到包含数据信息的工作表中，称为嵌入图表。图表也可以单独作为新工作表插入到工作簿中，这样的工作表称为图表工作表。单击【完成】。

对于包含嵌入图表的活动工作表，如果选定图表，Excel 菜单栏的【数据】菜单变为【图表】菜单，同时【视图】、【插入】和【格式】菜单中包含的命令以及工具栏中命令按钮的样式也相应发生变化。

（3）编辑图表。

① 图表格式编辑。双击表格的任一组成部分，都会弹出相应于此部分的格式对话框，在其中进行编辑，单击【确定】。图表组成部分的格式发生改变。

② 图表编辑。在图表区或者绘图区单击右键，或者单击【图表】命令，出现的快捷菜单中包括【图表类型】、【源数据】、【图表选项】、【位置】，单击后弹出与创建图表各步骤类似的对话框，在对话框中进行编辑，单击【确定】。图表自身的要件发生改变。

③ 图表显示属性编辑。

● 选中图表，拖动图表区到达目标位置，可实现图表在工作表中的移动。

● 拖动图表边框上的控制柄，可实现图表在该方向上的放大和缩小。

（4）修改源数据。

① 增加源数据。选定要添加到图表的单元格区域→复制→选定图表→粘贴。

② 减少源数据。减少源数据即删除表中系列的方法有：

● 右键单击任一待删除系列的数据点，在出现的快捷菜单中单击【清除】命令。

● 左键单击任一待删除系列的数据点，单击【编辑】→【清除】→【系列】命令。

③ 修改源数据。修改源数据包括增加、减少源数据的操作。在图表区或者绘图区单击右键，在出现的快捷菜单中单击【源数据】，或者选定图表，单击【图表】→【源数据】命令，弹出"源数据"对话框。激活"数据区域"文本框，拖动鼠标选定要生成图表的数据区域，单击【确定】。

>>>

技术提示：

在创建图表的过程中要根据现实案例的需要设置相应的图表类型以及图表显示内容。

项目 4.5 表格打印 ‖

引言

本任务旨在巩固函数的使用，掌握工作表的页面设置及打印操作

知识汇总

● 页面设置及打印；IF 函数、COLUMN 函数、ROW 函数、INT 函数、MOD 函数、INDEX 函数等的使用

 4.5.1【任务5】打印班级成绩条

1. 学习目标

在"2011 级成绩表"工作簿中制作"2011 级 4 班成绩条"工作表，如图 4.50 所示，并对"2011 级 4

班”工作表进行页面设置和打印设置。本任务旨在巩固函数的使用，掌握工作表的页面设置及打印操作。

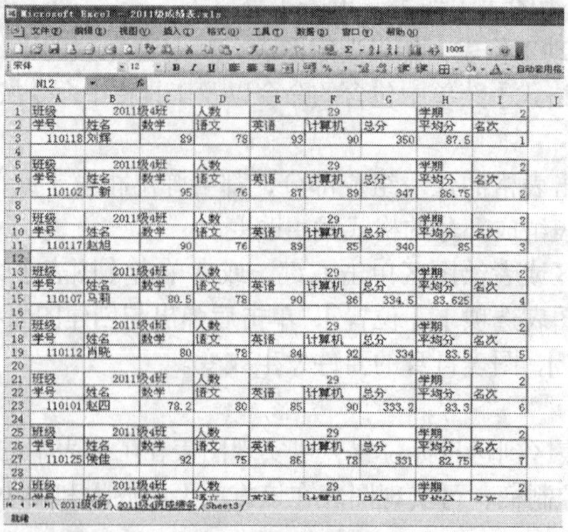

图4.50　成绩条

2. 操作过程

（1）打开“成绩表”工作簿，设置“2011 级 4 班”为活动工作表。

（2）单击【文件】→【页面设置】命令。在“页面设置”对话框中选择“页面”选项卡，设置纸张大小为 A4、纵向打印、正常尺寸。

（3）设置标题行重复。在“页面设置”对话框中选择“工作表”选项卡，在打印标题区设置顶端标题行为 \$1:\$3，单击【确定】。这样，在打印时，每页数据表都将显示标题。

（4）单击【文件】→【打印预览】命令，或者单击常用工具栏的打印预览按钮，预览打印效果。

（5）观察图 4.51“2011 级 4 班”工作表中的成绩信息，第 1 行为标题，第 2 行为班级及学期，第 3 行为科目名等。

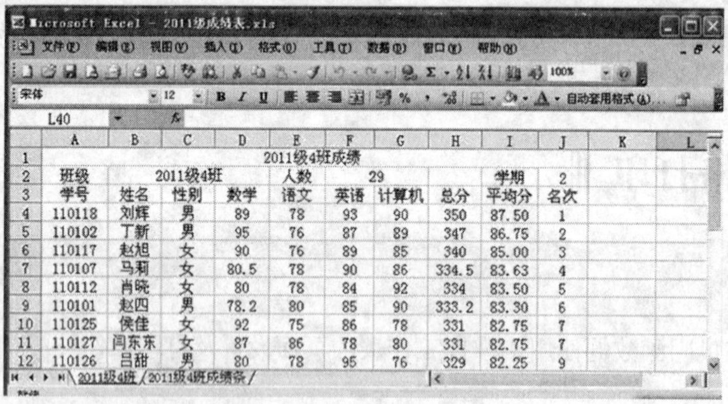

	A	B	C	D	E	F	G	H	I	J
1	2011级4班成绩									
2	班级	2011级4班			人数	29			学期	2
3	学号	姓名	性别	数学	语文	英语	计算机	总分	平均分	名次
4	110118	刘辉	男	89	78	93	90	350	87.50	1
5	110102	丁新	男	95	76	87	89	347	86.75	2
6	110117	赵旭	女	90	76	89	85	340	85.00	3
7	110107	马莉	女	80.5	78	90	86	334.5	83.63	4
8	110112	肖晓	女	80	78	84	92	334	83.50	5
9	110101	赵四	男	78.2	80	85	90	333.2	83.30	6
10	110125	侯佳	女	92	75	86	78	331	82.75	7
11	110127	闫东东	女	87	86	78	80	331	82.75	7
12	110126	吕甜	男	80	78	95	76	329	82.25	9

图4.51　成绩表

（6）激活 Sheet2 工作表中，重命名为“2011 级 4 班成绩条”。

（7）选定 A1 单元格，输入公式

= IF（MOD（ROW（），4）=0,"",

IF（MOD（ROW（），4）=1,'2011 级 4 班 '!A\$2,

IF（MOD（ROW（），4）=2,'2011 级 4 班 '!A\$3,

INDEX（'2011 级 4 班 '!\$A:\$I,INT（((ROW（）+5）/4）+2）,COLUMN（）))))

如图 4.52 所示。

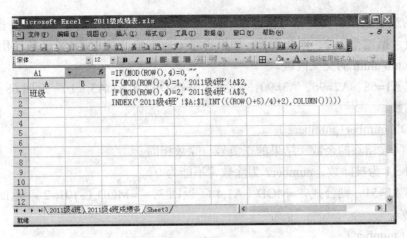

图4.52 成绩条

（8）选定 A1 单元格，鼠标拖动填充柄到 I1 单元格，释放鼠标。

（9）选定 A1~I1 单元格区域，鼠标拖动填充柄到 I115 单元格，释放鼠标。

（10）合并单元格 B1~C1。

（11）设置 A4~I4 单元格区域无框线，A1~I3 单元格区域有框线。

（12）选定 A1~I4 单元格区域，鼠标拖动填充柄到 I115 单元格，释放鼠标。

（13）打印。

3. 相关知识

（1）涉及的函数。

① ROW 函数。

格式：ROW（reference）。

功能：返回给定引用的行号。

说明：reference 为需要得到其行号的单元格或单元格区域，如果省略 reference，则函数 ROW 是对所在单元格的引用。

实例：公式 ROW（A6）返回 6；在单元格 H4 中输入公式 "=ROW（）"，结果为 4。

② COLUMN 函数。

格式：COLUMN（reference）。

功能：返回给定引用的列标。

说明：reference 为需要得到其列标的单元格或单元格区域。如果省略 reference，则函数 COLUMN 是对所在单元格的引用。如果 reference 为一个单元格区域，并且函数 COLUMN 作为水平数组输入，则 COLUMN 函数将 reference 中的列标以水平数组的形式返回。

实例：公式 "=COLUMN（A3）" 返回 1，"=COLUMN（B3:C5）" 返回 2，在单元格 H4 中输入公式 "=COLUMN（）"，结果为 8。

③ INDEX 函数。

格式：INDEX（array,row_num,column_num）返回数组中指定的单元格或单元格数组的数值。

INDEX（reference,row_num,column_num,area_num）返回给定单元格区域中特定行列交叉处单元格的引用。

功能：返回表格或区域中的数值或对数值的引用。函数 INDEX（）有两种形式：数组和引用。数组形式通常返回数值或数值数组；引用形式通常返回引用。

说明：array 为单元格区域或数组常数；row_num 为数组中某行的行序号，函数从该行返回数值；如果省略 row_num，则必须有 column_num;column_num 是数组中某列的列序号，函数从该列返回数值；如果省略 column_num，则必须有 row_num。reference 是对一个或多个单元格区域的引用，如果引用为不连续的选定区域，要用括号括起来；area_num 是选择引用中的一个区域，选中或输入的第一个区域序号为 1，第二个为 2，以此类推；如果省略 area_num，则 INDEX 函数使用区域 1；函数返回 row_num 和 column_num 的交叉区域。

实例：假定 A1=68、A2=96、A3=90，则公式"=INDEX（A1:A3,1,1）"返回 68。

④ MOD 函数。

格式：MOD（number1,number2）。

功能：返回两数相除的余数，结果的正负号与除数相同。

说明：number1 为被除数，number2 为除数（不能为 0）。

实例：如果 A1=51，则公式"=MOD（A1,4）"返回 3，"=MOD（-101,-2）"返回 -1。

⑤ INT 函数。

格式：INT（number）。

功能：将任意实数向下取整为最接近的整数。

说明：number 为任意待处理的实数表达式。

实例：如果 A1=16.24、A2=-28.389，则公式"=INT（A1）"返回 16，"=INT（A2）"返回 -29。

（2）页面设置。单击【文件】→【页面设置】命令，弹出"页面设置"对话框，包含 4 个选项卡。

①"页面"选项卡，如图 4.53 所示。

● 如果表格内容略多于 1 页，那么在【缩放】中选择"调整为 1 页宽 1 页高"，就能自动将打印的内容缩小至 1 页中。

● 如果首页号为 1，或者在"打印"对话框中已选了页，就将起始页码设置为"自动"。如果不设置页眉和页脚，则起始页码设置无效。

②"页边距"选项卡，如图 4.54 所示。

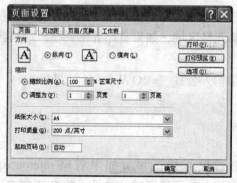
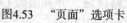
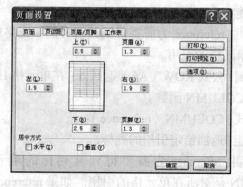

图4.53　"页面"选项卡　　　　　　　　　图4.54　"页边距"选项卡

● 打印内容到"上"、"下"、"左"、"右"页边之间的距离，必须大于打印机所能达到的最小页边距。当对页边距调整时，在预览框中将出现一条实线，显示被修改的选项。

● 页眉、页脚到上、下边的距离，必须小于上、下页边距。

● 可以水平和垂直两个方向上设置文档内容是否在页边距之内居中。

③"页眉 / 页脚"选项卡如图 4.55 所示。页眉是打印在第一页顶端，用于标明名称和报表标题等。页脚是打印在页的底部，用于标明页号、打印日期、时间等。

● 可以在该选项中添加、删除和修改页眉和页脚。

● 单击页眉（页脚）右侧的向下箭头，在列表框中进行选择，能够得到 Excel 系统内置的样式。也可以单击【自定义页眉】（【自定义页脚】）按钮，设计自己的页眉 / 页脚样式。

④"工作表"选项卡如图 4.56 所示。可以输入要打印的区域、打印的标题；在【打印顺序】区中，决定是按"先列后行"还是按"先行后列"的方式进行打印。

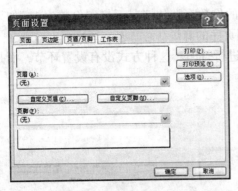 

图4.55　"页眉/页脚"选项卡　　　　　图4.56　"工作表"选项卡

● 在默认情况下，Excel 会选择有文字的最大行和列的区域作为打印区域。也可以自定义打印区域。

● 对于数据超过 1 页的工作表，设置打印标题，能够在每个打印页都输出标题。

● 设置打印选项，可以控制是否在打印页中包括网格线、行号列标，是否单色打印等。

● 如果工作表的内容超过 1 页，可以设置打印顺序以控制页码的编排和打印次序。

页面设置后，可以单击【打印预览】按钮查看打印的模拟效果。

（3）调整分页。

① 页面设置后，Excel 会自动为工作表分页，普通视图下分页符显示为虚线。

② 可以用鼠标拖动分页符来调整分页。

③ 可以通过插入 / 删除分页符来调整分页。方法如下：

● 选定一行，单击【插入】→【分页符】命令，其左边线处插入分页符。

● 选定一列，单击【插入】→【分页符】命令，其上边线插入分页符。

● 选定单元格，单击【插入】→【分页符】命令，其上边线、左边线均插入分页符。

● 选择要删除的水平分页符下方任何一单元格或垂直分页的右侧任一单元格，然后单击菜单【插入】→【删除分页符】。

④ 在分页预览视图下也可以调整分页。方法如下：

● 单击【视图】→【分页预览】命令，显示当前工作表的分页状态，在页面所属区域标有页码。

● 分页预览视图下，Excel 的自动分页符显示为蓝色虚线，手工插入的分页符显示为蓝色实线。

● 单击【视图】→【普通】命令，返回到普通视图。

（4）打印预览。打印前的预览，有助于对打印设置进行检查和修改，从而最终得到满意的打印效果。单击【文件】→【打印预览】，或者单击常用工具栏上的打印预览 按钮，可以切换到打印预览界面。

（5）打印。

① 单击【文件】→【打印】命令，弹出"打印内容"对话框，如图 4.57 所示。

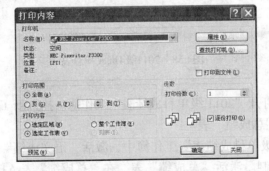

图4.57　"打印内容"对话框

● 在打印机的名称列表框中选择打印机，单击【属性】按钮进行打印机的其他设置。

● 选中"打印到文件"，将把打印内容输出到文件而不是打印机。

● 可以设置打印范围、打印内容、打印副本的份数。默认情况下打印份数为1。如果要打印多份，可以选中"逐份打印"复选框，省去人工整理页序的麻烦。

② 单击常用工具栏上的打印 按钮，也可以进行打印。这种方式没有设置环节，而是直接将选定的内容打印一份。

项目 4.6　高级数据处理

引言

本任务旨在掌握对工作表的排序、筛选、分类汇总、合并计算、建立数据透视表等操作。

知识汇总

● 排序、筛选、分类汇总、合并计算、数据透视表

4.6.1【任务6】编制成绩总表

1. 学习目标

在"2011级4班成绩表"工作簿中编制"2011级4班成绩总表"工作表，存放2011级4班各学期每名学生的总成绩，并按性别进行分汇总等操作，如图4.58所示。完成后保存在 E:\excel 目录下。本任务旨在掌握对工作表的排序、筛选、分类汇总、合并计算等操作。

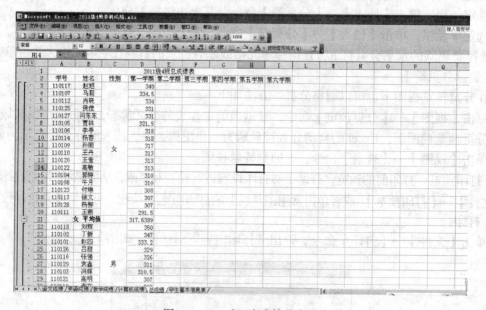

图4.58　2011级4班成绩总表

2. 操作过程

（1）启动 Excel 2003，打开"2011级单科成绩表"工作簿。插入新工作表命名为"总成绩"。

（2）制作 2011级4班"总成绩"表。

① 在已打开的"2011级单科成绩表"工作簿中，激活"语文成绩"工作表，选定学号～性别区域，按【Ctrl+C】键完成复制。激活"总成绩"表，在"总成绩"表 A1 单元格中，按【Ctrl+V】完成粘贴。插入一行，输入"2011级4班总成绩表"标题，格式化。完成空白成绩表的制作。

② 计算第1学期期末考试总成绩。

● 激活"总成绩"表。

● 选定 D3 单元格。单击【数据】→【合并计算】命令，弹出"合并计算"对话框。选择"求和"函数。激活引用位置文本框，在"2011级4班单科成绩"工作簿的"语文成绩"工作表中选定 D3:D31 单元格区域，单击【添加】。同样方法添加数学、英语、计算机期末成绩的引用位置，如图 4.59 所示。单击【确定】。

③ 按照期末总分排序。

● 选定 F3 单元格。单击常用工具栏上的降序排序 按钮。

④ 筛选出成绩在 300~330 之间的女生信息。

● 选定 A2 单元格，单击【数据】→【筛选】→【自动筛选】命令，则表中所有列标题的右侧都出现下拉箭头。

● 单击"性别"右侧箭头，在下拉列表中选择"女"，如图 4.60 所示，筛选出女生的信息。

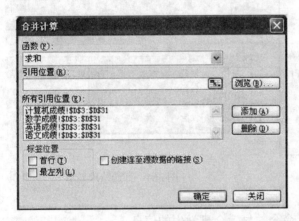

图4.59 "合并计算"对话框　　　　　　　　图4.60 女生信息筛选

● 单击"第一学期"右侧箭头，选择自定义自动筛选，如图 4.61 所示，筛选后符合条件的学生信息如图 4.62 所示。

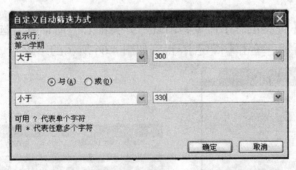

图4.61 "自定义自动筛选方式"对话框

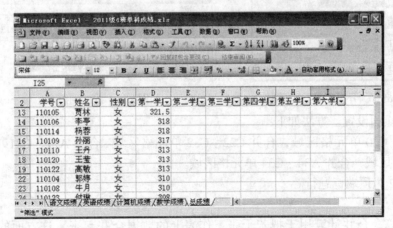

图4.62 带有筛选条件的表格

⑤单击【数据】→【筛选】→【全部显示】命令，显示全班学生的信息。

⑥筛选性别为女、第1学期总分 >330 的学生信息。

● 分别在 J13、K13 单元格输入"性别"、"第一学期"，分别在 J14、K14 单元格输入"女"、">330"。

● 选定 A2 单元格，单击【数据】→【筛选】→【高级筛选】命令，出现"高级筛选"对话框。选择在原有区域显示筛选结果，设置列表区域为 $A$2:$D$31 单元格区域，条件区域为 J13:J14 单元格区域，如图 4.63 所示。

● 单击【确定】。筛选出 5 名满足条件的学生，如图 4.64 所示。

图4.63　"高级筛选"对话框

图4.64　筛选结果显示

● 隐藏 J、K 列。

⑦单击【数据】→【筛选】→【全部显示】命令，显示全班学生的信息。

⑧分别汇总男生、女生的第1学期平均成绩。

● 选定 C3 单元格，单击常用工具栏上的降序排序按钮。这时女生成绩集中排在前部，男生成绩排在后部。

● 单击【数据】→【分类汇总】命令，出现"分类汇总"对话框。选择对第1学期成绩按性别汇总平均分，如图 4.65 所示。单击【确定】，得到如图 4.66 所示的结果。

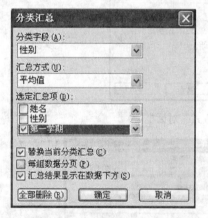

图4.65　"分类汇总"对话框

图4.66　按性别汇总平均分

⑨格式化与页面设置。方法如下：

● 合并 C3 : C20 单元格区域，合并 C22 : C32 单元格区域，合并 A21、C21 单元格区域，合并 A33 : C33 单元格区域，合并 A34 : C34 单元格区域。

● 设置 $1:$2 为顶端标题行。

3. 相关知识

（1）合并计算。合并计算用于把若干张工作表上的数据合并起来。这方面的应用很多，如果用日报表记录每天的好人好事加分，那么就可以到月底合并生成月报表，到学期末合并生成学期报表。

① 打开参加运算的相关工作簿。

② 激活目标工作表。选定合并结果所在目标区域，或者选定此区域的左上角单元格，单击【数据】→【合并计算】命令，出现"合并计算"对话框，如图4.59所示。

● 选择在合并计算中将要用到的汇总函数。"函数"右侧的下拉列表项包括求和、计数、平均值、最大值、最小值、乘积、方差等。

● 激活"引用位置"文本框，在参加合并的工作表上选择单元格区域，或者直接输入区域引用，单击【添加】按钮，该区域被加入到"所有引用位置"列表框中。同样的办法添加其他参加合并计算的单元格区域。

（2）排序。数据表中的行是最小的完整信息单位，称为记录。为了提高查找效率，经常需要数据表中的记录按照一定的规律重新排列，即排序。

Excel的排序包括升序和降序。升序是指字符按A到Z字母序排列，数字从最小负数到最大正数，日期和时间从最早到最近，而逻辑值从FALSE到TRUE。排序时，所有错误的值相等。无论是升序还是降序，空格总是排在最后。

① 根据某一列数据进行排序。选定该列的任意单元格，单击常用工具栏中的升序排序 按钮或者降序排序 按钮。

② 根据某些列数据进行排序。选定待排序数据表的任意单元格。单击【数据】→【排序】命令，打开"排序"对话框，如图4.67所示。

首先按照主要关键字排序。对于主要关键字相同的，按照次要关键字排序。如果主要关键字和次要关键字都相同，就按照第三关键字排序。

如果待排列数据表没有标题行，选择"没有标题行"，否则选择"有标题行"。

③ 按自定义序列排序。根据字符按字母序排序的规定，季节的升序应该是"春"、"冬"、"秋"、"夏"，这显然不符合实际情况。单击【工具】→【选项】命令，在"选项"对话框的"自定义序列"选项卡中可以添加文字序列，如"春，夏，秋，冬"。然后按自定义序列进行排序。

在"排序"对话框中单击【选项】按钮，出现"排序选项"对话框，如图4.68所示。在"自定义排序"下拉列表框中选择需要的文字序列。

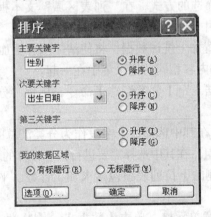

图4.67 "排序"对话框

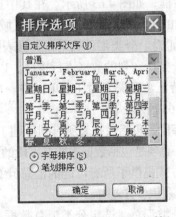

图4.68 "排序选项"对话框

（3）筛选。数据筛选就是只显示符合要求的记录，隐藏不符合要求的记录。单击【数据】→【筛选】→【全部显示】命令，隐藏的数据又会显示出来。

① 自动筛选。自动筛选是针对简单条件的筛选方式。

选定待筛选数据表的任意单元格。单击【数据】→【筛选】→【自动筛选】命令，在所有列标题右侧出现向下的箭头。单击每个右侧箭头，展开后的下拉列表项目包括全部、前10个、自定义、数据表在该列已经存在的所有值，如图 4.60 所示。

● 在某列的自动筛选展开中单击"全部"，取消对该列的筛选。

● 在某列的自动筛选展开中单击"前 10 个…"，出现"自动筛选前 10 个"对话框，如图 4.69 所示。第一个列表框设置"最大"或者"最小"，第二、三个列表框设定筛选后显示的记录数量。假定第一个列表框设为最大，第二个列表框设为 20。如果第三个列表框选择"项"，就是筛选最大的 20 项；否则第三项选择"百分比"，就是在数据表中筛选最大的 20%。

● 在某列的自动筛选展开中单击"自定义"，出现"自定义自动筛选方式"对话框，如图 4.61 所示。可以设置一个或两个用于筛选的条件。只有一个条件就设置在单选按钮组的上方。设置两个条件时，用单选按钮来连接，"与"是两个条件同时为真的记录才被筛选，"或"是两个条件之一为真的记录即可被筛选。

● 在某列的自动筛选展开中单击某一项目，筛选出该列内容与所选项目相同的记录。

② 高级筛选。高级筛选是针对复杂条件的筛选方式。高级筛选方式有两种：在原有区域显示筛选结果和将筛选结果复制到其他位置。

● 在待筛选数据表之外的空白处输入列标题和相应于该列标题的条件，作为高级筛选的条件区域，如图 4.70 所示。

图4.69　"自动筛选前10个"对话框　　　　　图4.70　输入"高级筛选"条件

● 选定待筛选数据表的任意单元格。单击【数据】→【筛选】→【高级筛选】命令，出现"高级筛选"对话框，如图 4.63 所示。在其中选择高级筛选的方式，在"列表区域"文本框中输入或者选定进行筛选的单元格范围，在"条件区域"文本框中输入或者选定条件区域。

（4）分类汇总。分类汇总就是在数据表的适当位置加上统计数据，将使清单内容更加清晰易懂。

① 根据分类所在列的数据进行排序，以便将该列内容相同的记录集中在一起。

② 选定待汇总数据表的任意单元格。单击【数据】→【分类汇总】命令，出现"分类汇总"对话框，如图 4.65 所示。

● 分类字段是包括数据表所有列标题下拉列表，在其中选择一个字段作为分类汇总的依据。

● 选定汇总项是包括数据表所有字段的复选按钮组，在其中选择需要进行汇总计算的若干个字段。

● 汇总方式提供了所有可能的汇总计算，其右侧的下拉列表项包括求和、计数、平均值、最大值、最小值、乘积、方差等。

③ 清除分类汇总。选定分类汇总数据表中的任意单元格。单击【数据】→【分类汇总】命令。在出现的"分类汇总"对话框中，单击【全部删除】按钮，即可清除分类汇总，恢复到数据清单的初始状态。

在分类汇总前要对分类字段进行排序。注意分类汇总和合并计算的区别。分类汇总在同一个工作表进行操作，而合并计算可以在不同工作簿和不同工作表中进行计算。

4.6.2【任务7】编制数据透视表

1. 学习目标

根据已有的"学生基本信息表"编制数据透视表，如图4.71所示。

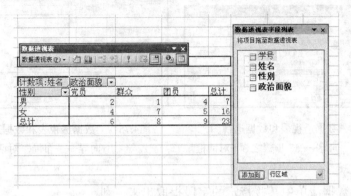

图4.71　"数据透视表"效果图

2. 操作步骤

（1）启动 Excel，打开"学生基本信息"工作簿，激活"2011级学生基本信息"表。

（2）在菜单栏，单击【数据】→【数据透视表和数据透视图】，打开如图4.72所示的数据透视表和数据透视图向导窗口。

（3）单击【下一步】，出现选定区域对话框，在"选定区域"中直接输入，或者用鼠标选取 A1：D24 单元格区域，如图4.73所示。

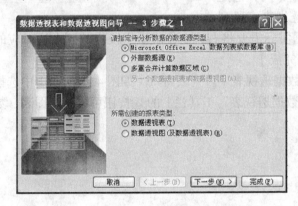

图4.72　"数据透视表和数据透视图
向导——3 步骤之 1"对话框
　　　　　图4.73　"数据透视表和数据透视图
向导——3 步骤之 2"对话框

（4）根据提示单击【下一步】，出现如图4.74所示窗口，单击【布局】弹出如图4.75布局窗口。将右边的性别字段拖到左边行里，将右边的政治面貌字段拖到左边列里，将姓名拖到数据区域，单击【确定】。返回到图4.74窗口，单击【完成】，即可生成图4.71所示的结果。

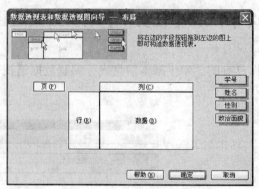

图4.74　"数据透视表和数据透视图　　　　　图4.75　"数据透视表和数据透视图
向导——3步骤之3"对话框　　　　　　　　向导——布局"对话框

3. 相关知识

数据透视表是将数据清单中某些特定的字段提取出来，利用"分类汇总"的方式统计我们所想要了解的数据。通过上面编制的"学生信息数据透视表"，可以很方便地知道在党员中男女生的比例，团员中男女生的比例。

数据透视表可以通过菜单栏上的【数据】→【数据透视表和数据透视图】命令，打开数据透视表和数据透视图向导，根据向导建立数据透视表共需三步，按照默认的提示单击下一步，在第三步（如图4.74所示）中，可以设置布局，这是关键。单击图4.74中的【布局】按钮，弹出"透视表字段列表"对话框，如图4.76所示。在该窗口中，根据实际需要将右边工作表中字段拖放到左边对应的"行"、"列"、"数据"中，最后单击【确定】→【完成】。

> **技术提示：**
> 编制数据透视表的关键是将工作表的字段根据实际需要拖放到对应的行、列、数据中。

对已有的数据透视表进行修改，可以直接从数据透视表字段列表窗口（如图4.76所示）中选择字段拖放到数据透视表中。根据如图4.77所示"数据透视表"工具栏上的按钮可以生产图表，数据透视图更直观地反映数据之间的联系。

图4.76　"数据透视表字段列表"对话框　　　　　图4.77　"数据透视表"工具栏

重点串联 ▶▶▶

特殊类型数据的输入　单元格格式化　自动填充　数据的有效性　筛选　高级筛选　插入公式和函数　创建和编辑图表　页面设置及打印　排序　筛选　分类汇总　合并计算　数据透视表

拓展与实训

▶ 基础训练 >>>

一、选择题

1.Excel 2003 是属于下面哪套软件中的一部分（　　　）。

　A. Windows 2003　　　　　　　　　　B. Microsoft Office 2003

　C.UCDOS　　　　　　　　　　　　　 D. FrontPage 2003

2. 退出 Excel 2003 软件的方法正确的是（　　　）。

　A. 单击 Excel 控制菜单图标　　　　　B. 单击主菜单"文件"→"退出"

　C. 使用最小化按钮　　　　　　　　　 D. 单击主菜单"文件"→"关闭文件"

3. 一个 Excel 2003 文档对应一个（　　　）。

　A. 工作簿　　　　　B. 工作表　　　　　C. 单元格　　　　　D. 一行

4.Excel 2003 环境中，用来储存并处理工作表数据的文件，称为（　　　）。

　A. 单元格　　　　　B. 工作区　　　　　C. 工作簿　　　　　D. 工作表

5.Excel 将工作簿的工作表的名称放置在（　　　）。

　A. 标题栏　　　　　B. 标签行　　　　　C. 工具栏　　　　　D. 信息行

6.Excel 2003 的一个工作簿文件中最多可以包含（　　　）个工作表。

　A.31　　　　　　　B.63　　　　　　　C.127　　　　　　　D. 255

7. 在 Excel 2003 工作薄中同时选择多个不相邻的工作表，可以按住（　　　）键的同时依次单击各个工作表的标签。

　A.Ctrl　　　　　　B.Alt　　　　　　　C.Shift　　　　　　D.Esc

8.Excel 工作表的最左上角的单元格的地址是（　　　）。

　A .AA　　　　　　B.11　　　　　　　C .1A　　　　　　　D .A1

9. 在 Excel 单元格内输入计算公式时，应在表达式前加一前缀字符（　　　）。

　A. 左圆括号 "（"　　B. 等号 "="　　　C. 美圆号 "$"　　　D. 单撇号 "′"

10.Excel 2003 中的工作表是由行、列组成的表格，表中的每一格称（　　　）。

　A. 窗口格　　　　　B. 子表格　　　　　C. 单元格　　　　　D. 工作格

11. 在 Excel 2003 的工作表中，以下哪些操作不能实现（　　　）。

　A. 调整单元格高度　 B. 插入单元格　　 C. 合并单元格　　　D. 拆分单元格

12. 在 Excel 2003 中单元格地址是指（　　　）。

　A. 每一个单元格　　　　　　　　　　　B. 每一个单元格的大小

　C. 单元格所在的工作表　　　　　　　　D. 单元格在工作表中的位置

13. 在 Excel 2003 的单元格内输入日期时，年、月、日分隔符可以是（　　　）。

　A. "/" 或 "-"　　　 B. "、" 或 "|"　　 C. "/" 或 "\"　　　 D. "\" 或 "."

14. 某区域由 A1，A2，A3，B1，B2，B3 六个单元格组成。下列不能表示该区域的是（　　　）。

　A.A.1 : B3　　　　B.A3 : B1　　　　　C.B3 : A1　　　　　D.A1 : B1

15. 使用鼠标拖放方式填充数据时，鼠标的指针形状应该是（　　　）。

　A. ✚　　　　　　　B.I　　　　　　　　C. ✛　　　　　　　D. ?

二、填空题

1. 在 Excel 2003 中，如果把数字作为文本输入，应该先输入_____，再输入相应的字符。

2. 在 Excel 2003 中，默认状态下，_____数据在单元格中右对齐。

3. 在 Excel 2003 中，公式必须以_____开头。

4. Excel 2003 中包含四类运算符：_____、_____、_____、_____。

5. Excel 2003 中，文本运算符为_____，用来连接一个或多个文本数据以产生组合的文本。

6. Excel 2003 中，引用运算符有_____、_____、_____。

7. Excel 2003 中，如果在单元格中既输入日期又输入时间，则中间必须用_____隔开。

8. Excel 2003 单元格的引用有两种基本方式：相对引用和绝对引用，默认方式为_____。

9. Excel 2003 中，_____是把数据清单中的数据分门别类地进行统计处理。

10. Excel 2003 中，_____是对一个或多个单元格区域的源数据进行同类合并汇总。

三、简答题

1. 简述工作簿、工作表、单元格之间的关系。

2. 数据序列的输入方法有哪些？

3. 如何设置工作簿的打开和修改权限？

4. 输入公式和函数各有哪些方法？

5. 单元格的相对引用、绝对引用、混合引用分别是什么含义？

6. 数据表的格式化包括哪些内容？

7. 页面设置包括哪些内容？

▶ 技能训练 ◢◢◢◢

在"学生信息"工作簿中编制"学生基本情况表"工作表，字段包括学号、姓名、性别、年龄、政治面貌。

（1）输入 10 个记录，内容不限。

（2）排序。年龄、政治面貌序列"党员、团员、群众"。

（3）筛选性别为"女"、政治面貌为"党员"。

（4）分类汇总。根据性别汇总人数。

（5）格式化。字号、颜色、自动套用格式等。

（6）页面设置。A4 纸，页边距上下 2.5，左右 2，页眉 1.5，页脚 2，水平居中。

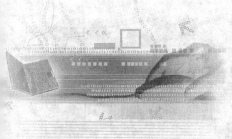

模块5

演示文稿
Power Point 2003

教学聚焦

PowerPoint 2003 是美国微软公司推出的办公软件（Microsoft Office 2003）家族中的成员之一，专门用于制作演示文稿（俗称幻灯片）。广泛应用于各种会议、产品演示、学校教学；本模块介绍了演示文稿 PowerPoint 2003 的特点、基本界面，通过基本练习就可以制作出简单清楚的演示文稿，对幻灯片进行编辑，并根据实际需要自定义动画后，制作的演示文稿形象、生动，能显著提高教学水平。

知识目标
◆ 演示文稿 PowerPoint 2003 的基本知识
◆ 演示文稿的基本操作
◆ 幻灯片格式的设置
◆ 自定义动画
◆ 文件的打包
◆ 文件的放映

技能目标
◆ 幻灯片格式的设置
◆ 自定义动画
◆ 文件的打包
◆ 文件的放映

课时建议
　　6 课时

教学重点和教学难点
　　◆ 创建包含文本、图表、图画和剪贴画图像的演示文稿；在演示文稿中实现动画、特技、声音以及其他多媒体效果

项目 5.1 PowerPoint 2003 基本操作 ‖

引言

　　本项目主要是通过插入图片来制作一个电子相册，通过幻灯片设置和效映，展示给大家，重点掌握如何正确地插入图片。

知识汇总

　　● 演示文稿 PowerPoint 2003 的基本操作；PowerPoint 2003 的主要功能；PowerPoint 2003 的启动和退出；新建和打开文稿；PowerPoint 2003 视图

5.1.1【任务 1】用 PowerPoint 2003 制作一个电子相册

1. 学习目标

　　在 PowerPoint 2003 中新建一个演示文稿，命名为"用 PowerPoint 2003 制作一个电子相册"，如图 5.1 所示。 制作完成后保存在 C 盘根目录下。通过本任务的学习，应掌握 PowerPoint 2003 中演示文稿的基本操作，掌握 PowerPoint 2003 中插入批量图片的技巧。

图5.1　电子相册效果图

2. 操作过程

（1）启动 PowerPoint 2003，新建一空白演示文稿。版式选择"空白"。

（2）单击【插入】→【图片】→【新建相册】命令，打开"相册"对话框，如图 5.2 所示。

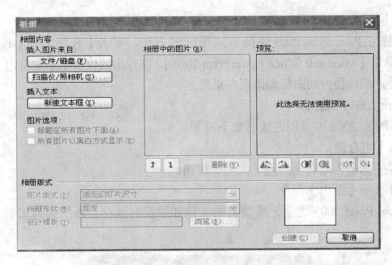

图5.2　"相册"对话框

（3）单击【文件/磁盘】按钮，弹出"插入新图片"对话框，如图 5.3 所示。单击查找范围右侧的下拉按钮，定位到相片所在的文件夹，选中需要制作成相册的图片，然后单击【插入】按钮返回"相册"对话框。

图5.3　"插入新图片"对话框

（4）单击相册版式中图片版式右侧的下拉按钮，选择"1 张图片（带标题）"。

（5）单击【创建】按钮，图片被一一插入到演示文稿中，并在第一张幻灯片中留出相册的标题，在指定位置输入相册标题的内容。

（6）单击切换到每一张幻灯片中，为相应的相片配上标题。

（7）单击【文件】→【保存】命令，保存位置为 C 盘，命名为"用 PowerPoint 2003 制作一个电子相册"，单击【确定】按钮，保存该演示文稿。

（8）单击【幻灯片放映】→【观看放映】命令，或直接按 F5 键演示当前文稿。

3. 相关知识

（1）PowerPoint 2003 的启动。

① 启动 PowerPoint 2003 的常用方法有三种：

● 用【开始】按钮启动。单击桌面上的【开始】按钮→【程序】→【Microsoft Office】→【Microsoft Office PowerPoint 2003】。

● 用桌面快捷方式图标启动。若桌面有 PowerPoint 2003 快捷方式图标，双击该快捷图标即可。

● 用已有 PowerPoint 2003 文档启动。双击已存在的演示文稿文件（后缀为 .ppt）启动

PowerPoint 2003，同时也打开了该文件。

②　在桌面上建立 PowerPoint 2003 快捷方式图标的方法。单击【开始】→【程序】→【Microsoft Office】，鼠标右键单击【Microsoft Office PowerPoint 2003】，在弹出的快捷菜单中单击【发送到】→【桌面快捷方式】，该程序的快捷方式图标即出现在桌面上。

（2）PowerPoint 2003 的退出。

①　退出 PowerPoint 2003 的常用方法有如下三种：

● 按【Alt+F4】组合键。

● 单击应用程序标题栏最右端的 ⊠（关闭）按钮。

● 单击【文件】→【退出】命令。

②　在退出 PowerPoint 2003 之前，所编辑的文档如果没有保存，系统会弹出提示保存的对话框，如图 5.4 所示。

图5.4　"保存"对话框

可以单击【是】按钮，保存对文档的修改并退出 PowerPoint 2003；也可以单击【否】按钮，不保存对文档的修改并退出 PowerPoint 2003；还可以单击【取消】按钮，返回 PowerPoint 2003 继续编辑演示文稿。

（3）PowerPoint 2003 的主窗口与组成。启动 PowerPoint 2003 后，出现 PowerPoint 2003 的工作界面，如图 5.5 所示。

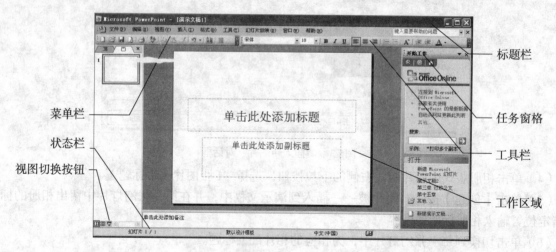

图5.5　PowerPoint 2003的工作界面

①　标题栏。标题栏显示软件的名称（Microsoft PowerPoint）和当前文档的名称（演示文稿 1.ppt）；在其右侧是常见的【最小化】、【最大化】/【还原】、【关闭】按钮。

②　菜单栏。通过展开菜单栏中的每一条菜单，选择相应的命令项，完成演示文稿的所有编辑操作。其右侧也有【最小化】、【最大化】/【还原】、【关闭】按钮，不过它们是用来控制当前文档的。

③　工具栏。

● 将一些最为常用的命令，集中在相应的工具栏上，方便调用。

● 单击【视图】→【工具栏】下面的级联菜单，选定相应选项，即可添加或清除相应复选项前面的 √，从而在 PowerPoint 2003 窗口中显示或隐藏相应的工具条，如图 5.6 所示。

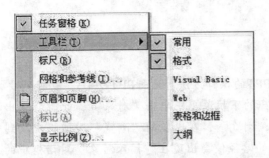

图5.6 PowerPoint 2003的工具栏及级联菜单

④ 任务窗格。任务窗格是 PowerPoint 2003 新增的一个功能，利用这个窗口，可以完成一些编辑演示文稿的工作任务。

⑤ 工作区域。编辑幻灯片的工作区称为工作区域。

⑥ 视图切换按钮。视图切换按钮可进行幻灯片的普通视图、幻灯片浏览视图、幻灯片放映视图等视图方式之间的切换。

⑦ 状态栏。状态栏位于应用程序窗口的下面。它提供系统的状态信息，其内容随着操作的不同而有所不同。

（4）PowerPoint 2003 的常用术语。

① 演示文稿。一个演示文稿就是一个文件，其扩展名为 .ppt。一个演示文稿是由若干张幻灯片组成的。制作一个演示文稿的过程就是依次制作每一张幻灯片的过程。

② 幻灯片。幻灯片是演示文稿的组成部分，每张幻灯片就是一个单独的屏幕显示。制作一张幻灯片的过程就是制作其中每一个被指定对象的过程。

③ 对象。对象是制作幻灯片的原材料，可以是文字、图像、表格、图表、声音、影像等。

④ 幻灯片版式。幻灯片的布局，涉及其组成对象的种类与相互位置的问题（系统提供了自动版式）。

⑤ 设计模板。设计模块包含配色方案、具有自定义格式的幻灯片和标题母版以及字体样式，它们都可用来创建特定的外观。向演示文稿应用设计模板时，新模板的幻灯片母版、标题母版和配色方案将取代原演示文稿的幻灯片母版、标题母版和配色方案。应用设计模板之后，添加的每张新幻灯片都会拥有相同的自定义外观。PowerPoint 2003 提供了大量专业设计的模板。操作者也可以创建自己的模板，如果为某份演示文稿创建了自定义的特定的外观，可将它存为模板。

⑥ 幻灯片母板。幻灯片母板是 PowerPoint 2003 中一类特殊的幻灯片。其中包括已设定格式的占位符，这些占位符是为标题、主要文本以及将出现在所有幻灯片中的对象而设置的，母板中还包含背景色和某些特殊效果。

⑦ 配色方案。配色方案是指可以应用到所有幻灯片、个别幻灯片、备注页或听众讲义的多种均衡颜色预设方案，用于幻灯片中主要对象的颜色设置。

（5）PowerPoint 2003 的视图方式。视图是指 PowerPoint 2003 演示文稿在计算机屏幕上的显示方式。

PowerPoint 2003 具有多种视图方式，分别单击操作界面左下角的 3 个按钮，可将演示文稿切换至普通视图、幻灯片浏览视图和幻灯片放映视图。另外，在单击【视图】后，单击相应命令选项也可以切换至相应的视图方式。PowerPoint 2003 中最常使用的两种视图是普通视图和幻灯片浏览视图。

① 普通视图。单击【普通视图】按钮即可切换至普通视图。普通视图是程序默认的视图，它主要用于编辑幻灯片的总体结构或单独编辑某张幻灯片。

② 幻灯片浏览视图。单击【幻灯片浏览视图】按钮，即可切换至幻灯片浏览视图。此视图模式下不能编辑幻灯片中的具体内容。

③ 幻灯片放映视图。单击【幻灯片放映视图】按钮可进入幻灯片放映视图，此时幻灯片将按设定的效果全屏放映。在该视图中不仅可以预览演示文稿的放映状况，还可以测试幻灯片的动画和声音效果等。

技术提示：

1.Flash动画"闪"在PPT的操作方法：运行PPT 2003，切换到要插入Flash动画的幻灯片。单击"插入"菜单，在弹出的下拉菜单中单击"对象"，此时会弹出"插入对象"对话框，选择"由文件创建"，单击"浏览"，在出现的"浏览"对话框中找到"我的文档"中的"我的文件"并双击，Flash动画的路径便会出现在"插入对象"对话框中的文本框中，最后单击"确定"返回PPT。这时，幻灯片上便出现了一个Flash动画的图标，图标的大小和位置，可以根据需要随意改变。右单击该图标，在弹出的快捷菜单中单击"动作设置"，出现"动作设置"对话框。激活对象的方式可以为"单击鼠标"也可以是"鼠标移动"，本例采用系统默认的"单击鼠标"。再选中"单击鼠标"标签中的"对象动作"，最后单击"确定"，完成激活动画的设置，返回PPT。放映该幻灯片，当鼠标单击Flash动画图标时，出现一询问框，单击"是"，系统便会调用Flash程序来播放动画。

2.用户可以对幻灯片的文本、背景、填充以及强调文字等进行重新配色，在PowerPoint 2003中，配色方案由9种颜色组成，用户可以挑选一种配色方案用于个别的幻灯片或整个演示文稿的所有幻灯片。在幻灯片设计模板中，包含了配色方案、具有自定义格式的幻灯片母版和标题母版以及字体样式。通过使用设计模板中的这些内容，用户可以创建幻灯片的特殊外观。向演示文稿应用设计模板时，新设计模板的幻灯片母版、标题母版和配色方案将取代演示文稿原来的母版和配色方案，并且在应用了设计模板之后，用户在演示文稿中所添加的每张新幻灯片都会拥有相同的自定义外观。母版用于设置文稿中每张幻灯片的预设格式，这些格式包括每张幻灯片标题及正文文字的位置和大小、项目符号的样式、背景图案等。在PowerPoint 2003中，母版有幻灯片母版、标题母版、备注母版和讲义母版四种类型。母版实际上是某一类幻灯片（如标题幻灯片等）的样式，如果用户更改了演示文稿中的幻灯片母版，则会影响所有基于该母版的演示文稿中的幻灯片的格式。

（6）【根据内容提示向导】创建演示文稿。单击【文件】→【新建】命令，出现"新建演示文稿"任务窗格，如图5.7所示。可以在"新建演示文稿"任务窗格的4个项目中任意选择一种。

在"内容提示向导"的引导下创建演示文稿，是创建具有专业水平的演示文稿的最简单的方法。

① 在"新建演示文稿"任务窗格中单击【根据内容提示向导】，打开"内容提示向导"对话框，如图5.8所示。

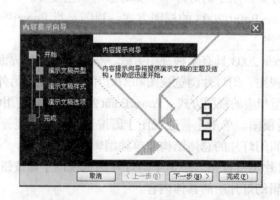

图5.7 "新建演示文稿"任务窗格　　　　图5.8 "内容提示向导"之"开始"

② 单击【下一步】按钮，弹出的"内容提示向导—【培训】"对话框中列出了常用的6种演示文

稿类型：常规、企业、项目、销售/市场、成功指南、出版物，每一类型根据情况又有各自的子类型，如图 5.9 所示。选择"常规"文稿类型的"培训"子项，单击【添加】按钮。

　　③ 单击【下一步】按钮，进入"演示文稿样式—【通用】"流程，从中选择一种输出类型，一般情况下选定"屏幕演示文稿"选项，如图 5.10 所示。

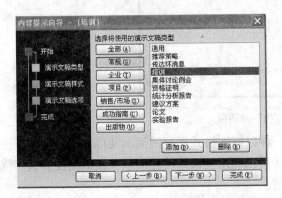
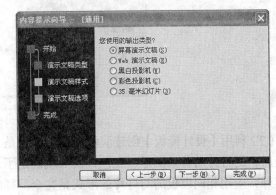

图5.9　"内容提示向导"之"演示文稿类型"　　图5.10　"内容提示向导"之"演示文稿样式"

　　④ 单击【下一步】按钮，为演示文稿创建标题和页脚，在相应的文本框中直接输入内容即可，如图 5.11 所示。

　　⑤ 单击【下一步】按钮，一个具有标题的幻灯片和若干附加主题幻灯片的演示文稿创建完成，如图 5.12 所示。

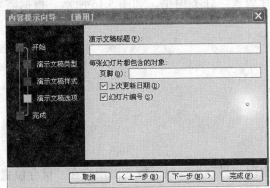

图5.11　"内容提示向导"之"演示文稿选项"　　　　图5.12　目标演示文稿

　　⑥ 单击【文件】→【另存为】■按钮，保存演示文稿。

PowerPoint 2003 默认以演示文稿类型保存，扩展名是 .ppt。如果想保存为其他类型，请单击"另存为"对话框中"保存类型"的下拉箭头进行选择，如图 5.13 所示。

> **技术提示：**
> 　　只有将演示文稿保存为 HTML 格式才能在 Internet 上使用。单击【文件】→【另存为 Web 页】命令，系统自动选择"保存类型"为"Web 页"方式，可直接发布至 Web 网中。

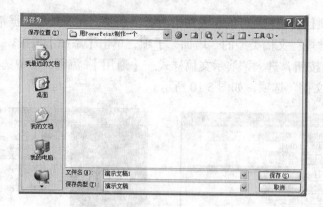

图5.13 "另存为"对话框

（7）利用【设计模板】创建演示文稿。模板是一种以特殊格式保存的演示文稿，一旦使用了一种模板后，幻灯片的背景图形、配色方案等就确定了，所以利用模板是美化演示文稿的简便方法。除了内容外，应用相同模板的幻灯片的形式是完全一样的。

① 在"新建演示文稿"任务窗格中单击【根据设计模板】命令，打开"幻灯片设计"任务窗格。

② 在窗格中单击要应用于演示文稿的模板，如图5.14所示，所选中的设计模板将应用在当前的幻灯片中。

（8）创建一个空演示文稿。

① 单击【文件】→【新建】命令，在窗口右侧的"任务窗格"中单击【空演示文稿】命令。

② 此时，"新建演示文稿"任务窗格变为"幻灯片版式"任务窗格，如图5.15所示。根据需要选择版式，完成创建。

（9）保存演示文稿。

① 保存演示文稿的常用方法有如下几种：

● 单击【文件】→【保存】命令。

● 按组合键【Ctrl+S】。

● 单击常用工具栏上的【保存】■按钮。

● 单击【文件】→【另存为】命令。

② 如果文件刚刚创建而没有命名文件名，系统会出现"另存为"对话框，由用户在"保存位置"框的右侧单击向下箭头，选择要保存到的驱动器和文件夹的位置，在"文件名"框中输入文件名，系统默认的文件名是第一张幻灯片标题栏的文字内容，最后单击【保存】按钮。

③ 第一次保存演示文稿时，【保存】和【另存为】命令没有区别。但如果不是第一次保存演示文稿，二者就有区别：【保存】命令是按照原路径保存文件，也就意味着会覆盖原文件；【另存为】命令是另外选择存储路径，就是说原文件继续保留，修改后的文件是另外一个，如果选择同样的路径系统会提示"是否覆盖原文件"。

（10）关闭演示文稿。关闭演示文稿的常用方法有如下几种：

① 单击【文件】菜单→单击【关闭】命令。

② 单击演示文稿标题栏最右端的【关闭】×按钮。

③ 双击演示文稿菜单栏最左端的【控制菜单】■按钮。

（11）打开演示文稿。打开演示文稿的常用方法有如下几种：

① 在PowerPoint 2003工作界面右侧【开始工作】任务窗格的【打开】列表框中，列出了最近打开的演示文稿，如图5.16所示，单击任意一个即可打开。也可单击【其他】选项，在弹出的【打开】对话框中选取。

② 单击【文件】菜单→单击【打开】命令。

③ 单击【常用工具栏】上的【打开】■按钮。

④ 按组合键【Ctrl+O】。

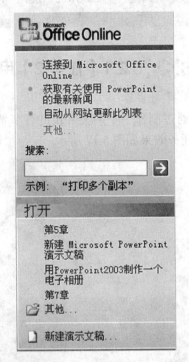

图5.14　"幻灯片设计"任务窗格模板　图5.15　　"幻灯片版式"任务窗格　　图5.16　"开始工作"任务窗格

>>>

技术提示：

　　可以在一个演示文稿中应用任意多个模板。例如，你可能会应用第二个模板来引入一个新的话题或者引起观众的注意。为了实现这个目标，你需要在"普通视图"中显示该演示文稿，并且让标记区域也显示在屏幕左侧。在"幻灯片"标记中，点击你想要应用模板的一个或多个幻灯片图标。从菜单中选择"格式"→"幻灯片设计"（或者直接点击"设计"按钮）来显示"幻灯片设计"任务窗格。选中你想要应用的模板图标，然后点击模板图标右侧的下拉列表箭头，并选择"应用于选定幻灯片"。

项目 5.2 幻灯片的编辑 ‖

引言

　　本项目主要是利用前面学习的 PowerPoint 2003 的基本操作相关知识点，制作一个春节贺卡，重点掌握幻灯片的版面的设置。

知识汇总

● Power Point 2003 背景的设置；Power Point 2003 如何插入精美图片；Power Point 2003 自定义动画的设置；Power Point 2003 背景音乐的设置

✧✧✧ 5.2.1【任务2】用 PowerPoint 2003 制作龙年贺卡

1. 学习目标

通过制作一个图文并茂的春节贺卡，学习设置演示文稿背景，设置背景音乐和绘图工具栏的使用，任务效果如图 5.17 所示。

图5.17　龙年贺卡

2. 操作过程

（1）设置贺卡背景。

① 启动 PowerPoint 2003，新建一空白演示文稿。幻灯片的版式选择"空白"。

② 单击【格式】→【背景】命令，打开"背景"对话框，如图 5.18 所示。

③ 单击其中的下拉按钮，选择"填充效果"选项，打开"填充效果"对话框，如图 5.19 所示。

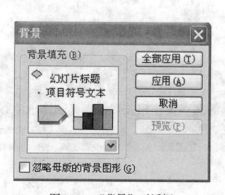

图5.18　"背景"对话框

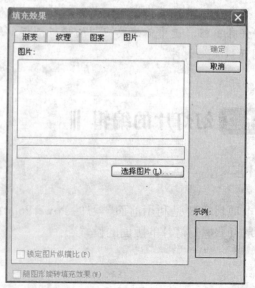

图5.19　"填充效果"对话框

④ 在图片选项卡中单击【选择图片】按钮，打开"选择图片"对话框，选择事先准备好的图片，单击【确定】，返回"背景"对话框。

⑤ 单击【应用】返回。

（2）输入祝福字符。

① 单击【插入】→【文本框】→【水平】命令，然后拖拽出一个文本框，并输入"祝福 2012 工作顺利、心想事成"祝福字符。

② 选中刚输入的祝福字符，单击【格式】→【字体】命令，设置好字体、字号、字符颜色等格式。

③ 选中文本框→单击【幻灯片放映】→【自定义动画】命令，展开"自定义动画"任务窗格，如图 5.20 所示。

④ 在"自定义动画"对话框中单击【添加效果】按钮，在出现的下拉菜单中，单击【进入】→【其他效果】选项，打开"添加进入效果"对话框。选定"百叶窗"效果，单击【确定】按钮，如图 5.21 所示。

⑤ 在"自定义动画"任务窗格中，将"速度"设置为"中速"，鼠标单击时演示效果，如图 5.22 所示。

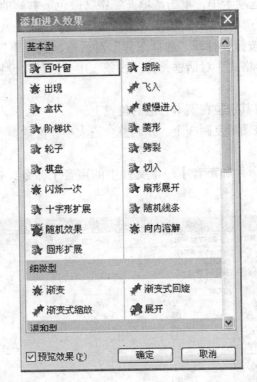

图5.20　"自定义动画"任务窗格　　　图5.21　"添加进入效果"对话框　　　图5.22　"自定义动画"任务窗格

（3）添加个性图片。

① 单击【视图】→【工具栏】→【绘图】命令，展开"绘图"工具栏，如图 5.23 所示。

图5.23　"绘图"工具栏

② 单击工具栏上的【自选图形】→【基本形状】→【心形】选项，在幻灯片中拖拉出一个心形。

③单击画出的心形，单击【格式】→【自选图形】命令，弹出"设置自选图形格式"对话框，如图 5.24 所示。

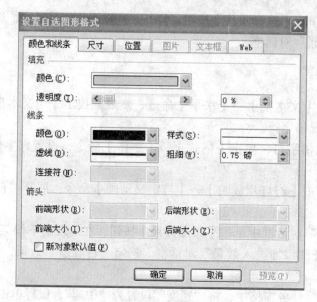

图5.24　　"设置自选图形格式"对话框

④ 在"颜色和线条"选项卡中，单击"填充"中"颜色"右侧的下拉按钮，在随后出现的下拉列表中，单击【填充效果】选项，打开"填充效果"对话框。

⑤ 单击【选择图片】按钮，打开"选择图片"对话框，选择事先准备好的图片，单击【确定】按钮，返回"设置自选图形格式"对话框，将"线条"中"颜色"设置为"无线条颜色"，单击【确定】按钮。

⑥ 调整好图形大小，将其定位在贺卡合适的位置上。

⑦ 按照任务效果，将该图形复制3个，并调整合适大小和位置。

（4）设置背景音乐。

① 单击【插入】→【影片和声音】→【文件中的声音】命令，打开"插入声音"对话框，如图5.25所示。

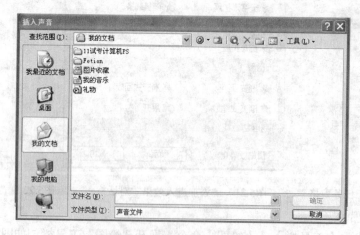

图5.25　　"插入声音"对话框

② 在"插入声音"对话框中定位到事先准备的音乐文件所在的文件夹，选中相应的音乐文件"礼物 .wav"，单击【确定】。弹出"您希望在幻灯片放映时如何开始播放声音？"对话框，如图 5.26所示。

③ 单击【自动】按钮，在幻灯片中出现一个小喇叭图标。由于是背景音乐，小喇叭图标可以隐藏起来，把它拖到左边的灰色区域中，这样播放的时候就看不到了，如图 5.27所示。

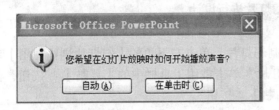

图5.26 "如何开始播放声音"对话框　　　　图5.27 隐藏声音图标

④ 右键单击小喇叭图标,在快捷菜单上单击【自定义动画】命令,出现"自定义动画"任务窗格,如图5.28所示。选定需要的声音动画,按住左键将其拖拽到第一项。这样,幻灯片开始放映时就会播放音乐。

⑤ 双击该动画方案,打开"播放声音"对话框,如图5.29所示。在"计时"选项卡中单击"重复"右侧的下拉按钮,在下拉菜单中选择"直到幻灯片末尾",单击【确定】。

图5.28 调节动画播放顺序　　　　图5.29 "播放声音"对话框

⑥ 单击【文件】→【保存】命令,保存该演示文稿。

⑦ 单击【幻灯片放映】→【观看放映】命令,或直接按F5键演示当前文稿。

技术提示:

在PPT当中把图片裁剪成任意的形状的方法是:首先利用"绘图"工具栏画一个想要裁剪的图形,如椭圆。选中椭圆后单击"绘图"工具栏上"填充颜色"按钮右侧黑三角,从列表菜单中单击"填充效果"命令。打开选择"图片"选项卡,单击【选择图片】按钮,从"选择图片"对话框中找到合适的图片,单击【插入】按钮后返回到"填充效果"对话框最后单击【确定】按钮后退出。此图片当做椭圆图形的背景出现,改变了原来的矩形形状,获得了满意的裁剪图片效果。

3. 相关知识

(1)幻灯片的插入方法。

① 快捷键法。按【Ctrl+M】组合键。

② 回车键法。在普通视图下,将鼠标定在左侧的窗格中,然后按下回车键【Enter】。

③ 命令法。单击【插入】→【新幻灯片】命令。

(2)幻灯片的版式设计。单击【格式】→【幻灯片版式】命令,出现"幻灯片版式"任务窗格,如图 5.15 所示。可单击选择任意版式对幻灯片进行设计。

（3）幻灯片的复制。

① 使用【复制】与【粘贴】按钮复制幻灯片。单击左下角的【幻灯片浏览视图】 按钮，切换到幻灯片浏览视图，选中所要复制的幻灯片，单击常用工具栏中的【复制】 按钮，再将插入点置于想要插入幻灯片的位置，然后单击【粘贴】 按钮。

② 使用【插入】菜单复制幻灯片。在普通视图下，将插入点置于要复制的幻灯片中，单击【插入】→【幻灯片副本】命令，即可在该幻灯片的下方复制一个新的幻灯片。

③ 使用鼠标拖动复制幻灯片。单击窗口左下方的【幻灯片浏览视图】 按钮，切换到幻灯片浏览视图。选中想要复制的幻灯片，按住【Ctrl】键不放，用鼠标将幻灯片拖曳到目标位置，再释放鼠标左键和【Ctrl】键，即可完成幻灯片的复制。

（4）幻灯片的移动。

① 使用【剪切】与【粘贴】按钮移动幻灯片：单击左下角的【幻灯片浏览视图】 按钮，切换到幻灯片浏览视图，选中要移动的幻灯片，单击常用工具栏中的【剪切】 按钮，再将插入点置于想要插入幻灯片的位置，然后单击【粘贴】 按钮。

② 使用鼠标拖动移动幻灯片。切换到幻灯片浏览视图，选定要移动的幻灯片。按住鼠标左键并拖动幻灯片到目标位置，拖动时有一个长条的直线就是插入点。释放鼠标左键，即可将幻灯片移动到新的位置。

（5）幻灯片的删除。在幻灯片浏览视图或者普通视图的大纲编辑窗格中选择要删除的幻灯片或幻灯片图标，然后按【Delete】键。

（6）更改幻灯片版式。幻灯片的版式可以在新建幻灯片时进行选择，建立后也可以更改。普通视图下在幻灯片上单击右键，单击【幻灯片版式】命令，在弹出的对话框中选择版式，即可更改幻灯片版式。

（7）设置幻灯片背景。在幻灯片上单击右键，单击【背景】命令，出现"背景"对话框，如图 5.30 所示。

① 在对话框中设置背景颜色、填充效果等。

② 设置后，如果单击【应用】，则应用在当前的幻灯片上；如果单击【全部应用】按钮，则应用在所有幻灯片。

③ 设置背景时，如果不想使用原来应用在设计模版上的图案，可在设置时选中【忽略母版的背景图形】，则背景会填充整个幻灯片。

（8）插入对象。

① 插入文本。在幻灯片上添加文本有两种方法：

● 有文本占位符（选择包含标题或文本的自动版式）的情况，按照提示单击文本占位符即可插入文本，如图 5.31 所示。

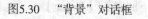

图5.30　"背景"对话框　　　　图5.31　文本占位符

● 无文本占位符情况，在相应的位置插入文本框即可。

② 插入图片。单击【插入】→【图片】→【来自文件】命令,弹出"插入图片"对话框,如图5.32 所示。选择一个图片,单击【插入】按钮。

图5.32 "插入图片"对话框

③ 插入剪贴画。

● 有剪贴画占位符(选择包含剪贴画的自动版式)的情况,按照提示双击即可。

● 无剪贴画占位符的情况,单击【插入】→【图片】→【剪贴画】命令,展开"剪贴画"任务窗格,如图 5.33 所示。在"搜索文字"下面的方框中输入一个关键词(如"办公室"),然后按下右侧的【搜索】按钮,与"办公室"有关的剪贴画就出现在下面的搜索框中,单击选中的图片即可将其插入到幻灯片中。

④ 插入艺术字。

● 单击【插入】→【图片】→【艺术字】命令,出现"艺术字库"对话框,如图 5.34 所示。选择好要插入的艺术字式样,单击【确定】按钮。

● 在"编辑'艺术字'文字"对话框中输入编辑的内容后,单击【确定】按钮,如图 5.35 所示。

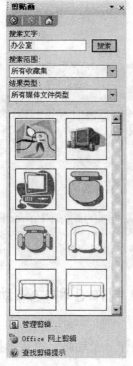

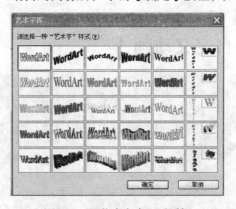

图5.34 "艺术字库"对话框

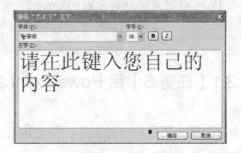

图5.33 "剪贴画"任务窗格　　图5.35 "编辑'艺术字'文字"对话框

⑤插入组织结构图。单击【插入】→【图片】→【组织结构图】命令，能够插入组织结构图。

⑥插入声音。

● 单击【插入】→【影片和声音】→单击【文件中的声音…】，在弹出的对话框中选择要插入的声音文件。

● 单击【确定】按钮，弹出询问"您希望在幻灯片放映时如何开始播放声音"对话框。单击【在单击时】按钮，选择单击时播放声音；单击【自动】按钮，选择自动播放声音，背景音乐一般可以设为自动播放。

● 在幻灯片中央出现一个小喇叭图标，这就是插入的声音文件的标志。把小喇叭拖动到合适的位置，保存文件。

⑦插入影片。

● 单击【插入】→【影片和声音】→【文件中的影片…】，在弹出的对话框中选择要插入的视频文件。

● 视频当中既有图像也有声音，效果比较好，缺点是所占空间较多，另外视频文件也需要复制到幻灯片文件的相同路径下。

● 插入视频后拖动白色小圆圈控制柄，改变图像大小。

技术提示：

执行"编辑/选项"命令，打开选项设置框，在其中设置视频是否需要循环播放，或者是播放结束后是否要倒退等，单击[确定]返回到视频属性设置界面。

点选工具栏中的视频[入点]按钮和[出点]按钮，重新设置视频文件的播放起始点和结束点，从而可以随心所欲地播放视频片段。

用鼠标左键单击设置界面的空白区域，就可以退出视频设置的界面，返回到幻灯片的编辑状态。还可以使用预览命令，检查视频的编辑效果。

项目 5.3 自定义动画

引言

本项目主要是利用前面学习的插入图片、绘图工具栏相关知识点，制作一个动画，重点掌握自定义动画的设置。

知识汇总

● Power Point 自定义动画的设置；Power Point 自定义动画的删除；Power Point 自定义动画路径的设置

5.3.1【任务3】用 PowerPoint 2003 制作 3 种拉幕动画效果

1. 学习目标

利用前面学习的插入图片、绘图工具栏相关知识点，制作一个动画，重点掌握自定义动画的设置。任务效果如图 5.36 所示。

图5.36 用Power Point 2003制作3种拉幕动画

2. 操作过程

（1）准备的图片有鲜花、主帷幕图、左帷幕图、中帷幕（偏左）图、右帷幕图和中帷幕（偏右）图。

（2）插入图片。启动 PowerPoint 2003，新建一空演示文稿，幻灯片版式选择"空白"。单击【格式】→【背景】命令，选择黑色作为背景。然后单击【插入】→【图片】→【来自文件】命令，依次插入"主帷幕图"、"左帷幕图"、"中帷幕（偏左）图"、"右帷幕图"和"中帷幕（偏右）图"，调整好大小和位置，如图 5.37 所示。

图5.37 插入图片后的效果

（3）设置动画 1。选中"左帷幕"图，单击【幻灯片放映】→【自定义动画】命令，或者单击【格式】→【幻灯片设计】命令，然后在右边栏单击【幻灯片设计】下拉菜单，单击【自定义动画】命令，展开"自定义动画"任务窗格，单击"添加动画"右侧的下拉按钮，在下拉列表中选择【退出】→【擦除】，修改其他格式：设置开始为"之前"，方向为"自右侧"，速度为"非常慢"，如图 5.38 所示。

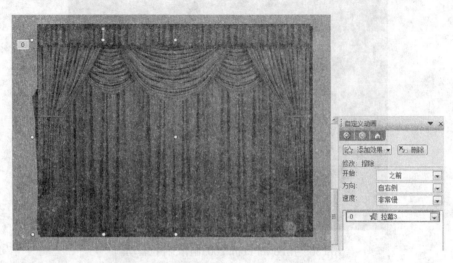

图5.38　"左帷幕"的自定义动画效果

　　（4）设置动画2。选中"中帷幕（偏左）图"，按照步骤（3）选择【自定义动画】，设置为【缓慢移出】。打开"缓慢移出"对话框，在"效果"对话框中，设置方向为"到左侧"，在"计时"对话框中，设置开始为"之前"，方向为"自右侧"，速度为"非常慢速（5秒）"，如图5.39所示。

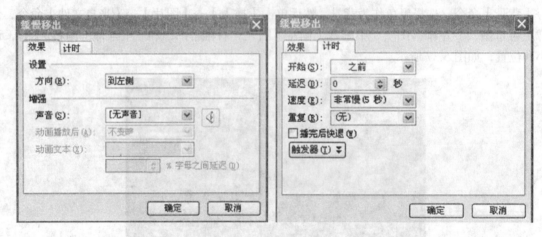

图5.39　"缓慢移出"对话框

　　（5）设置动画3。依次选中"右帷幕"和"中帷幕（偏右）"，分别按照步骤（3）和步骤（4）进行设计，但"中帷幕（偏右）"需要重新设置"计时"对话框，方向为"自左侧"。如图5.40和5.41所示。

图5.40　"右帷幕"的自定义动画效果

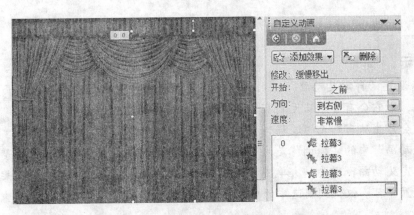

图5.41 "中帷幕（偏右）"自定义动画效果

（6）自定义动画。插入"鲜花"图片，在"鲜花"上单击鼠标右键，在弹出的快捷菜单单击【自定义动画】命令，展开"自定义动画"任务窗格，单击"添加效果"右侧的下拉按钮，在下拉列表中选择【动作路径】→【绘制自定义路径】→【曲线】。然后用鼠标通过单击调整路径的位置和大小，设置结束后双击鼠标即可，如图5.42所示。

（7）动画完成，单击【幻灯片放映】→【观看放映】命令，或直接按【F5】键演示当前文稿。

3. 相关知识

（1）设置自定义动画。

① 鼠标左键单击需要设置动画的对象后，选择【格式】→【自定义动画】命令，展开"自定义动画片"任务窗格，如图5.43所示。

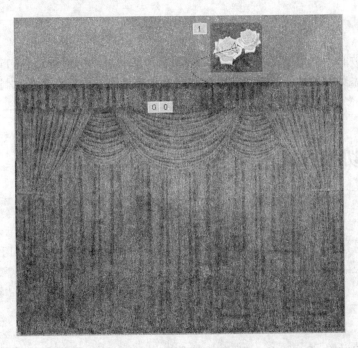
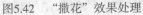

图5.42 "撒花"效果处理　　　　　　　图5.43 "自定义动画"任务窗格

② 单击"添加效果"右侧的下拉按钮，在下拉列表中选择动画方案。此时，在幻灯片工作区中，可以预览动画的效果。

技术提示：

若对象不设置"自定义动画"，则播放时它自始至终都会出现在舞台中。而若对其添加了"进入"效果，则它会有一个从无到有的变化过程。同样的道理，若对其设置了"退出"中的某个效果，则它会产生从有到无的过程。

"自定义动画"中的"强调"是为了引起注意而加的特殊设置。需要注意的是若想对某句话或公式设置自定义动画，则要一次单击"插入"→"文本框"，在文本框内输入某句话或公式，再对其进行设置即可。仅仅利用选中的内容再设置是不可以的。

（2）删除动画效果。如果对设置的动画方案不满意，可以在任务窗格中选中不满意的动画方案，单击【删除】按钮即可。

（3）绘制自定义动画路径。如果对系统内置的动画路径不满意，可以自定义动画路径。

① 选中需要设置动画的对象，单击"添加效果"右侧的下拉按钮，单击【动作路径】→【绘制自定义路径】，在其中的直线、曲线、任意多边形、自由曲线中进行选择。

② 此时，鼠标变成细"十"字线状，根据需要，在工作区中描绘，在需要变换方向的地方，单击一下鼠标。

③ 全部路径描绘完成后，双击鼠标即可。

>>>

技术提示：

若要使用自定义动画这个功能，我们首先要有完成这个动画功能的对象。例如，我们可以对插入的图片、添加的文本框等添加动画功能。选中完成动作的对象表现为其四周有多个控制点。

项目 5.4　设置幻灯片切换方式 ‖

引言

本项目主要讲述了在【任务1】的基础上，如何美化一个电子相册，主要使用幻灯片切换等方式。

知识汇总

● Power Point 切换方式的设置；Power Point 播放方式的选择；Power Point 超级链接的设置

5.4.1【任务4】电子相册的美化

1. 学习目标

在【任务1】的基础上，利用幻灯片切换方式的设置来美化电子相册。任务效果如图5.44所示。

图5.44 电子相册的美化

2. 操作过程

（1）打开在【任务 1】中制作的电子相册演示文稿。

（2）在普通视图下，单击第一张幻灯片，单击【格式】→【幻灯片设计】命令，单击右边"幻灯片设计"下拉菜单，选择"幻灯片切换"，展开"幻灯片切换"任务窗格，在任务窗格中选择想要的切换样式。

（3）同样的方法，为其他幻灯片设置的幻灯片切换方式。

（4）单击【文件】→【保存】命令，保存该演示文稿。

（5）单击【幻灯片放映】→【观看放映】命令，或直接按【F5】键演示当前文稿。

3. 相关知识

（1）设置幻灯片切换方式。启动 PowerPoint 2003，打开相应的演示文稿，单击【幻灯片放映】→【幻灯片切换】命令或单击【格式】→【幻灯片设计】命令，再从右侧"幻灯片设计"下拉菜单中选择"幻灯片切换"，展开"幻灯片切换"任务窗格，如图 5.45 所示。选中一张（或多张）幻选片，在任务窗格中选择幻灯片切换样式。

如果需要将选中的切换样式用于所有的幻灯片，选中样式后，单击下方的【应用于所有幻灯片】按钮即可。

（2）演示文稿的播放方式。

① 自动播放文稿。演示文稿的播放，通常情况下是由演示者手动操作播放，若要让其自动播放，需要进行排练计时。

●启动 PowerPoint 2003，打开相应的演示文稿，单击【幻灯片放映】→【排练计时】命令，进入"排练计时"状态。

●此时，单张幻灯片放映所耗用的时间和文稿放映所耗用的总时间显示在"预演"对话框中，如图 5.46 所示。

● 单击播放一遍文稿，并利用"预演"对话框中的【暂停】和【重复】等按钮控制排练计时过程，以获得想要的播放时间。

● 播放结束后，系统会弹出提示是否保存计时结果的对话框，根据情况选择其中的【是】或者【否】按钮即可。

② 手动播放文稿。单击【幻灯片放映】→【观看放映】命令，或直接按【F5】键演示当前文稿。

（3）演示文稿的跳转。在放映文稿时，常常需要从一张幻灯片跳转到另一张幻灯片上，方法如下：

① 超链接。选中想要跳转的对象，单击【插入】→【超链接】命令，弹出"插入超链接"对话框，如图 5.47 所示。根据需要在左侧"链接到"中选择所需类别，在右侧选择相应的选项。

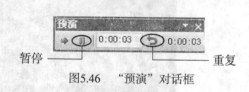

暂停　　　　　　　　　　　　　　　　重复

图5.46　"预演"对话框

图5.45　"幻灯片切换"任务窗格　　　　　　图5.47　"插入超链接"对话框

② 动作设置。在对象上右击，在弹出的快捷菜单中单击【动作设置】命令，弹出"动作设置"对话框，如图5.48所示。根据需要在"单击鼠标时的动作"中选择所需的选项。

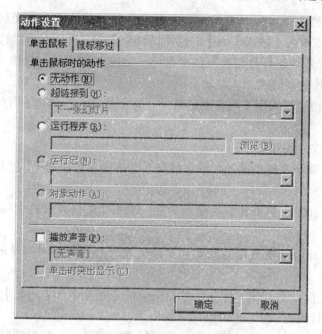

图5.48　"动作设置"对话框

重点串联 ▶▶▶

PowerPoint 2003的基础知识　幻灯片页面内容的编辑　幻灯片页面外观的修饰　自定义动画　幻灯片切换　演示文稿播放方式　超链接

拓展与实训

基础训练

一、选择题

1. PowerPoint 2003 演示文稿文件的扩展名是（　　）。

   A. .ppt   B. .pot   C. .xls   D. .htm

2. （　　）是事先定义好格式的一批演示文稿方案。

   A. 模板   B. 母版   C. 版式   D. 幻灯片

3. 演示文稿中每张幻灯片都是基于某种（　　）创建的，它预定义了新建幻灯片的各种占位符布局情况。

   A. 模板   B. 母版   C. 版式   D. 格式

4. 在 PowerPoint 2003 软件中，可以为文本、图形等对象设置动画效果，以突出重点或增加演示文稿的趣味性。设置动画效果可采用（　　）菜单的"预设动画"命令。

   A. 格式   B. 幻灯片放映   C. 工具   D. 视图

5. 将 PowerPoint 2003 演示文稿整体地设置为统一外观的功能是（　　）。

   A. 统一动画效果   B. 配色方案

   C. 固定的幻灯片母版   D. 应用设计模板

6. PowerPoint 2003 中，执行"文件／关闭"命令，则（　　）。

   A. 关闭 PowerPoint 2003 窗口   B. 关闭正在编辑的演示文稿

   C. 退出 PowerPoint 2003   D. 关闭所有打开的演示文稿

7. PowerPoint 2003 的演示文稿具有幻灯片、幻灯片浏览、备注、幻灯片放映和（　　）等5种视图。

   A. 普通   B. 大纲   C. 页面   D. 联机版式

8. PowerPoint 2003 中，显示出当前被处理的演示文稿文件名的栏是（　　）。

   A. 工具栏   B. 菜单栏   C. 标题栏   D. 状态栏

9. PowerPoint 2003 在幻灯片中建立超链接有两种方式：通过把某对象作为"超链点"和（　　）。

   A. 文本框   B. 文本   C. 图片   D. 动作按钮

10. 在幻灯片的放映过程中要中断放映，可以直接按（　　）键。

   A. Alt+F4   B. Ctrl+X   C. Esc   D. End

11. 在 PowerPoint 2003 中，设置幻灯片放映时的换页效果为"向下插入"，应使用"幻灯片放映"菜单下的（　　）选项。

   A. 动作按钮   B. 幻灯片切换   C. 预设动画   D. 自定义动画

12. 在 PowerPoint 2003 中，幻灯片（　　）是一张特殊的幻灯片，包含已设定格式的占位符。这些占位符是为标题、主要文本和所有幻灯片中出现的背景项目而设置的。

   A. 模板   B. 母版   C. 版式   D. 样式

13. 要使幻灯片在放映时能够自动播放，需要为其设置（　　）

   A. 超级链接   B. 动作按钮   C. 排练计时   D. 录制旁白

14. 展开打包的演示文稿文件，需要运行（　　）。

   A. pngsetup.exe   B. pres0.exe   C. acme.exe   D. findfast.exe

二、填空题

1. 演示文稿幻灯片有_____、_____、_____、_____等视图。

2. 在放映时，若要中途退出播放状态，应按_____功能键。

3. 创建文稿的方式有_____、_____、_____。

4. 使用 PowerPoint 演播演示文稿要通过_____或_____屏幕展现出来。

5. 文本框有_____和_____2 种类型。

6. 要给幻灯片做超级链接要使用到_____命令。

7. 演示文稿保存方式有_____和_____。

8. 动作设置命令中包含_____和_____2 个标签。

9. 母版包括_____、_____、_____、_____。

三、简答题

1. PowerPoint 三种基本视图各是什么？各有什么特点？

2. 在制作演示文稿时，应用模板与应用版式有什么不同？

3. 如何插入／删除幻灯片？

4. 如何设置切换或动画效果？

5. 如何建立幻灯片上对象的超级链接？

▶ 技能训练 ▶▶▶▶

操作题

1. 以"生命在于运动"为主题，设计一个片子，如图 5.49 所示。

图5.49　"生命在于运动"主题演示文稿

要求：制作成幻灯片，其中：

（1）幻灯片不能少于 3 张；

（2）第一张幻灯片是"标题幻灯片"，其中副标题的内容必须是本人的信息，包括"姓名、专业、年级、班号、学号、考号"；

（3）其他幻灯片中要求含有与题目要求相关的文字、图片或艺术字，并且这些对象要通过"自定义动画"进行设置；

（4）除"标题幻灯片"之外，每张幻灯片上都要显示页码；

（5）选择一种"应用设计模板"对文件进行设置；

（6）设置每张幻灯片的切入方法。

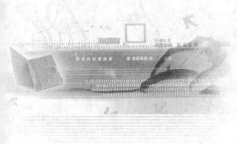

模块6
数据库管理系统
Access 2003

教学聚焦

Microsoft Access 2003 是一个采用事件驱动机制的关系型数据库管理系统,是微软公司推出的 Microsoft Office 2003 套件中的重要组件之一。Access 2003 具有良好的 Windows 图形界面,用户使用它可以轻松地完成数据管理的任务。

知识目标

◆ 数据库的相关概念及创建与维护

◆ 数据库表的创建、维护、使用

◆ 查询的创建、维护

◆ 窗体的创建、维护

◆ 报表的创建、维护

技能目标

◆ 了解 Access 2003 的基本知识

◆ 掌握 Access 2003 数据库窗体、查询、报表的创建方法

◆ 解决实际问题的能力

课时建议

6 课时

教学重点和教学难点

◆ Access 2003 集成开发环境的使用;窗口的组成

项目 6.1 数据库的基本概念

引言

本项目需要掌握数据库的相关概念及对数据模型的理解。

知识汇总

● 数据库的概念；数据模型

6.1.1 数据与信息

1. 数据和信息

数据是将现实世界中的各种信息记录下来的符号，其意义是客观实体的属性值，是信息的载体和具体表现形式。从数据的定义可知，数据包含两方面的内容：

一是符号，可以使绳结、数字、文字、字母和其他特殊字符，也可以是图形、图像、声音、语言等多媒体数据，还可以是物质的不同形态（如绳结的大小，数字的多少、波的长短、电压的高低等）。二是媒介物，可以是实体介质（绳子、温度计、电压表等）书写介质（如纸、金属等）。

信息与数据既有区别又有联系，数据是客观存在的，信息具有一定的主观性。例如，某城市的天气预报，对于本城的人来说就是信息，对于其他地方不关心天气的人来说就是数据。信息是需要对数据进行处理后得到的，数据的数量和准确程度直接决定信息的准确性，信息也受到知识水平、开发工具的先进程度等条件制约，同时也受到开发人员的影响。

信息与数据是不可分割的，信息是数据反映的实质，数据是信息的物理形式。

2. 数据的特征

（1）数据是描述现实世界中各种信息的手段。（2）数据是信息的载体。（3）描述事物特征的数据内容和存储在某一介质上的数据形式。（4）数据的表现形式有数字、文字、图形、图像、声音等多种。

6.1.2 数据库

数据库（Database）实际上是为了实现一定目的，可以存储在计算机中，并按某种规则组织起来的数据集合。图 6.1 中的学生管理数据库包括"成绩表"、"选课表"、"学籍表"。这些表中所存储的数据是在学生管理中用到的数据，这些数据的集合（三张数据表）就是数据库。

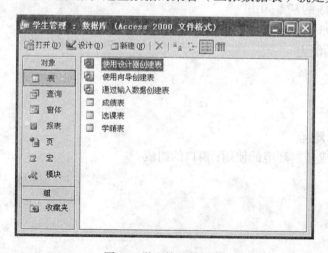

图6.1　学生管理数据库

通俗的说，数据库是计算机中存放数据的地方。就像我们生活中的图书馆，它是存放图书的地方。数据库中的数据是怎样组织和保存的呢？

首先在计算机中位准备存放的数据开辟一个物理空间，并命名为某某数据库，然后按照一定的要求和规则组织存放数据，确定存放数据的文件结构和文件在数据库中的空间和位置，最后利用数据库管理系统向数据文件中存放和维护需要保存的数据。

技术提示：

空白数据库只有数据库名称，例如Xsgl.mdb数据库，图中只显示了Xsgl，其扩展名.mdb省略，而且Access 2003数据库中默认的存储格式为 Access2000，在空白数据库中不包含任何信息，即空白数据库中不含有任何数据库对象，表、查询等。

6.1.3 数据模型

1. 数据模型的组成要素

数据模型通常由数据结构、数据操作和完整性约束三部分组成。

数据结构是对系统静态特性的描述，它指明数据的类型、内容、性质以及数据之间联系等有关信息；数据操作是对系统动态特性的描述，指数据库中各种对象及其值所允许执行的操作以及和这些操作规则的集合；完整性约束是一组完整性规则的集合。

2. 实体描述

在现实世界中存在各种不同事物，事物与事物之间存在着某种联系，这种联系是客观存在的，是由事物本身的性质决定的。例如，学校有学生和教师，家庭有父母和孩子等。

（1）实体。客观存在并可相互区别的事物称为实体。例如，一名学生、一名教师，学生的一次选课可以称之实体。（2）实体属性。实体所具有的某一特征称为属性。每一个实体之所以能够区别于其他实体就是因为他们具有不同的属性，因此若干个属性可以描绘一个实体。例如，学生实体可以由姓名、学号、性别等属性描述，同时可以根据这些属性值的不同区别每一个学生。（3）实体型。用实体名及其属性集合来抽象和描述同一类实体称为实体型。例如，学生（姓名、学号、年龄）就是一个实体型。（4）实体集。相同类型实体的集合就是一个实体集。例如，一个学校的全体学生就是一个实体集。

3. 联系

实体集之间的对应关系称为联系，它反映现实世界事物之间的相互关联。联系分为两种：一种是实体内部各属性之间的联系；另一种是实体之间的联系。

实体集间的联系种类可以分为三种形式：一对一联系、一对多联系和多对多联系。

① 一对一联系：如果对于实体集 A 中的每一个实体，实体集 B 中至多有一个实体与之联系，反之亦然，则称实体集 A 与实体集 B 具有一对一联系，记为 1:1。例如系和主任。② 一对多联系：如果对于实体集 A 中的每一个实体，实体集 B 中有 n 个实体（$n \geq 0$）与之联系，反之，对于实体集 B 中的每一个实体，实体集 A 中至多有一个实体与之联系，则称实体集 A 与实体集 B 具有一对多联系，记为 1:n。例如系别和学生。③ 多对多联系：如果对于实体集 A 中的每一个实体，实体集 B 中有 n 个实体（$n \geq 0$）与之联系，反之，对于实体集 B 中的每一个实体，实体集 A 中也有 m 个实体（$m \geq 0$）与之联系，则称实体集 A 与实体集 B 具有多对多联系，记为 m:n。例如学生和课程。

4. 数据模型

为了反映事物本身及事物之间的各种联系，数据必须具有一定的结构，我们把这种结构用数据模型来表示。数据模型就是数据在数据库内的相互依存关系的描述。常用数据模型包括层次模型、网状模型、关系模型、面向对象模型。

（1）层次模型。该模型的基本数据结构是层次结构，也称树型结构，树中每个节点表示一个实体类型。这些节点应满足：有且只有一个节点无双亲结点（根节点）；其他节点有且仅有一个双亲结点。

（2）网状模型。网状模型的数据结构是一个网状结构。应满足以下两个条件的基本层次联系集合：一个节点可以有多个双亲结点；多个节点可以无双亲结点。

（3）关系模型。关系模型的数据结构是二维表，由行和列组成。一张二维表称为一个关系。关系模型中的主要概念有关系、属性、元组、域和关键字。

（4）面向对象模型。面向对象的数据模型中的基本数据结构是对象，一个对象由一组属性和一组方法组成，属性用来描述对象的特征，方法用来描述对象的操作。一个对象的属性可以是另一个对象，另一个对象的属性还可以用其他对象描述，以此来模拟现实世界中的复杂实体。

6.1.4 关系数据库

20世纪80年代以来，新推出的数据库管理系统几乎都支持关系模型，Access 2003就是一个关系数据库管理系统。

关系数据库是支持关系模型的数据库系统。关系模型有关系数据结构、关系操作和关系完整性约束三部分构成。

1. 关系模型结构

（1）关系数据结构。关系模型的数据结构非常简单，都是由二维表来表示的。

（2）关系操作。关系模型中常用的操作分为查询操作和增加、删除、修改操作两大类。

（3）关系完整性约束。关系模型定义三类完整性约束，分别是实体完整性、参照完整性和用户定义完整性。

2. 关系数据结构及形式化定义

在关系模型中，实体和实体间的联系都由单一的关系（表）来表示，关系实质上是一张二维表，在表中，每一行称为一个元组，每一列称为一个属性。

关系的术语：

（1）元组。在一个二维表中，水平方向的行，称为元组。每一行就是一个元组，也就是一个具体实体或一条记录。

（2）属性。二维表中垂直方向的列称为属性。每一列有一个属性名，与前面提到的实体属性相同。

（3）关键字。属性或属性的组合称为关键字，它的值能够唯一标识一个元组。

（4）域。属性的取值范围称为域。

>>>

技术提示：

常见的一对一联系有班级和班主任、公民与身份证等；常见的一对多联系有班级和学生、工厂和工人等；常见的多对多联系有教师和课程、学生和课程。

关系模型的产生和发展对数据库的理论和实践产生了很大的影响，成为当今最流行的数据库，它操作的对象和结果都是二维表，这种二维表就是一个关系模型，如图6.2所示。

学号	姓名	性别	出生日期	入学日期	专业
20100101001	曲波	男	1993-12-3	2010-9-1	计算机应用技术
20100101002	赵宏博	男	1993-10-1	2010-9-1	计算机应用技术
20100101003	刘东	男	1994-1-15	2010-9-1	计算机应用技术
20100101004	李国华	女	1993-6-23	2010-9-1	计算机应用技术
20100101005	陈丽	女	1993-5-30	2010-9-1	计算机应用技术
20100101006	王伟	男	1994-7-14	2010-9-1	计算机应用技术
20100101007	高峰	男	1993-8-25	2010-9-1	计算机应用技术
20100101008	张扬	男	1994-9-2	2010-9-1	计算机应用技术

图6.2 学籍表

项目 6.2 初识 Access 2003

引言

本项目需要掌握 Access 2003 的窗口界面及创建数据库的方法。

知识汇总

● Access 2003 的特点；常用术语

6.2.1【任务1】创建数据库"学生管理"

1. 学习任务

在 Access 2003 中新建一个数据库"学生管理"，命名为"Xsgl.mdb'"，如图 6.3 所示。完成后保存在 D:\myAccess 目录下。本任务旨在了解 Access 2003 工作界面，掌握创建 Access 2003 数据库的操作。

2. 操作过程

（1）启动 Access 2003。单击【开始】→【所有程序】→【Microsoft Office Access 2003】命令，或者双击桌面上的 Access 2003 快捷方式图标，都可以启动 Access 2003，出现 Access 2003 的工作界面，如图 6.4 所示。

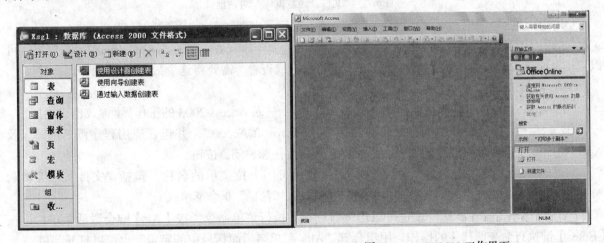

图6.3 空白数据库 Xsgl.mdb   图6.4 Access 2003 工作界面

（2）创建数据库 Xsgl.mdb。

①执行菜单栏【文件】→【新建】菜单命令，如图 6.5 所示，窗口右侧会出现"新建文件"，如图 6.6 所示。

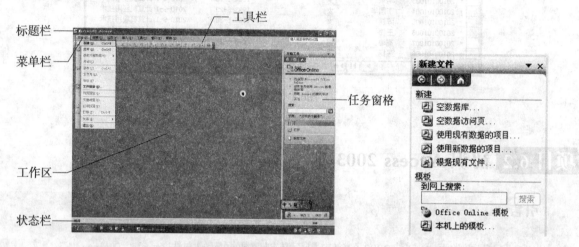

图6.5　新建工作界面　　　　　　　　　　　　　　　图6.6　"新建文件"

②单击新建窗口中的"空数据库"，屏幕弹出"文件新建数据库"对话框，出现如图 6.7 所示在【文件名】框中改写成"Xsgl.mdb"。

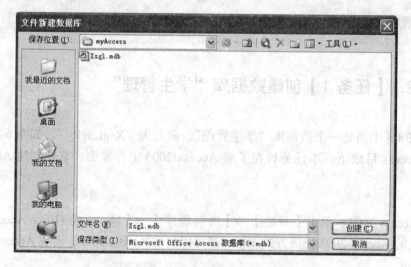

图6.7　"文件新建数据库"对话框

③单击【创建】按钮，就建立好一个空白的数据库，出现如图 6.3 所示的窗口。

（3）退出 Access 2003。单击【文件】→【退出】命令，或者单击标题栏右边的关闭⊠按钮，可以退出 Access 2003。如果想对"Xsgl.mdb"进行编辑或查看，需要将这个数据库文件打开。

3. 相关知识

（1）Access 2003 工作界面。启动 Access 2003 后，进入 Access 2003 的工作界面，如图 6.5 所示。

①标题栏：标题栏显示表格处理软件名称"Microsoft Access"，并包含应用程序图标⊡，以及 Access 工作界面的最小化█按钮、最大化█／还原█按钮和关闭⊠按钮。

②菜单栏：菜单栏位于屏幕的第二行，并显示可用下拉菜单的名称，包括"文件"、"编辑"、"视图"、"插入"、"格式"、"工具"、"数据"、"窗口"、"帮助"9 个菜单。

除用鼠标单击菜单标题外，也可以用键盘选择和执行菜单命令。按【Alt】键会激活菜单栏，按【Enter】键执行命令所代表的操作。用组合键"Alt+ 菜单名后面括号中的字母"也可以打开菜单。

③工具栏：工具栏位于菜单栏下面，用鼠标可以将其拖到任意位置。

工具栏显示带图像的按钮，鼠标左键单击工具按键能够产生 Access 命令。只要光标指向某个按钮而并不点击，就会在其下方出现与该按钮相应的功能说明。

Access 系统的工具栏为用户提供了进行数据库操作的常用命令 20 多种。

④ 工作区：工具栏与状态栏之间的一大块空白区域就是 Access 提供的系统工作区，打开的各种工作窗口都在这一区域显示。

⑤ 状态栏：状态栏显示当前工作区的状态，位于屏幕的最底部，用于显示数据库管理系统进行数据管理时的工作状态。

⑥ 任务窗格：任务窗格提供 Access 最常用的任务，位于工作窗口右侧，可以新建数据库、项目、数据访问页等。

（2）Access 2003 的退出。

下述方法均可以退出 Access 2003：

① 单击【文件】→【退出】命令。

② 按【Alt+F4】键。

③ 双击 Access 的控制菜单按钮。

④ 单击 Access 的控制菜单按钮，再单击【关闭】命令。

⑤ 单击 Access 标题栏最右端的关闭╳按钮。

> **技术提示：**
> 　　本项目重点内容为Access 2003窗口界面的组成及创建数据库的方法，Access 2003的特点及常用术语。

项目 6.3 数据库表的创建 ▏▏▏

引言

　　本项目主要学习在 Access 2003 数据库环境下创建数据表、建立与修改表间关系、维护表，以及表的其他操作。

知识汇总

　　● 建立表结构使用向导、使用表设计器、使用数据表；设置字段属性；表间关系的概念、一对一、一对多、建立表间关系；设置参照完整性、修改表结构添加字段、修改字段、删除字段、重新设置主关键字

6.3.1【任务 2】创建学生信息表

1. 学习目标

在学生管理数据库中，创建"学生信息表"，保存学生的基本信息，如图 6.8 所示。本任务旨在掌握 Access 2003 数据库表的创建方法，了解各种类型数据的输入。

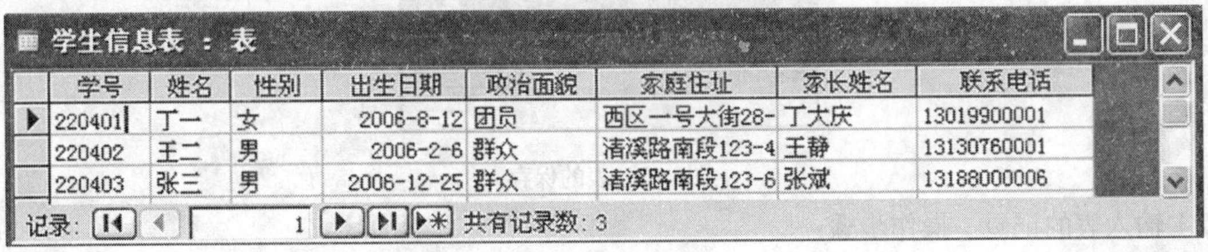

学号	姓名	性别	出生日期	政治面貌	家庭住址	家长姓名	联系电话
220401	丁一	女	2006-8-12	团员	西区一号大街28-	丁大庆	13019900001
220402	王二	男	2006-2-6	群众	清溪路南段123-4	王静	13130760001
220403	张三	男	2006-12-25	群众	清溪路南段123-6	张斌	13188000006

记录：[◀] [◀] 　　1 　[▶] [▶][▶*] 共有记录数：3

图6.8　学生信息表

2. 操作过程

（1）利用"设计视图"方式创建"学生信息表"。操作步骤如下：

① 在数据库窗口中选择"表"选项卡。如图 6.9 所示

② 单击【新建】按钮，Access 弹出"新建表"对话框。

③ 在"新建表"对话框中选择"设计视图"选项，如图 6.10 所示。

④ 单击【确定】按钮，Access 立即打开"设计视图"，如图 6.11 所示。

⑤ 在"字段名称"一列中分别填写学号、姓名、性别、出生日期、入学日期、专业，并"数据类型"对应一列中，分别选择数据的类型。

⑥ 选择"学号"字段，在工具栏上选择"主键"命令，如图 6.12 所示，将"学号"设置为主关键字。

⑦ 在工具栏上选择"保存"命令，出现"另存为"对话框，在表名称一栏中，填写"学生信息表"，如图 6.13 所示，单击【确定】按钮。"学生信息表"创建完成。

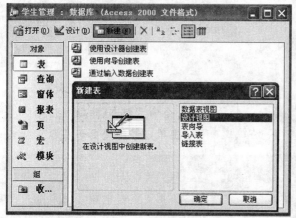

图6.9　工作表标签的编辑状态

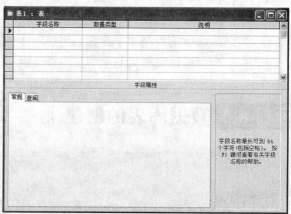

图6.10　表的设计视图编辑

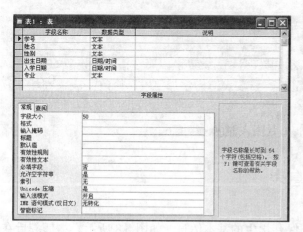

图6.11　表的编辑过程1

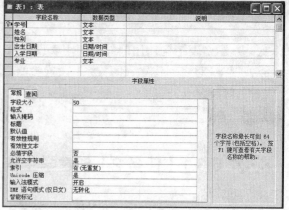

图6.12　表的编辑过程2

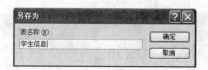

图6.13　表的保存

（2）输入表的记录。操作步骤：

① 打开数据库"学生管理 .mdb"，在对象列表中选择"表"对象。

② 双击"学生信息表"或选择"学生信息表",然后单击工具栏上的"打开"命令按钮。

③ 在"学生信息表"中添加相应的记录。

3. 相关知识

在 Access 数据库中,表是数据库的基本对象,也是数据库的核心与基础,数据库中所有相关的各类数据都存放在各种表中。创建表是构造数据库管理系统的基础,Access 的各种数据都是建立在数据表的基础上的,在一个数据库中,允许包含多个表,各个表之间既是独立的又是有联系的。

(1)Access 的基本对象共有 7 个,分别为表、查询、窗体、报表、数据访问页、宏和模块。

① 表。表是数据库的核心,存放着数据库中的全部数据,可以当做查询、窗体、报表、数据访问页的数据源。一个数据库中可以包含一个或多个表。表中的行和列分别称为记录(Record)和字段(Field),其中记录由一个或多个字段组成。

② 查询。查询是数据库设计目的的体现,用来检索符合指定条件的数据记录。

③ 窗体。窗体是 Access 数据对象中最灵活的一个对象,数据源可以是表或查询,通过窗体可以浏览或更新表中的数据。

④ 报表。报表是以特定的方式分析和打印数据的数据库对象。可以在一个或多个表或查询的基础上创建报表。

⑤ 数据访问页。数据访问页又称为数据页,是一种特殊类型的 Web 页,为通过网络发布数据提供了方便。

⑥ 宏。宏实际上是一系列操作的集合。

⑦ 模块。模块是将 VBA 声明和过程作为一个单元进行保存的集合,是应用程序开发人员的工作环境。

(2)数据类型。Access 提供了 10 种字段类型,包括文本、货币、数字、备注、日期 / 时间、自动编号、是 / 否、OLE 对象、超级链接和查询向导。

① 文本类型是系统的默认值,默认宽度为 50,可以存放 1~255 个任意字符。

② 货币类型用于存放 1~4 位小数,固定占 8 个字节。

③ 数字类型包括字节、小数、整型、长整型、单精度型、双精度型和同步复制 7 种类型。

④ 日期 / 时间类型固定占 8 个字节。

⑤ 自动编号类型由系统为一条记录制定唯一顺序号,该字段不能更新,固定占 4 个字节,当字段属性中的字段大小被设为同步复制时,占 16 个字节。自动编号类型包括递增和随机两种属性。

⑥ 是 / 否类型用于存放是 / 否、真 / 假、开 / 关值,固定占 1 个字节。

⑦ 备注类型用于存放长文本,最多为 64 KB 个字符。

⑧ OLE 对象类型用于存放表格、图形、图像、声音等嵌入或链接对象。

⑨ 超级链接对象用于存放超级链接地址。

⑩ 查询向导类型用于创建特殊的查询字段。

项目 6.4 查询的创建 ‖‖

引言

本项目主要讲解如何在 Access 2003 数据库环境中创建查询。

知识汇总

● 数据的查询及编辑;删除查询中的字段;在设计网格中移动字段;指定排序顺序

6.4.1【任务3】查询的创建

1. 学习目标

在图书管理数据库中，创建满足"用户借阅了2本以上的图书，并显示借还的日期"条件的查询。本任务旨在掌握 Access 2003 数据库表查询的创建方法。

2. 操作过程

（1）打开 tushu 数据库，选择【查询】模块，单击工具栏中的【新建】按钮，在如图6.14的窗体中选择"查找重复项查询向导"命令。

（2）弹出的窗体要求用户选择重复数据字段所在的表或查询，如图6.15所示。选择"借还记录"，单击【下一步】。

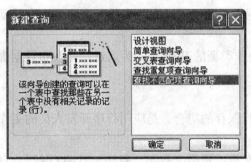 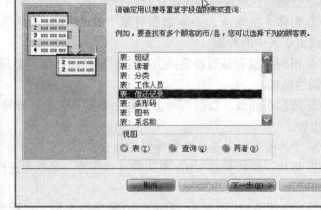

图6.14　查询工作界面　　　　　　　　　　　图6.15　查询 工作界面

（3）弹出的"查找重复项查询向导—字段设定"对话框要求设定查找重复数据的目标字段，将左侧"可用字段"中列表中的"iszh"字段添加到右侧的"重复值字段"列表中，单击【下一步】。

（4）弹出的"查找重复项查询向导—其它字段设定"对话框要求输入除了重复字段外还显示什么字段，如图6.16所示。这里将左侧"可用字段"列表中的"jhrq"、"jszh"两字段添加到右侧"另外的查询字段"列表中。单击【下一步】。

（5）设定查询的名称以及向导结束后的工作。向导结束后有两种选择：查看查询和修改设计。如果对查询结构还需要调整，则选择"修改设计"，并进入到"查询设计器"窗口对查询结构进行调整。可以选择"查看查询"，查看本次查询的结果。设定后单击【完成】按钮。

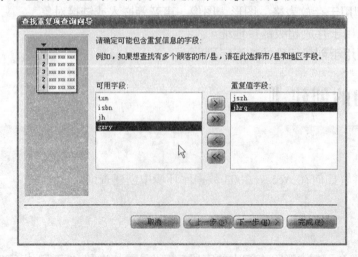

图6.16　查询工作界面

3. 相关知识

（1）下面介绍 Access 2003 相关的几个概念：

① 字段：添加与查询有关系的字段。

② 表：设定字段所在的表。

③ 显示：设定在最后的查询结果中是否显示该字段，如果该字段只是作为查询条件，而不是最终用户感兴趣的字段，可将该栏目的"√"号勾掉。

④ 条件：设定查询的条件。

（2）查询分为如下四类：

① 选择查询。

② 参数查询。参数查询在执行某个查询时能够显示对话框来提示用户输入查询准则，系统以该准则作为查询条件，将查询结果以指定的形式显示出来。

③ 交叉表查询。交叉表查询显示来源于表中某个字段的总计值，如合计、求平均值等，并将它们分组，一组列在数据表的左侧，另一组列在数据表的上部。

④ 操作查询。

⑥ 追加查询：向已有表中添加数据。

⑦ 删除查询：删除满足查询条件的记录。

⑧ 更新查询：改变已有表中满足查询条件的记录。

⑨ 生成表查询：使用从已有表中提取的数据创建一个新表。

（3）查询有如下三种视图方式：

① 数据表视图。数据表视图主要用于在行和列格式下显示表、查询以及窗体中的数据。

② 设计视图。设计视图是一个设计查询的窗口，包含了创建查询所需要的各个组件，用户只需在各个组件中设置一定的内容，就可以创建一个查询。

③ SQL 视图。SQL 视图是一个用于显示当前查询的 SQL 语句窗口，可以改变 SQL 语句，从而改变查询。

技术提示：

本项目重点内容为Access 2003数据库环境创建查询及修改方法，向已有的查询中添加字段；删除查询中的字段；在设计网格中移动字段；指定排序顺序；在查询中更改字段名。

项目 6.5 窗体的创建和维护

引言

本项目主要讲解如何在 Access 2003 数据库环境创建窗体。

知识汇总

● 利用向导创建窗体，在设计视图中创建窗体；在窗体中添加记录；在窗体中修改记录；在窗体中删除记录

6.5.1 【任务4】创建窗体

1. 学习目标

通过设计数据查询窗体，了解数据查询窗体的基本功能及结构；理解掌握主/子窗体的作用、设计数据查询窗体的基本步骤；学会设计数据查询窗体，并能够为用户简单查询交互界面。设计一个查询学生成绩窗体，实现按学号或姓名查询学生的学号、姓名、班级名称、课程名称及成绩、如图6.17所示。

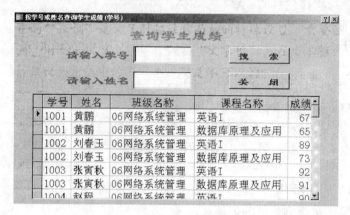

图6.17　"按学号或姓名查询学生成绩"窗体

2. 操作过程

（1）创建主窗体，保存为 MAIN1。在主窗体中添加两个文本框，文本框名称分别为 xh1，xm1；使用标签在添加"查询学生成绩"标题文本；添加窗体标题"按学号或姓名查询学生成绩（学号）"；修改窗体的相关格式属性。

（2）创建一个查询，保存为 query1。查询代码（学生了解内容）如下：

SELECT stu.xh, stu.xm AS 姓名，stu.bjmc AS 班级名称，

kcb.kcmc AS 课程名称，cjb.cj AS 成绩

FROM stu INNER JOIN（kcb INNER JOIN cjb ON kcb.kch = cjb.kch）

ON stu.xh = cjb.xh

WHERE（（（[forms]![main1].[xh1]）Is Null）AND（（[forms]![main1].[xm1]）Is Null））

OR（（（stu.xh）=[forms]![main1].[xh1]）AND（（[forms]![main1].[xm1]）Is Null））

OR（（（stu.xm）Like "*" & [forms]![main1].[xm1] & "*"）AND（（[forms]![main1].[xh1]）Is Null））

OR（（（stu.xh）=[forms]![main1].[xh1]）AND（（stu.xm）Like "*" & [forms]![main1].[xm1] & "*"））;

（3）创建数据表窗体，保存为 ZCT1。（修改数据表窗体的相关格式和数据属性）

（4）创建主/子窗体，将数据表窗体（ZCT1）拖动到主窗体中，并为"子窗体/子报表"对象命名为 ZCTDX。

（5）向主窗体添加命令按钮，并保存窗体。

① 搜索按钮。添加按钮名称为 SS1，标题"搜索"，该按钮的单击事件代码为"ME!ZCTDX. REQUERY"。

② 关闭按钮。添加按钮名称为 GB1，标题"关闭"，该钮的单击事件代码为"DOCMD.CLOSE"。

3. 相关知识

（1）主/子窗体。窗体中的基本窗体是主窗体，窗体中的窗体称为子窗体。主/子窗体用于同时显示两张表或多张表，它主要用来显示一对多的关系。一般来说，主窗体显示一对多关系中的一端表（主表）信息，通常使用纵栏式窗体；子窗体显示一对多关系的多端表（相关表）的信息，通常使用表格式窗体或数据工作表窗体。）

（2）窗体中对象的引用方法。

格式：FORMS！窗体名称.控件名或FORMS！窗体名称！控件名。

（3）确定查询的条件（关键）。设计数据查询窗体时，条件的组数据是由接收条件的文件框个数决定的。如果有 N 个接收数据的文件框，则查询条件应有 $2N$ 组。

（4）在VBA窗口，设置对象的名称及代码。

项目 6.6 报表的创建、维护 ‖

引言

本项目主要讲解了在Access 2003数据库环境中创建报表的方法。

知识汇总

● 使用报表向导"创建报表"；报表作用，关系和视图

6.6.1【任务5】创建数据报表

1. 学习目标

在Access 2003中打开"学生管理"数据库，使用"报表向导"创建一个"学生信息"报表，如图6.18所示。本任务旨在了解Access 2003报表的作用，掌握创建Access 2003报表的创建步骤。

2. 操作过程

（1）打开"图书信息"数据库，在数据库窗口中单击"报表"选项，然后在报表窗口中单击【新建】按钮，打开"新建报表"对话框。在对话框中选择"报表向导"，并选择"学生信息"作为数据源，如图6.19所示。

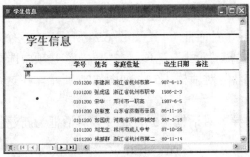
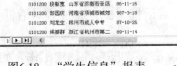

图6.18　"学生信息"报表　　　　图6.19　报表创建步骤（1）

（2）单击【确定】按钮，打开"报表向导"对话框。根据实际情况，将"可用字段"中的字段选择性地添加到"选定的字段"中，如图6.20所示。

（3）单击【下一步】按钮，打开"报表向导"对话框（2），用来添加分组级别。选择可以分组的字段，将其添加到右边的方框中，这里选择"xb"作为分组字段，如图6.21和图6.22所示。

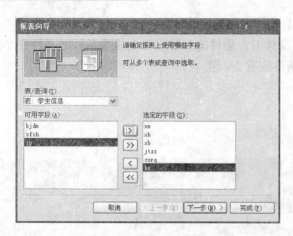

图6.20　报表创建步骤（2）　　　　　　　　　　图6.21　报表创建步骤（3）

（4）单击【下一步】按钮，打开"报表向导"对话框（3）。在该对话框中，可以设置明细记录使用的排序次序，如图 6.23 所示。在列表①中选择"xh"字段按升序排序，此时下一个列表框被激活。

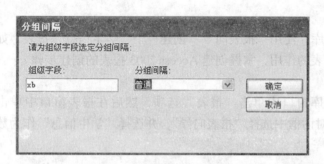

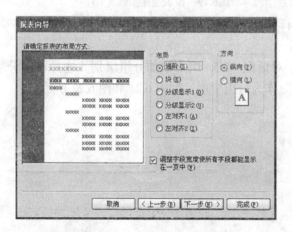

图6.22　"分组间隔"对话框　　　　　　　　　　图6.23　报表创建步骤（4）

（5）单击【下一步】按钮，弹出"报表向导"对话框（4），如图 6.24 所示。在这个对话框中可以设置报表的"布局"和"方向"。在"布局"中选择"阶梯"选项，在"方向"选项中选择"纵向"。

（6）单击【下一步】按钮，打开"报表向导"对话框（5），如图 6.25 所示。在这个对话框中可以设置报表所用样式，这里选择"大胆"。

（7）单击【下一步】按钮，打开"报表向导"对话框（6），通过该对话框为新建报表指定一个标题"学生信息"，如图 6.26 所示。

（8）单击【完成】按钮，打开预览报表的界面，即完成报表的创建工作，如图 6.26 所示。

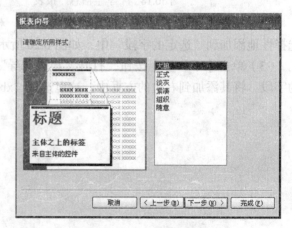

图6.24　报表创建步骤（5）　　　　　　　　　　图6.25　报表创建步骤（6）

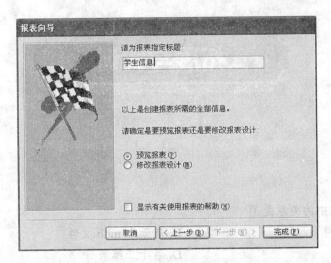

图6.26 报表创建步骤（7）

并不是所有的字段都可以作为分组字段，只有当该字段的记录具有重复取值时，才能将该字段作为分组字段。同时，在该对话框中，单击【分组选项】按钮，系统会弹出"分组间隔"对话框，如图6.22所示。在"分组间隔"对话框中，可以为"组级字段"选择"分组间隔"。设置完成后，单击【确定】按钮，即可返回。

3. 相关知识

（1）报表的作用是比较和汇总数据，显示经过格式化且分组的信息，并打印出来。

（2）报表的类型主要有：

① 纵栏式报表。在纵栏式报表中，每个字段的信息单独用一行来显示，其中左边是一个标签控件（字段名），右边是字段中的值。

② 表格式报表。在表格式报表中，一行显示一条记录，字段的标题名显示在报表的顶端。

③ 图表报表。图表报表是将表或查询中的数据变成直观的图形表示形式。

④ 标签报表。标签报表是将数据表示成邮件标签。

（3）报表视图的分类如下：

① 设计视图。设计视图主要用于创建和编辑报表的结构，由5部分组成，分别是报表页眉节、页面页眉节、主体节、页面页脚节和报表页脚节。

●报表页眉。报表页眉出现在报表的顶端，并且只能在报表的开头出现一次，用来记录关于此报表的一些主体性信息，即该报表的标题。

●页面页眉。页面页眉显示报表中各列数据的标题，报表的每一页有一个页面页眉。

●主体。主体是报表显示数据的主要区域，用来显示报表的基础表或查询的每一条记录的详细内容。其字段必须通过文本框或者其他控件绑定显示。

●页面页脚。页面页脚显出现在报表的底部，通过文本框和其他类型的控件，显示页码或本页的汇总说明。报表的每一页有一个页脚。

●报表页脚。报表页脚显示整份报表的汇总说明，每个报表对象只有一个报表页脚。

② 打印预览视图。打印预览视图用于查看报表的输出结果。

③ 版面预览视图。版面预览视图用于查看报表的版面设置。

重点串联 ▶▶▶

表 查询 窗体 报表

▶ 基础训练

一、选择题

1. 关系数据库系统中的关系是（　　）。

　　A. 一个 mdb 文件　　　　　　　　　　　B. 若干个 mdb 文件

　　C. 一个二维表　　　　　　　　　　　　D. 若干二维表

2. 关系数据库系统能够实现的三种基本关系运算是（　　）。

　　A. 索引、排序、查询　　　　　　　　　B. 建库、输入、输出

　　C. 选择、投影、连接　　　　　　　　　D. 显示、统计、复制

3. 数据库是（　　）组织起来的相关数据的集合。

　　A. 按一定的结构和规则　　　　　　　　B. 按人为的喜好

　　C. 按时间的先后顺序　　　　　　　　　D. 杂乱无章的随意地

4. Access 数据库依赖于（　　）操作系统。

　　A. DOS　　　　　　　B. Windows　　　　　C. UNIX　　　　　　D. UCDOS

5. 不是 Access 关系数据库中的对象的是（　　）。

　　A. 查询　　　　　　　B.Word 文档　　　　　C. 数据访问页　　　　D. 窗体

6. （　　）是 Access 的主要功能。

　　A. 修改数据、查询数据和统计分析

　　B. 管理数据、存储数据、打印数据

　　C. 建立数据库、维护数据库和使用、交换数据库数据

　　D. 进行数据库管理程序设计

7. 若使打开的数据库文件能为网上其他用户共享，但只能浏览数据，要选择打开数据库文件的打开方式为（　　）。

　　A. 以只读方式打开　　　　　　　　　　B. 以独占只读方式打开

　　C. 打开　　　　　　　　　　　　　　　D. 以独占方式打开

8. 定义表结构时，不用定义（　　）。

　　A. 字段名　　　　　　B. 数据库名　　　　　C. 字段类型　　　　　D. 字段长度

9. 数据表中的"行"称为（　　）。

　　A. 字段　　　　　　　B. 数据　　　　　　　C. 记录　　　　　　　D. 数据视图

10. Access 表中的数据类型不包括（　　）。

　　A. 文本　　　　　　　B. 备注　　　　　　　C. 通用　　　　　　　D. 日期 / 时间

11. 数据表中的"英语精读"列名称，如果要更改为"英语一级"，它可在数据表视图中的"（　　）"改动。

　　A. 总计　　　　　　　B. 字段　　　　　　　C. 准则　　　　　　　D. 显示

12. 在 Access 中，将"名单表"中的"姓名"与"工资标准表"中的"姓名"建立关系，且两个表中的记录都是唯一的，则这两个表之间的关系是（　　）。

　　A. 一对一　　　　　　B. 一对多　　　　　　C. 多对一　　　　　　D. 多对多

二、填空题

1. 数据库技术是随着数据处理任务的需要而产生的，在产生数据库技术之前，数据管理经历了人工管理阶段和_____阶段。

2. Access 2003 中，在报表中用来求字段值的和的内置函数是_____。

3. 追加查询的作用是将多个表的数据添加（追加）到指定的数据表中，但追加表和被追加表的_____要一致。

4. 窗体常见的视图方式有3种，分别是窗体视图、数据表视图和_____。

5. 数据访问页可以分为_____、数据输入页和数据分析页3种类型。

6. 根据具体的应用要求，可以将窗体简单地分成_____、多页窗体、连续窗体、子窗体、_____、切换面板窗体等若干类型。

7. 在数据表视图下向表中输入数据，在未输入数值之前，系统自动提供的数值字段的属性是_____。

8. 如果要将某表中的若干记录删除，应该创建_____查询。

9. 在关系数据库模型中，二维表的列称为_____，二维表的行称为记录。

10. 创建 Access 数据库表的方法有数据表视图、_____、表向导、导入表和链接表等。

11. 在关系数据库中，唯一标识一条记录的一个或多个字段为_____。

三、简答题

1. 实体的联系有哪几种？

2. Access 数据库包括哪几个对象？

3. Access 2003 提供了哪几种创建表的方式？

4. Access 提供的常用查询有哪几类，分别是什么？

5. 按照数据记录的显示方式可将窗体分为哪六类？

6. 窗体由哪几部分组成？

7. 简述报表的组成及其功能。

▶ 技能训练 »»»

操作题

1. 设有学生表（学号，姓名，性别，出生日期，班级）和**成绩表**（学号，课程号，考试成绩），用 SQL 语句建立一个查询，查找出学生的"学号、姓名、课程编号、考试成绩"，SQL 语句为：

2. 将"学生成绩管理"数据库中的"课程"表增加一些课程信息，然后按"类别"对"课程"表进行分组，查询每种类别的课程数。

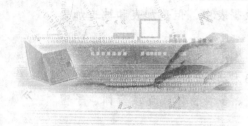

模块7
网 络 基 础

教学聚焦

本模块主要讲述了计算机网络的有关知识，包括计算机网络的基本概念、网络协议、拓扑结构、局域网的基础知识；Internet 的基础知识及主要功能与服务。

知识目标

◆ 领会计算机网络的定义、功能、分类及构成
◆ 了解 Internet 的发展史、Internet 的基本服务
◆ 掌握 Internet 的地址、上网方式及主要设备
◆ 熟悉 IE 浏览器的窗口构成及操作
◆ 掌握 IE 浏览器的搜索信息、保存信息等操作
◆ 掌握电子邮件申请、使用的过程

技能目标

◆ 熟悉计算机网络的基本组成
◆ 掌握 IP 地址的规划
◆ Internet 的上网方式
◆ 电子邮件使用的过程
◆ 熟悉各种常见网络服务在 Windows 上的实现

课时建议

4 课时

教学重点和教学难点

◆ 重点介绍 IE 浏览器和电子邮件的使用方法，难点是网络设备的工作原理及计算机网络的组建。

项目 7.1 网络概述 Ⅲ

引言

本项目需要掌握计算机网络的定义，网络的基本功能及网络的分类。

知识汇总

● 计算机网络；网络的功能；网络的分类

7.1.1 计算机网络

计算机网络，是指将地理位置不同的具有独立功能的多台计算机及其外部设备，通过通信线路连接起来，在网络操作系统、网络管理软件及网络通信协议的管理和协调下，实现资源共享和信息传递的计算机系统，如图 7.1 所示。

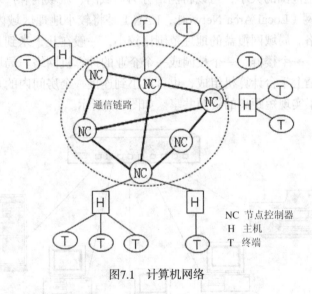

图7.1　计算机网络

7.1.2 计算机网络的基本功能

计算机网络最主要的功能是资源共享和通信，除此之外还有分布处理和提高系统安全性与可靠性等功能。

1. 软、硬件共享

计算机网络允许网络上的用户共享网络上各种不同类型的硬件设备，可共享的硬件资源有高性能计算机、大容量存储器、打印机、图形设备、通信线路、通信设备等。共享硬件的好处是提高硬件资源的使用效率，节约开支。

现在已经有许多专供网上使用的软件，如数据库管理系统、各种 Internet 信息服务软件等。共享软件允许多个用户同时使用，并能保持数据的完整性和一致性。可共享的软件种类很多，包括大型专用软件、各种网络应用软件、各种信息服务软件等。

2. 信息共享

信息也是一种资源，Internet 就是一个巨大的信息资源宝库，它有极为丰富的信息与数据，就像是一个信息的海洋。每一个接入 Internet 的用户都可以共享这些信息资源。可共享的信息资源有：搜索与查询的信息；Web 服务器上的主页及各种链接；FTP 服务器中的软件；各种各样的电子出版物；网上消息、报告和广告；网上大学；网上图书馆等。

3. 通信

通信是计算机网络的基本功能之一，它可以为网络用户提供强有力的通信手段。建设计算机网络的主要目的就是让分布在不同地理位置的计算机用户能够相互通信、交流信息。计算机网络可以传输数据以及声音、图像、视频等多媒体信息。利用网络的通信功能，可以发送电子邮件、打电话、在网上举行视频会议等。

4. 系统的安全性与可靠性

系统的可靠性对于军事、金融和工业过程控制等部门的应用特别重要。计算机依据网络中的各个部件的连通及数据通信等功能可大大提高可靠性。例如，在工作过程中，一台机器出了故障，可以使用网络中的另一台机器；网络中一条通信线路出了故障，可以取到另一条线路，从而提高了网络整体系统的可靠性。

7.1.3 计算机网络的基本分类

1. 按网络覆盖的范围分类

按照网络覆盖的地理范围的大小，可以将网络分为局域网、城域网和广域网三种类型。

（1）局域网。局域网（Local Area Network，LAN）是将较小地理区域内的计算机或数据终端设备连接在一起的通信网络。局域网覆盖的地理范围比较小，一般在几十米到几千米之间。它常用于组建一个办公室、一栋楼、一个楼群、一个校园或一个企业的计算机网络。局域网可以由一个建筑物内或相邻建筑物的几百台至上千台计算机组成，也可以小到连接一个房间内的几台计算机、打印机和其他设备。局域网主要用于实现短距离的资源共享。如图 7.2 所示。

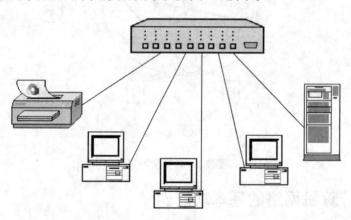

图7.2　局域网示例

（2）城域网。城域网（Metropolitan Area Network，MAN）是一种大型的局域网，它的覆盖范围介于局域网和广域网之间，一般为几千米至几万米。它常覆盖某一个城市，将位于这个城市之内不同地点的多个计算机局域网连接起来实现资源共享。城域网所使用的通信设备和网络设备的功能要求比局域网高，以便有效地覆盖整个城市的地理范围。一般在一个大型城市中，城域网可以将多个学校、企事业单位、公司和医院的局域网连接起来共享资源。如图 7.3 所示的是不同建筑物内的局域网组成的城域网。

（3）广域网。广域网（Wide Area Network，WAN）是在一个广阔的地理区域内进行数据、语音、图像信息传输的计算机网络，它可以覆盖一个城市、一个国家甚至全球。由于远距离数据传输的带宽有限，因此广域网的数据传输速率比局域网要慢得多。如图 7.4 所示的是一个简单的广域网。

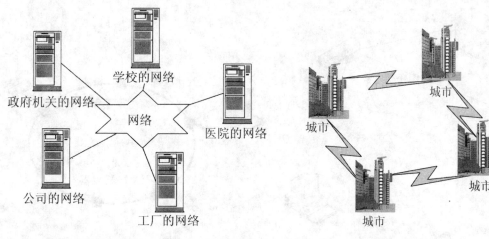

图7.3　城域网示例　　　　　　　　　　　　图7.4　广域网示例

2. 按传输介质分类

（1）有线网。有线网络指采用同轴电缆、双绞线、光纤等有线介质来连接的计算机网络。

采用同轴电缆或双绞线电缆连接的有线网络比较经济，安装方便，但传输距离相对较短，传输率和抗干扰能力一般；采用光导纤维作为传输介质的光纤网则传输距离长，传输率高（可达数千兆bit/s），且抗干扰能力强，安全性好，但价格相对较高，且需要较高水平的安装技术，发展迅速。

局域网通常采用单一的传输介质，如双绞线；而城域网和广域网则可以同时采用多种传输介质，如光纤、同轴细缆、双绞线等。

（2）无线网。无线网络采用微波、红外线、无线电等电磁波作为传输介质，以其高移动性、可扩充性强、建设成本低、安装方便，成为网络发展的趋势。

3. 按网络的拓扑结构分类

网络拓扑（Topology）是指计算机网络的物理连接方式，即网络中通信线路和站点（计算机或设备）的相互连接的几何形式。按照拓扑结构的不同，计算机网络可以分为星型网、环型网、总线型网、树型网、网状网、混合网等。

（1）星型网。星型结构中存在由集线器或交换机充当的中央节点，网络上的其他工作站、服务器节点通过点到点的链路与中央节点相连。中心节点可直接与从节点通信，而从节点间必须通过中心节点才能通信。在星型结构中增加新站点容易，数据的安全性和优先级易于控制，网络监控易实现，但若中心站点出故障会引起整个网络瘫痪。如图 7.5 所示。

（2）环型网。环型结构是指网络中的节点通过点到点的链路首尾相连形成一个闭合的环，数据在环路中沿着一个方向在各个节点间传输，如图 7.6 所示。环型结构易于安装和监控，但容量有限，增加新站点困难。

（3）总线型网。总线型结构是指各工作站和服务器共享一条称为公共总线的数据通道，各工作站地位平等，直接与总线连接，传递方向是从发送信息的节点开始向两端扩散，如图 7.7 所示。总线结构铺设电缆最短，成本低，安装简单方便；但监控较困难，安全性低，若介质发生故障会导致网络瘫痪，增加新站点也不如星型网容易。

4. 按网络的交换功能分类

（1）交换网。交换网包括电路交换网、报文交换网、分组交换网、帧中继网和 ATM 网。

（2）广播网。广播网包括分组无线网、卫星网和局域网。

5. 按网络的控制方式分类

按网络的控制方式可分为集中式网络、分散式网络和分布式网络。

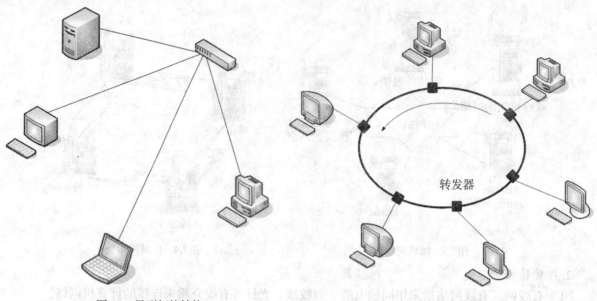

图7.5　星型拓扑结构　　　　　　　　　　图7.6　环型拓扑结构

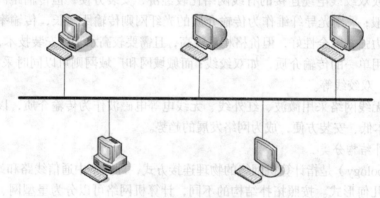

图7.7　总线拓扑结构

项目 7.2 计算机网络的基本组成

引言

本项目需要掌握网络的基本组成和认识网络的硬件设备。

知识汇总

● 服务器、工作站、网络设备、网络协议、网络软件

1. 资源

资源是指被服务器提供到网络上，供工作站使用的硬件、软件、数据库等。它可以是一个文件、文件夹、打印机、扫描仪等。

2. 服务器

在网络上提供资源的计算机称为服务器。

3. 工作站

在网络上使用资源的计算机称为工作站。

4.网络设备

连接计算机与传输介质、网络与网络的设备。常用的设备有路由器、网络适配器、交换机、网桥、光电转换器等。

（1）网络适配器。网络适配器，又称网卡或网络接口卡（NIC），用于 PC 机和 LAN 的连接，图 7.8 所示为 Intel 的千兆服务器网卡 8490MT。每张网卡都有唯一、固定 MAC（物理）地址。利用 ipconfig 命令可以查看和修改网络中的 TCP/IP 协议的有关配置。单击【开始】→【运行】，在"运行"对话框中输入"cmd"，单击【确定】，在弹出的对话框中输入"ipconfig/all"，回车，就会详细地显示出 TCP/IP 协议的有关配置情况，其中"Physical Address"显示的就是网络适配器的物理地址。

（2）集线器。集线器也称 Hub，是网络的最底层设备，主要用来将一些机器连接起来组成一个局域网。如图 7.9 所示为 TP-LINK 的 8 口 10M 以太网集线器 TL-HP8MU，适用于中小型办公网络。集线器没有相匹配的软件系统，是纯硬件设备，不能判断数据包的目的地和类型，会将数据以广播方式发送到每个接口。

图7.8　Intel 网卡 8490MT　　　　　　　　　　图7.9　TL-HP8MU 集线器

（3）交换机。交换机 Switch，是网络的二层设备，一般用于 LAN-WAN 的连接，如图 7.10 所示为华为 3com 旗下的 8 口交换机，适合学生宿舍、小型办公网络和 SOHO 一族。比较高端的交换机都有一个操作系统来支持。交换机利用 MAC 地址来确定转发数据的目的地址。

（4）路由器。路由器 Router，是网络的三层设备，用于 WAN-WAN 之间的连接。如图 7.11 所示为 TP-LINK 的双 WAN 口网吧专用路由器。路由器有自己的操作系统，并且需要人员调试，否则不能工作。路由器接口较少，主要用来连接不同的网段并且找到网络中数据传输最合适的路径，实现异构网络之间的分组转发。路由器利用不同网络的 ID 号（即 IP 地址）来确定数据转发的地址。

图7.10　Aolynk S1008A 交换机　　　　　　　　图7.11　TL-R4238 路由器

（5）三层交换机。三层交换机既有交换机快速转发报文能力，又有路由器良好的控制功能，应用广泛。如图 7.12 所示为 D-Link 的 24 口三层网管可堆叠交换机 DES-3326SR，它在一个机箱里集成了二层线速交换和三层 IP 包路由以及服务质量（QOS）功能。

图7.12　DES-3326SR三层交换机

5. 网络协议

网络中为数据交换而建立的规则称为网络协议。常用的协议有 **TCP/IP** 协议、**IPX/SPX** 协议等。

6. 网络软件

网络软件包括协议软件、通信软件和网络操作系统，支持网络功能的完成，是网络不可缺少的部分。

计算机网络操作系统是网络用户和计算机网络的接口，网络用户通过网络操作系统请求网络服务。网络操作系统的任务就是支持局域网络的通信及资源共享，它承担着整个网络范围内的资源管理，支持各用户间的通信。常用的网络操作系统有 Windows NT、Net Ware、UNIX 等。

项目 7.3　Internet 基本知识 ‖

引言

　　本项目需要掌握 Internet 的常用术语、Internet 的地址、Internet 的接入方式及安装调制解调器的方法。

知识汇总

　　● IP 地址、域名、域名服务器；调制解调器安装

7.3.1 Internet 概念

互联网就是按照一定的方法，通过某些特定的设备把两个或多个独立的网络（包括 LAN 和 WAN）连接起来所构成的网络。网络互联既不能降低网络内性能，也不能改变网络内协议。把分布在世界各地的网络互联，形成世界上规模最大的、信息资源最丰富的全球性计算机互联网络，称为 Internet，也称为因特网或者国际互联网。采用 TCP/IP 协议，能够与 Internet 中的主机进行通信的计算机就属于 Internet。运行 ping 程序可以判断一台主机是否在 Internet 上。

7.3.2　Internet 的发展

因特网的英文名称是 Internet，它起源于一个名叫 ARPANET 的广域网，该网是 1969 年由美国国防部高级研究计划署（ARPA）创办的一个实验性网络。最初只连接了位于不同地区的为数不多的几台计算机，其目的是在不同类型的计算机之间通信，寻求一种连接不同局域网和广域网的新方法，实现一个网络中的网络，即网际网。由于 ARPANET 采用分布式的控制与处理，因此，它的一个或多个站点被破坏时，其他站点间的连接不受影响，它所具有的高可靠性使它得到了迅速发展，不断有新团体的网络加入。该网变得越来越大，功能也逐步完善起来，1983 年正式命名为 Internet，我国将其翻译为"因特网"。

Internet 是人类历史发展中的一个伟大的里程碑，它是信息高速公路的雏形，人类由此进入一个前所未有的信息化社会。下面是 Internet 发展的大事记。

（1）1969 年美国国防部高级研究计划局将四台主机连接起来，称为 ARPANET。

（2）1972 年，IP（Internet 协议）和 TCP（传输控制协议）问世，合称 TCP/IP 协议。

（3）1983 年，ARPANET 分解为 MILNET（军用）和 ARPANET（民用）两部分。

（4）1986 年，美国国家科学基金会组建 NSFNET，提出分层接入思想。

（5）1989 年，ARPANET 正式改名为 Interent。

（6）1991 年，Interent 网络的商业化正式开通，世界上许多大公司加入 Interent。

（7）1994 年，中国接入 Interent。

7.3.3 Internet 常用术语

1. WWW（World Wide Web，万维网）

WWW 是以超文本标记语言（HTML：Hyper Text Markup Language）和超文本传输协议（HTTP：Hyper Text Transfer Protocol）为基础的一种向用户提供包含文本、图像、声音、动画等在内的信息浏览系统。

2. TCP/IP 协议

ICP/IP 是 Transmission Control Protocol/Internet Protocol（传输控制协议 / 网际协议）的简写，是 Intrent 的核心协议。TCP/IP 协议是一个协议集，包括近百个协议，其中最重要的是 IP 协议和 TCP 协议。TCP 是保证信息在网络间的可靠传送而不被损坏。IP 保证信息按分组时所标明的地址准确地转送到目的地。二者在功能上互补，共同保证 Internet 在复杂的环境下正常运行。

3. FTP（File Transfer Protocol）

文件传输协议，确保用户文件在不同计算机之间安全可靠传输的一种协议。

4. Home Page

Home Page，即主页，指个人或机构的基本信息页面，相当于一个目录，用户可通过主页访问有关的信息资源。

5. URL（Uniform Resource Locator）

URL，即统一资源定位器，一般由使用的协议、要访问的服务器主机、要访问的路径及文件名三部分组成。例如，在 http：//www.smpx.com.cn/index.html 中，"http" 是协议，"www.smpx.com.cn" 是要访问的服务器主机，"index.html" 是文件路径。

7.3.4 Internet 的地址

1. IP 地址

IP 地址是网上的通信地址，是计算机、服务器、路由器的端口地址，每一个 IP 地址在全球是唯一的，是运行 TCP/IP 协议的唯一标识。

IP 地址是在全世界范围内分配的、能唯一标识 Internet 中每一台主机的 32 位的二进制数。例如，某个网络服务器的主机地址是：10100001100001000001011000001010。为了便于记忆，把这 32 位的二进制数分成 4 组，每组中的 8 位二进制数转换为 1 位十进制后中间用小数点分隔，即上述地址可以转换为：161.132.22.10。这种表示 IP 地址的方法称为点分十进制法。由此可见，通常所说的 IP 地址是由 4 个介于 0 ~ 255 之间的数字组成，每两个数字之间用小数点分隔。例如，中国广告商情网的服务器在 Internet 上的地址是 202.94.1.86，上海热线的地址是 202.96.209.5 和 202.96.209.133 等。

IP 地址包括两部分内容：一部分为网络标识，另一部分为主机标识。根据网络规模和应用的不同，IP 地址分为 A ~ E 类，它的分类和应用见表 7.1。常用的是 A、B、C 类。D 类网主要是备用，E 类网主要用于实验。

表 7.1　IP 地址编码

位序 类型	31	30	29	……24	23……16	15……8	7……0	功能
A 类	0		Net id			Host id		用于大型网络
B 类	1	0		Net id			Host id	用于中等规模网络
C 类	1	1	0		Net id		Host id	用于校园网

2. 域名、域名系统和域名服务器

（1）域名。由于数字形式的 IP 地址难以记忆，Internet 提出了 DNS（Domain Name Service）域名服务器的概念。这是一个分层和分布式管理的命名系统，其主要功能有两个：一是定义了为机器取域名的规则；二是高效率地把域名转化为 IP 地址。

技术提示：

　　IP地址修改时，注意网关和IP地址必须在同一个地址段中，才可以访问其他计算机或Internet网络。

域名采用分层次方法命名，每一层都有一个子域名。子域名之间用点号分隔，自右至左分别为主机名、网络名、机构名、最高层域名。例如，indi.shcnc.ac.cn 域名表示中国（cn）科学院（ac）上海网络中心（shcnc）的一台主机（indi）。表 7.2 和表 7.3 分别为组织性顶级域名表和地理性顶级域名表。

有了域名服务系统，所有域名空间中有定义的域名都可以有效地转换成 IP 地址，反之，IP 地址也可以转换成域名。因此，用户可以等价地使用域名和 IP 地址。

表 7.2　组织性顶级域名表

域名缩写	机构类型	域名缩写	机 构 类 型
com	商业系统	firm	商业或公司
edu	教育系统	store	提供购买商品业务
gov	政府机关	web	主要活动与 www 有关的实体
mil	军队系统	arts	以文化活动为主的实体
net	网络管理部门	rec	以消遣性娱乐活动为主的实体
org	非盈利性组织	inf	提供信息服务的实体

表 7.3　地理性顶级域名表

域名缩写	国 家
cn	中国
au	澳大利亚
de	德国
fr	法国
it	意大利
jp	日本
uk	英国

组织机构名和计算机名一般可由网络用户在申请域名时自定，原则是容易记忆。例如，域名 www.cccc.edu.cn 表明对应的网络主机是中国（cn）教育网（edu）上的某教育机构（cccc），又如域名 www.cctv.com 为中央电视台的域名。

域名地址与 IP 地址是一一对应的，在访问一个站点时，可以输入它的 IP 地址，也可以输入它的域名地址，域名地址可以通过域名服务器 DNS（Domain Name Service）解释成 IP 地址。

（2）域名系统和域名服务器。把域名翻译成 IP 地址的软件称为域名系统，即 Domain Name System，简称 DNS，它是一种管理名字的方法。所谓域名服务器（即 Domain Name Service，简称 Name Service）实际上就是装有域名系统的主机，它是一种能够实现名字解析的分层结构数据库。

7.3.5 Internet 的上网方式

1. ISP 与 ICP

ISP 的英文全称是 Internet Service Provider，翻译为 Internet 服务提供商，即向广大用户综合提供互联网接入业务、信息业务和增值业务的电信运营商，主要提供 Internet 接入服务。ISP 是经国家主管部门批准的正式运营企业，受到国家法律保护。国内知名的 ISP 有 263、163、169 等。

ICP 英文全称是 Internet Content Provider，翻译为 Internet 内容提供商，即向广大用户综合提供互联网信息业务和增值业务的电信运营商。ICP 也是经国家主管部门批准的正式运营企业，享受国家法律保护。国内知名的 ICP 有 Yahoo、新浪、搜狐、163、21CN 等，主要是开展网上信息搜索、发布新闻等方面的服务。

ISP、ICP 主要是从服务的角度进行区分的，实际上有很多网络公司既是 ISP 又是 ICP。

2. Internet 的接入方式

Internet 常用接入方式的特点和用途比较见表 7.4。

表 7.4　Ineterent 常用接入方式

接入方式	速度 /bps	特点	成本	适用对象
电话拨号	56k	方便、速度慢	低	个人用户、临时用户访问
ISDN	128k	较方便、速度慢	低	个人用户上网访问
ADSL	512k ~ 8M	速度较快	较低	个人用户、小企业访问
Cable modem	8M ~ 48M	利用有线电视的同轴电缆来传送数据信息、速度快	较低	个人用户、小企业访问
LAN 接入	10M ~ 100M	附近有服务提供商、速度快	较低	个人用户、小企业上网访问，常称为"宽带接入"
DDN（帧中继、PCM）	128k ~ 2M	资源符合技术要求、速度较快	较高	企业用户全功能应用
光纤	≥ 100	速度快、稳定	高	大中型企业用户全功能应用

（1）专线接入方式。专线接入方式又称为专用线路，线路是固定的，用户对此线路有百分之百的使用权；线路可能是铜线、光线、同轴电缆或微波。

DDN 专线，即数字数据网（Digital Data Network）是一种全透明、无需交互功能的网，它对数据终端速率没有特殊的要求，从 45.5 bit/s 到 1 984 kbit/s 的终端都可入网使用，且用户所需的传输速率和信道带宽可根据要求灵活设置。

（2）拨号入网接入方式。拨号线路在每次接通时走的路径可能会不一样，但接通后，路径就固定了，而这时这条线路如同专线。缺点是若在同一区使用量大，会造成该区的网络阻塞。

ISDN 网络线路稳定，可支持全数字 N*64 kbit/s 的业务；同时具有模拟电话网络的拨号连接和按使用时间计费等优点。

3. Internet 常见服务

（1）WWW（World Wide Web，万维网）。

（2）电子邮件（E-mail）。

（3）文件传输（FTP）。

（4）搜索引擎（Search Engines）。

（5）网上聊天。

（6）BBS。

⋰⋰⋰ 7.3.6【任务1】安装调制解调器

1. 学习目标

在 Windows XP 下安装并配置调制解调器，建立拨号连接，并使用拨号连接进入 Inernet。

2. 操作过程

（1）调制解调器的安装。

① 单击【开始】→【控制面板】命令，打开"控制面板"对话框。

② 双击【电话和调制解调器选项】，打开"电话和调制解调器选项"对话框，选择"调制解调器"选项卡，如图 7.13 所示。

③ 在该选项卡中单击【添加】按钮，打开"添加硬件向导"对话框，如图 7.14 所示。

 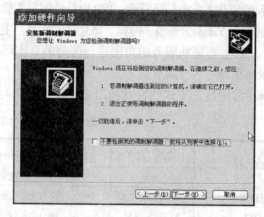

图7.13　"电话和调制解调器选项"对话框　　　图7.14　"添加硬件向导"对话框

④ 按照"添加硬件向导"提示的内容，逐步完成调制解调器的各项设置安装（略）。

⑤ 打开"电话和调制解调器选项"对话框，选择"调制解调器"选项卡，新装的调制解调器已经出现在其中，如图 7.15 所示。

（2）调制解调器的配置。

① 单击【开始】→【控制面板】命令，打开"控制面板"对话框。

② 双击【电话和调制解调器选项】，打开"电话和调制解调器选项"对话框，选择"调制解调器"选项卡。

③ 选定安装好的调制解调器，单击【属性】按钮，打开"调制解调器属性"对话框，如图 7.16 所示。

图7.15　安装后的"电话和调制解调器选项"对话框　　图7.16　"调制解调器属性"之"常规"选项卡

④ 分别在 5 个选项卡中进行配置，使其发挥最大功效，并且更加符合用户的使用习惯。

（3）新建连接。

① 双击【网上邻居】，出现"网上邻居"界面，在其"网络任务"中单击【查看网络连接】，出现"网络连接"界面，在其"网络任务"中单击【创建一个新的连接】，出现"新建连接向导"对话框，如图7.17所示。

② 按照"新建连接向导"提示的内容，逐步完成输入ISP名称、ISP电话号码等各项的设置安装（略）。如图7.18所示为新建连接向导中输入电话号码操作对话框。

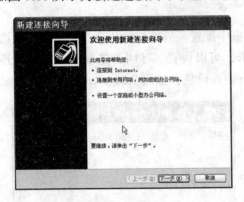
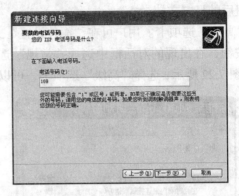

图7.17　"新建连接向导"对话框　　图7.18　"新建连接向导"之"您的ISP电话号码"

（4）使用拨号连接进入Internet。

① 在"网络连接"界面双击新建的拨号连接，出现"连接到"对话框，如图7.19所示。

② 在"连接到"对话框中检查和输入用户名、密码，单击【拨号】按钮。

③ 连通后，在任务栏的右侧会出现连接上■图标，表示已实现与Internet的连接。

④ 启动网络浏览器，进行网上冲浪。

3. 相关知识

（1）调制解调器。调制解调器（Modem）的基本功能是使电脑之间能够进行数据通信。它分为内置式和外置式。内置式Modem其实就是一块计算机的扩展卡，插入计算机内的一个扩展槽内即可使用。外置式Modem则是一个放在计算机外部的盒式装置，它需占用电脑的一个串行端口，还需要连接单独的电源才能工作，外置式Modem安装和拆卸容易，便于携带。

调制解调器连在计算机和电话线之间。一方面把计算机发出的数字电信号调制成便于在电话线上传送的模拟电信号，如图7.20所示；另一方面，将由通信线路传入的模拟电信号解调成原来的数据电信号发给计算机，如图7.21所示。

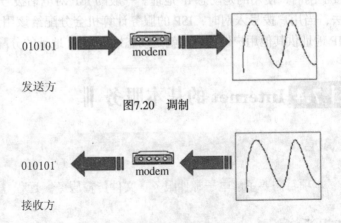

图7.19　"连接到"对话框　　　　　图7.20　调制

图7.21　解调

（2）调制解调器的属性对话框。

① "常规"选项卡。"常规"选项卡显示了调制解调器的设备类型、制造商、位置及设备状态等

信息。

②"调制解调器"选项卡。用户可在"扬声器音量"选项组中，调节扬声器的音量；在"最大端口速度"选项组中，选择调制解调器的最大端口速度；在"拨号控制"选项组中，选择在拨号时是否等待扬声器发出拨号声音。

③"诊断"选项卡。"诊断"选项卡显示了该调制解调器的诊断信息。单击"查询调制解调器"按钮，可查看该调制解调器有反映的任何指令；单击"查看日志"按钮，可查看单击"查询调制解调器"按钮后的日志文档。

④"高级"选项卡。用户可在"额外设置"文本框中配置额外的初始化命令。单击【更改默认首选项】按钮，在出现的对话框中选择"常规"选项卡，可以设置"呼叫首选项"和"数据连接首选项"，如图 7.22 所示；选择"高级"选项卡，可以进行硬件设置，如图 7.23 所示。

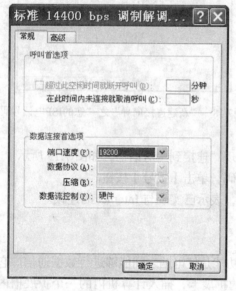 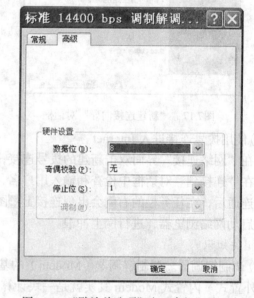

图7.22　"默认首选项"之"常规"选项卡　　图7.23　"默认首选项"之"高级"选项卡

⑤"驱动程序"选项卡。用户可以单击"驱动程序详细信息"按钮，查看驱动程序的详细信息；单击"更改驱动程序"按钮，更新驱动程序；单击"返回驱动程序"按钮，在更新失败时，返回到以前的驱动程序；单击"卸载"按钮，卸载该驱动程序。

（3）IP 地址有两类：一类称为静态 IP 地址，一类称为动态 IP 地址。当使用 163、169、263 等拨号连接上网时，使用的是动态 IP 地址。一般的 ISP 对电话拨号上网的个人用户采用共享几个 IP 地址的方法，当用户拨号入网时，ISP 的服务计算机会分配给该用户一个 IP 地址，使用完毕，主机将收回该 IP 地址供其他用户使用。这就是动态地进行 IP 地址的分配。

项目7.4 Internet 的基本服务 ‖

引言

本项目需要了解电子邮件服务、文件传输服务，远程登陆服务的相关概念。

知识汇总

● 电子邮件（E-mail）服务、文件传输服务 FTP、远程登录服务 Telnet

7.4.1 电子邮件（E-mail）服务

电子邮件（E-mail）服务是一种通过计算机网络与其他用户进行联系的快速、简便、高效、价廉的现代化通信手段。使用 Internet 提供的电子邮件服务的前提，是首先要拥有自己的电子邮箱。电子邮箱是由提供电子邮件服务的机构为用户建立的，实际上是在该机构与 Internet 联网的计算机上为用户分配的一个专门用于存放往来邮件的磁盘存储区域，且这个区域是由电子邮件软件系统操作管理的。电子邮件系统有如下特点：

（1）方便性。通过电子邮件，你不仅可以传送文本信息，而且可以传送图像文件，报表和计算机程序。

（2）廉价性和快捷性。

电子邮件系统是采用"存储转发"方式为用户传递电子邮件的，当用户期望通过 Internet 给某人发送信件时，他先要同为自己提供电子邮件服务的计算机联机，然后将要发送的信件与收信人的电子邮件地址输入自己的电子邮箱，电子邮件系统会自动将用户的信件通过网络一站一站地送到目的地，当信件送到目的地计算机后，该计算机的电子邮件系统就将它存在收件人的电子邮箱中等候用户自行读取。用户只要随时以计算机联机的方式打开自己的电子邮箱，便可以查阅自己的邮件了。

与普通信件类似，Internet 的电子邮件也有自己的信封和信纸，它们被称为邮件头（Mail Header）和邮件体（Mail Body），邮件头主要由三部分组成，收信人、电子邮箱、地址。

7.4.2 远程登录（Telnet）服务

远程登录是 Internet 上较早提供的服务。用户通过 Telnet 命令使自己的计算机暂时成为远地计算机的终端，直接调用远地计算机的资源和服务。利用远程登录，用户可以实时使用远地计算机上对外开放的全部资源，可以查询数据库、检索资料，或利用远程计算完成只有巨型机才能做的工作。此外，Internet 的许多服务是通过 Telnet 访问来实现的。当然，要在远程计算机上登录，首先应成为该系统的合法用户，并拥有相应的用户名及口令。

7.4.3 文件传输（FTP）服务

Internet 网上有许多公用的免费软件，允许用户无偿转让、复制、使用和修改。这些公用的免费软件种类繁多，从多媒体文件到普通的文本文件，从大型的 Internet 软件包到小型的应用软件和游戏软件，应有尽有。充分利用这些软件资源，能大大节省软件编制时间，提高效率。用户要获取 Internet 上的免费软件，可以利用文件传输服务（FTP）这个工具。

FTP 具有一种实时的联机服务功能，它支持将一台计算机上的文件传到另一台计算机上。工作时用户必须先登录到 FTP 服务器上。使用 FTP 几乎可以传送任何类型的文件，如文本文件、二进制可执行文件、图形文件、图像文件、声音文件、数据压缩文件等。

访问 FTP 服务器有两种方式：一种访问是注册用户登录到服务器系统，另一种访问是用"匿名"（Anonymous）进入服务器。人们只要知道特定信息资源的主机地址，就可以用匿名 FTP 登录获取所需的信息资料。虽然目前使用 WWW 环境逐渐取代匿名 FTP 成为最主要的信息查询方式，但是匿名 FTP 仍然是 Internet 上传输分发软件的一种基本方法。除此之外，FTP 服务还提供远程主机登录、目录查询、文件操作以及其他会话控制功能。

项目 7.5 万维网和 IE 浏览器 ⫴

引言

本项目需要掌握使用 IE 浏览器访问 Internet 的方法及利用搜索引擎搜索所需的信息。

知识汇总

● IE 浏览器的启动与关闭；网页浏览；使用收藏夹；设置 Internet 选项；搜索引擎

❖❖❖ 7.5.1【任务 2】使用 IE 浏览器访问 Internet

1. 学习目标

使用 IE 浏览器打开、浏览、收藏网页，并设置 Internet 选项，本任务旨在熟悉浏览器的界面，掌握浏览器的基本操作。

2. 操作过程

（1）IE 浏览。

① 在 Windows 桌面上双击 Internet Explorer 图标，出现用户的上网主页窗口，如：www.hao123.com。

② 在地址栏输入"www.chinahr.com"，按【Enter】键 / 单击【转到】按钮，或者单击"中华英才网"超链接，打开"中华英才网"主页。

③ 单击"猎头职位"栏目的【more…】按钮，在打开的网页中浏览。

④ 用前进、后退按钮在已访问的网页间切换。

（2）网页收藏。

① 将光标移至地址栏网址前的图标上，按住鼠标左键拖至工具栏的【收藏夹】按钮。

② 单击【收藏夹】按钮，浏览器窗口出现"收藏夹"工具栏，已经包括了新收藏的网页。

③ 单击"收藏夹"中的超链接浏览网页。

（3）设置 Internet 选项。

① 单击【工具】→【Internet 选项】命令，出现"Internet 选项"对话框，如图 7.24 所示。

技术提示：

在这里可以设置网页保存在历史记录中的天数。

图7.24 "Internet选项"对话框

② 在"常规"选项卡的"主页"框架中将主页设置为空白页。

3. 相关知识

（1）WWW（World Wide Web 的缩写）是一个图形界面的超文本信息查询系统，通常称为万维网。它与 Internet 上的文档和文档间的链接一起构成庞大的网上信息服务系统。WWW 是目前 Internet 上最流行、最受欢迎、使用方便的信息查询系统。万维网和超链接技术促进了 Internet 的飞速发展。

WWW 系统采用服务器 / 客户机结构。WWW 服务器上存放 Web 文件，通常称为 Web 站点。服务器上的所有信息都是用 HTML（超文本标记语言）来描述，其文档是由文本、格式化代码以及与其他文档的链接组成。Web 站点包括 Web 页面文件和 Web 服务程序。主页是一个 Web 站点的首页，从该页出发可以链接到本站其他页面，也可以链接到其他站点的页面。在客户端，WWW 系统使用浏览器（如微软公司的 Internet Explorer，景网公司的 Netscape 等）就可以访问全球任何地方的 WWW 服务器上的信息。

（2）IE 浏览器。IE 是集成在 Windows 操作系统中的，即在安装 Windows 操作系统时，能自动安装 IE 软件，并且在桌面上自动创建 Internet Explorer 快捷方式图标，同时在任务栏的"快速启动项"中也创建启动 Internet Explorer 浏览器的快捷图标。

（3）IE 浏览器的启动与关闭。

① 启动 IE 浏览器有三种方法：

● 在 Windows 桌面上双击【Internet Explorer】图标；

● 在 Windows 任务栏的快速启动项中单击【IE】快捷按钮；

● 在【开始】菜单中选择【程序】/【Internet Explorer】。

② 关闭 IE 浏览器也有三种方法：

● 单击 IE 窗口右上角的【关闭】按钮；

● 选择【文件】菜单中的【关闭】命令；

● 双击 IE 窗口左上角的控制图标。

（4）IE 浏览器窗口。IE 浏览器的窗口由标题栏、菜单栏、工具栏、地址栏、浏览区和状态栏等部分组成。

① 标题栏。标题栏位于窗口的最上方，用于显示当前正在查看的网页名称。

② 菜单栏。菜单栏位于标题栏的下方，包括文件、编辑、查看、收藏、工具和帮助 6 个菜单项，用户可以通过菜单栏中的命令来实现相应功能。

③ 工具栏。工具栏位于菜单栏的下方，提供了菜单栏中部分常用命令的快捷操作按钮，通过单击这些按钮可以快速完成一些常用的操作。

在工具栏上单击前进 或后退 按钮，可以显示曾经访问过的上一网页或下一网页；单击停止 按钮可终止当前网页的数据传输；单击刷新 按钮重读数据更新网页；单击主页 按钮返回显示 IE 的默认网页；使用搜索 按钮可以在 Internet 上搜索信息；收藏夹 按钮用来存储用户经常访问的和有保留价值的网页；历史 按钮可以帮助用户快速找到以前曾经浏览过的网站或网页，系统默认保留 20 天的访问记录。

④ 地址栏。用户在浏览网页时，地址栏中显示的是当前网页所对应的地址信息。用户也可以在地址栏中输入某一个网页地址，再单击【转到】按钮来打开相应的网页以供浏览，当然也可以输入本地计算机上的路径名来打开本地机上的相应内容。

⑤ 浏览区。浏览区是用户获取当前网页内容的区域，用于显示当前所浏览的网页的内容，通过拖动右侧和底部的滚动条可以查看到网页的所有信息。

⑥ 状态栏。状态栏位于窗口的底部，用来显示当前浏览器的操作状态和信息。

（5）网页浏览。浏览网页的方法主要有两种，一种是指定网页地址浏览，一种是通过超链接浏览。

① 指定网页地址浏览网页。当用户知道想要访问的网页的地址时，可以在地址栏中输入该地址，然后单击"转到"按钮或直接回车就可以打开相应的网页。

表明网页地址的方式可以是 IP 地址，也可以是域名或网络实名。但通常情况下 IP 地址是动态分配的，并且不易记忆，所以经常使用域名或网络实名。例如，在地址栏中输入"http：//www.sohu.com"或网络实名"搜狐"后，单击【转到】按钮或直接按回车键即可打开搜狐主页。通常 IE 可以简化输入，只需要输入主机名，如想打开搜狐主页，只需输入"sohu"，然后按组合键【Ctrl】+【Enter】，则 IE 自动补全"www"和".com"。IE 的"自动完成"功能可以保存以前键入过的内容，因此只要在地址栏中输入一个以前曾经输入过的网页地址中的一部分字符，地址栏就会出现一个与该地址相匹配的下拉式列表，从中可以找到所需的地址，然后单击该地址就可以转到相应的网页。

② 超链接浏览网页。超链接是指内嵌了 Web 地址的文字和图形，当鼠标指向网页上某个超链接时鼠标指针将会变为手形，而且超链接文字的颜色会发生变化。在多个网页之间是通过超链接相连的，单击超链接即可链接到相应的网页。

（6）使用收藏夹。

① 将光标移至地址栏网址前的图标上，按住鼠标左键拖至工具栏的【收藏夹】按钮，可以将网页添加到收藏夹列表中。

② 单击【收藏】→【添加到收藏夹】，在出现的"添加到收藏夹"对话框中可以将网页添加到收藏夹列表中。

③ 单击【收藏】→【整理收藏夹】，在"整理收藏夹"界面选择操作按钮，可以在收藏夹中创建、移动、删除、重命名文件夹。

④ 单击【收藏夹】按钮，浏览器窗口出现"收藏夹"工具栏，可以单击收藏的网页浏览。"收藏夹"工具栏中也包括添加到收藏夹和整理收藏夹功能。

（7）设置 Internet 选项。IE6.0 允许用户对浏览器的工作环境作一些设置，例如可以设置主页、更改计算机的安全级别等、保存历史记录。

① 单击【工具】→【Internet 选项】命令，出现"Internet 选项"对话框。

② 在控制面板中双击【Internet 选项】，或者在桌面上的 IE 图标处单击鼠标右键，在弹出的快捷菜单中单击【属性】，能够出现"Internet 属性"对话框。

③ "Internet 选项"对话框，设置如下：

● 【常规】选项卡。设置 IE 的主页、Internet 临时文件以及清除历史记录等。

● 【安全】选项卡。根据不同的区域设置相应的安全级别。

● 【隐私】选项卡。设置在 Internet 区域中的隐私级别以及对个别网站的 Cookie 文件的接收与拒绝。

● 【内容】选项卡。提供分级审查、证书、个人信息方面的设置功能。

● 【连接】选项卡。可以建立连接，对网络连接方式和代理服务器等选项进行设置。

● 【程序】选项卡。指定为完成 IE 的某些功能所对应的 Windows 程序，例如 HTML 编辑器是设置 IE 菜单栏中的【编辑】命令所激活的编辑器，默认为 Frontpage Editor；电子邮件是指定 IE 工具栏中的【邮件】按钮所激活的邮件程序，默认为 Outlook Express 等。

● 【高级】选项卡。进行关于安全、多媒体信息显示等方面的设置。

7.5.2 信息搜索

搜索引擎是对 WWW 站点资源和其他网络资源进行标引和检索的一类检索系统。相比较站点导航，人们更多使用搜索引擎（Search Engine）来准确、方便、快捷地获得相关的网络资源。

1. 谷歌

（1）网址：www.google.cn。

（2）基本搜索。

① 搜索既包含 A 又包含 B 的资料可以输入 A 空格 B。

例如，搜索关于计算机教材的资料，输入"教材 计算机"。

② 搜索包含 A 且不包含 B 的资料可以输入 A 空格 –B。

例如，搜索不包含计算机的教材资料，输入"教材 – 计算机"。

③ 搜索或包含 A 或包含 B 的资料可以输入 AorB。

例如，搜索关于教材或计算机的资料，输入"教材 OR 计算机"。

（3）高级搜索。

① 在关键词前加"site：" 表示在特定的站点中搜索。

例如，搜索网易的新闻，输入"新闻 site：www.163.com"。

② 在关键词前加"filetype：" 表示在某一类文件中查找信息。

例如，搜索关于上网的 WORD 文档资料，输入"上网 filetype：doc"。

③ 在关键词前加"intitle：" 表示搜索基于网页标题的信息。

例如，搜索标题为清华大学的文章，输入"intitle：清华大学"。

④ 在关键词前加"inurl：" 表示搜索基于 URL 的信息。

例如，搜索网址中包含 CLUB 的资料，输入"inurl：club"。

2. 百度

（1）网址：www.baidu.com。

（2）基本搜索：

① 搜索既包含 A 又包含 B 的资料可以输入 A 空格 B。

② 搜索包含 A 且不包含 B 的资料可以输入 A 空格 -B。

③ 搜索或包含 A 或包含 B 的资料可以输入 A|B。

（3）其他搜索：单击主页上相关的超链接搜索，例如 MP3，知道等，单击"更多（more）"查找更多选项。

项目 7.6 电子邮件

引言

本任务需要掌握如何利用免费电子邮箱收发邮件。

知识汇总

● 如何申请免费的电子邮箱
● 如何收发邮件

7.6.1【任务 3】使用免费电子邮箱收发邮件

1. 任务目标

申请免费的电子邮箱，并实际收发电子邮件。本任务旨在熟练使用电子邮箱。

2. 操作过程

（1）申请免费的电子邮箱：

① 登陆提供邮件服务的网站，例如 www.126.com。

② 单击【立即注册】。

③ 输入用户名、密码等相关信息，单击【创建账号】（红色星号为必填项）。

④ 注册成功，单击【进入邮箱】。

（2）收发邮件：

① 登陆 126 网站，输入用户名和密码，单击【登陆】，进入邮箱。

② 收邮件：单击【收信】，点击主题查看信件。如果邮件中有附件，单击附件名，或者单击附件名后面的【下载】，出现"新建下载"对话框。编辑文件名，选择下载目录，单击【下载】按钮。

③ 写邮件：单击【写信】，输入收件人地址，多个地址用逗号分隔；单击【添加抄送】，输入收件人地址，收件人互相可见；单击【添加密送】，输入收件人地址，收件人互相不可见；单击【添加附件】，打开要发送的文件；输入邮件正文；单击【发送】。

④ 转发邮件：收到邮件后，单击【转发】，则自动以当前邮箱的地址为发件人地址，邮件内容不变，邮件主题在原主题前加入"Fw："，只要输入收件人地址就可以发送。

⑤ 回复邮件：收到邮件后，单击【回复】，则自动以当前邮箱的地址为发件人地址，以原发件人地址为收件人地址，邮件主题在原主题前加入"Re："，只要添加邮件内容就可以发送。

⑥ 删除邮件：在收件箱选择待删除的邮件，单击【删除】按钮。

3. 相关知识

电子邮件：

① E-mail（Electronic Mail），电子邮件，是利用计算机的通信功能实现普通信件传输的一种技术，是 Internet 上使用最频繁的功能之一。

② E-mail 的主要优点有：

● 电子邮件系统快捷高效，从电子邮件发出到送达的时间是秒级；

● 电子邮件系统安全性好，电子邮件不会丢失，如果对方不存在还会把邮件返回发送方；

● 电子邮件系统不但可以传输各种格式的文本信息，还可以传输图像、声音、视频等多种媒体信息；

● 电子邮件可以随时发送，不受时间限制。系统通信时不要求通信双方同时在场，假如收件方不在，系统可以将邮件一直保留在收件人的信箱里，以供其随时查看；

● 电子邮件可以进行一对多的邮件传递，同一邮件可以一次发送给许多人，极大地满足了人与人之间通信的需求。

③ 电子邮件地址：Internet 上电子邮件地址的格式如下：

username@hostname

username 指用户所申请的邮箱名称，即用户名。hostname 指邮箱所在的服务器主机的域名，中间的符号 @ 含义是"at"，表示名称为 username 的用户在 hostname 主机上开设的一个信箱。

重点串联 ▶▶▶

网络设备　网络协议　拓扑结构　Interent　IE 浏览器　电子邮件

拓展与实训

▶ 基础训练

一、选择题

1. 合法的 IP 地址是（   ）。

    A. 202：196：112：50   B. 202、196、112、50

    C. 202，196，112，50   D. 202.196.112.50

2. 在 Internet 中，主机的 IP 地址与域名的关系是（   ）。

    A. IP 地址是域名中部分信息的表示   B. 域名是 IP 地址中部分信息的表示

    C. IP 地址和域名是等价的   C. IP 地址和域名分别表达不同含义

3. 计算机网络最突出的优点是（   ）。

    A. 运算速度快   B. 联网的计算机能够相互共享资源

    C. 计算精度高   D. 内存容量大

4. 提供不可靠传输的传输层协议是（   ）。

    A. TCP   B. IP   C. UDP   D. PPP

5. 关于 Internet，下列说法不正确的是（   ）。

    A. Internet 是全球性的国际网络   B. Internet 起源于美国

    C. Internet 可以实现资源共享   D. Internet 不存在网络安全问题

6. 传输控制协议 / 网际协议即（   ），属工业标准协议，是 Internet 采用的主要协议。

    A. Telnet   B. TCP / IP   C. HTTP   D. FTP

7. Internet 是由（   ）发展而来的。

    A. 局域网   B. ARPANET   C. 标准网   D. WAN

8. LAN 是指（   ）。

    A. 广域网   B. 局域网   C. 资源子网   D. 城域网

9. Internet 是全球最具影响力的计算机互联网，也是世界范围的重要（   ）。

    A. 信息资源网   B. 多媒体网络   C. 办公网络   D. 销售网络

10. IP 地址能唯一地确定 Internet 上每台计算机与每个用户的（   ）。

    A. 距离   B. 费用   C. 位置   D. 时间

11. 将文件从 FTP 服务器传输到客户机的过程称为（   ）。

    A. 上传   B. 下载   C. 浏览   D. 计费

12. 在 Internet 提供的多种服务中，（   ）指的是远程登录系统。

    A. FTP   B. E-maril   C. Telnet   D. Gopher.

13. 中国的顶级域名是（   ）。

    A. cn   B. ch   C.chn   D. china

14. 下边的接入网络方式，速度最快的是（   ）。

    A. GPRS   B. . ADSI,   C. ISDN   D. LAN

15. TCP 协议称为（   ）。

    A. 网际协议   B. 传输控制协议

    C. Network 内部协议   D. 中转控制协议

二、填空题

1. 计算机网络是 _____ 与 _____ 结合的产物。

2. "网络"主要包含 _____ 、 _____ 、 _____ 和 _____ 四个方面。

3. 计算机通信网络在逻辑上可分为 _____ 和 _____ 两大部分。

4. 计算机网络的基本组成主要包括 _____ 、 _____ 、 _____ 、 和 _____ 四部分。

5. 最常用的网络拓扑结构有 _____ 、 _____ 、 _____ 、 和 _____ 。

6. 按照网络覆盖的地理范围的大小，可以将网络分为 _____ 、 _____ 和 _____ 。

7. 根据所使用的传输技术，可以将网络分为 _____ 和 _____ 。

8. Internet 接入方式分为 _____ 和 _____ 两大类对应于 _____ 传输_____ 与 _____ 传输。

9. 有线传输的介质有 _____ 、 _____ 和 _____ 。

10. 无线传输的主要方式包括 _____ 、 _____ 、 _____ 、 _____ 和激光通信等。

11. 计算机连网的目的是使不同的用户能共享 _____ 中的硬件、软件和数据等资源，以及方便用户间相互 _____ 数据和信息。

12. 计算机网络中， _____ 一般限定在较小的区域内，小于 10 km 的范围，通常采用有线的方式连接起来。 _____ 的典型代表是 Internet 网。

13. WWW（World Wide Web 的缩写）是一个图形界面的超文本 _____ 系统，通常称为万维网。它与 Internet 上的文档和文档间的链接一起构成庞大的 _____ 服务系统。WWW 是目前 Internet 上最流行、最受欢迎、使用方便的 _____ 系统。

三、简答题

1. 例举计算机网络连接的主要对象。

2. 计算机网络的基本功能有哪些？

3. 举例说明计算机网络在商业上的应用。

4. 计算机网络互联是如何产生的？

5. 简述什么是"通信子网"？什么是"资源子网"？

▶ 技能训练 ❯❯❯❯❯

操作题

1. 上网登录到"搜狐"网站，并将其设置为 IE 浏览器的主页。根据上机过程写出实验步骤。

2. 打开百度页面，搜索并下载歌曲"大海"。

3. 在自己喜欢的网站上申请一个电子信箱，并与同学互相收发邮件，选择一些邮件进行删除、转发、回复等操作。根据上机过程写出实验步骤。

4. 将一些同学的电子信箱地址及其他信息保存到通讯薄中。根据上机过程写出实验步骤。

5. 将主机 IP 地址修改为"192.168.10.11"，网关修改为"192.168.10.254"。根据操作过程写出实验报告。

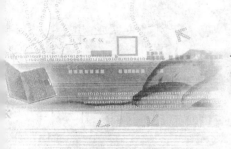

模块8
多媒体技术基础

教学聚焦

多媒体技术是利用计算机综合处理声、文、图等信息的综合技术。多媒体技术涉及多个方面，如计算机的架构、数字处理技术、编辑技术、声音信号处理、图形学及图像处理动态技术、人工智能、计算机网路和高速通信技术等。

知识目标
- ◆ 多媒体技术概述
- ◆ 多媒体计算机及其分类
- ◆ 多媒体计算机的应用

技能目标
- ◆ 多媒体计算机的分类

课时建议

4 课时

教学重点和教学难点
- ◆ 多媒体技术的概述及多媒体计算机的应用；多媒体技术的发展趋势

项目 8.1 多媒体技术概述 ⫼

引言

通过本项目的讲述，了解多媒体技术的相关知识。

知识汇总

● 多媒体技术；多媒体技术的概念；多媒体技术研究的主要内容

8.1.1 多媒体技术

在计算机领域，媒体的含义有两种：一是存储信息的实体，如磁盘、磁带、光盘、半导体等存储器；二是指传递信息的载体，如声音、图像、文字等。多媒体技术中的"媒体"是指后者，是一种表达信息的形式。

国际电信联盟远程通信标准化组织 ITU-T 把媒体分成了以下五类，即感觉媒体、表示媒体、表现媒体、存储媒体和传输媒体。

（1）感觉媒体。感觉媒体是直接作用于人的感觉器官，使人直接产生直接感觉的媒体，如引起听觉反应的声音，引起视觉反应的图像。

（2）表示媒体。表示媒体指传输感觉媒体的中介媒体，即用于数据交换的编码，如图像编码、文本编码和声音编码等。这是为了加工、处理和传输感觉媒体而人为地研究构造出来的一类媒体。

（3）表现媒体。表现媒体指信息输入输出地媒体。例如键盘、鼠标、扫描仪、摄像机等输入媒体；显示器、打印机、喇叭等输出媒体。

（4）存储媒体。存储媒体指用于存储表示媒体的物理介质，如硬盘、光盘、软盘等。

（5）传输媒体。传输媒体指用于传输的物理介质，如双绞线、同轴电缆和光缆等。

8.1.2 多媒体技术的概念

当信息载体不仅仅是数值和文字，而是包括图形、图像、声音、视频影像、动画等多种媒体及其有机组合时，我们就称之为多媒体。实际上，多媒体就是含有两种以上媒体的具有交互功能的信息交流和传播的复合媒体。目前，多媒体实际上只包含了感觉媒体中的视觉和听觉媒体。随着多媒体技术的不断发展，多媒体的含义还会不断被赋予新的内容。

多媒体技术使计算机具有了综合处理文本、图形、声音、动画和视频的能力，使其可以进行数据的压缩和解压缩，可以展现形象丰富的各种信息。多媒体具有很强的交互性，极大地改善了人机对话的界面，改变了计算机的使用方式，从而使计算机进入了人类的各个领域，给人们的工作、生活、学习和娱乐带来了巨大的变化。

多媒体技术的主要特征有：数字化、集成性、多样性、交互性、非线性、实时性和协同性。

8.1.3 多媒体技术研究的主要内容

1. 视频和音频数据的压缩技术

多媒体数据压缩和编码技术是多媒体技术中最为关键的核心技术。它主要是将模拟信号转换成计算机能识别和处理的数字信号。数字化声音、图像和视频的数据量非常大，存储和传输需要很大的空间和时间，须对多媒体数据进行压缩编码，才能方便多媒体信息的处理。多媒体技术中的数据压缩方法有很多种，其中尤以 JPEG 和 MPEG 较常用。JPEG 采用 DCT 算法来进行数据压缩，可获得（10～80）：1 的压缩比。MPEG 压缩标准可以达到（50～100）：1 的压缩比。

2. 制作多媒体软件

多媒体编辑工具包括文字处理软件、图形图像处理软件、动画制作软件、声音编辑软件及视频播放软件。

（1）文字处理软件：记事本、写字板、Word 等。

（2）图形图像处理软件：Photoshop、CorelDraw、Freehand 等。

（3）动画制作软件：Falsh、Autodesk、3DMAXS 等。

（4）声音编辑软件：Windows 自带录音机、CoolEdit、WaveEdit 等。

（5）视频播放软件：暴风影音、RealPlayer 等。

3. 图像文件的格式

（1）.bmp 文件：Windows 采用的图像文件存储格式。

（2）.gif 文件：联机图形交换使用的一种图像文件格式。

（3）.tiff 文件：二进制文件格式。

（4）.png 文件：图像文件格式。

（5）.wmf 文件：绝大多数 Windows 应用程序可以有效处理的格式。

（6）.dxf：一种向量格式。

4. 视频文件格式

（1）.avi 格式：Windows 操作系统中数字视频文件的标准格式。

（2）.mov 格式：即 QuickTime 影片格式，是一种音频、视频文件格式，用于储存常用数字类型。

5. 专用芯片

由于多媒体计算机要进行大量的数字信号处理，如图像处理、压缩和解压缩等，这就需要使用专用芯片，以减轻 CPU 的压力。

6. 大容量存储器

数字化的多媒体信息虽然经过压缩处理，但仍然非常庞大。目前一般使用光盘用于多媒体信息的存储和发行。常用的 CD - ROM 光盘外径 5 英寸，容量为 650 MB 左右，价格低廉；存储容量更大的是 DVD 光盘，如果采用单面结构，容量可达到 4.7 GB，双层结构的容量可达到 17 GB。

7. 多媒体信息检索技术

比较先进的多媒体信息检索技术是基于内容的多媒体检索技术，它具有根据媒体对象的语义和上下文联系进行检索的特点，可从媒体内容中提取信息线索，直接对媒体进行分析，抽取媒体特征，如形状、颜色、纹理等图像特征。

项目 8.2 多媒体计算机

引言

本项目主要讲述多媒体计算机以及多媒体计算机分类，多媒体计算机技术的应用。

知识汇总

● 多媒体计算机；多媒体计算机的分类；多媒体计算机技术的应用

8.2.1 多媒体计算机

多媒体计算机（简称 MPC）是指在多媒体技术的支持下，能够实现多媒体信息处理的计算机系统。现在的多媒体计算机在配置上已远远超过了 MPC1、MPC2、MPC3 的最低标准。其主要部件与普通个人计算机的配置基本一样，也包含中央处理器 CPU、内存储器、主板、光盘驱动器、显示器、鼠标、键盘等主要部件。为了满足多媒体信息大数据量处理的要求，对 CPU、内存储器和显示器等部件在性能上都有较高要求，要能够保证多媒体信息的处理、存储、显示与传输。此外，以下部件也是多媒体计算机必需的基本配置。

（1）显示适配器。显示适配器也称为显卡，是计算机主机与显示器的接口，它的作用是将计算机中处理的数字信号转换为图像信号后从显示器输出。现在也有部分厂家将显卡直接集成在主板上。独立显卡在性能上优于集成显卡。

（2）音频卡。音频卡也是 MPC 上的基本配置，又称为声卡或声音适配器，是实现声波和数字信号相互转换的硬件。

（3）音箱。音箱是多媒体计算机的外部设备，其作用就是把声卡输出的音频信号转换为声音波形进行播放。

除上述基本配置外，在多媒体计算机中，还会用到一些其他设备，主要有视频卡、扫描仪、数码照相机、数码摄像机、摄像头等。

硬件是多媒体系统的基础，软件是多媒体信息的支撑平台，它们必须协同工作，才能表现出多媒体系统的巨大魅力。多媒体系统的软件主要包括各种驱动程序、多媒体操作系统、多媒体素材采集处理软件、多媒体创作集成工具软件和多媒体应用软件。

8.2.2 多媒体计算机技术的应用

多媒体技术与计算机技术有机结合，开辟了计算机新的应用领域。概括起来，多媒体计算机技术的应用主要体现在以下几个方面：

（1）科技数据和文献的多媒体表示、存储及检索。它改变了过去只能利用数字、文字的单一方法，还可以描述对象的本来面目。

（2）多媒体电子出版物，为读者提供了"图文声像"并茂的表现形式。

（3）多媒体技术加强了计算机网络的表现力，无疑将更大程度地丰富计算机网络的表现能力。

（4）支持各种计算机应用的多媒体化，如电子地图。

（5）娱乐和虚拟现实是多媒体应用的重要领域，它帮助人们利用计算机多媒体和相关设备把人们带入虚拟世界。

8.2.3 多媒体计算机系统的关键技术

使计算机具有处理声音、文字、图像等媒体信息的能力是人们向往已久的理想，但直到20世纪80年代末，数据压缩技术、大规模集成电路（VLSI）制造技术，CD-ROM大容量光盘存储器以及实时多任务操作系统等取得突破性进展以后，多媒体技术的实用化才成为可能。随着多媒体技术的发展，多媒体配置将逐渐成为普通的个人计算机配置。

（1）数据压缩技术。数字化的声音和图像包含大量的数据。对数据进行有效地压缩将是多媒体中必须要解决的关键技术之一。

（2）大规模集成电路制造技术。进行声音和图像信息的压缩处理要求进行大量的计算，如果由通用计算机来完成，需要用中型机，甚至大型机才能胜任。VLSI技术为多媒体技术的普遍应用创造了条件。

（3）大容量的光盘存储器。数字化的媒体信息虽然经过压缩处理，仍然包含了大量的数据。CD-ROM的出现适应了大容量存储的需要，一张CD-ROM可以存储约600 MB数据。

（4）实时多任务操作系统。多媒体技术需要同时处理声音、文字、图像等多种媒体信息，其中声音和视频图像还要求实时处理。需要能支持多媒体信息进行实时处理的操作系统。

8.2.4 多媒体技术的发展趋势

多媒体技术今后将朝以下方向发展：进一步完善计算机的协同工作环境，使计算机的性能指标进一步提高；把多媒体信息实时处理压缩编码算法集成到CPU芯片中；智能多媒体技术等。智能多媒体技术是指将多媒体技术与人工智能相结合，即把人工智能领域的某些研究成果移植到多媒体计算机中，把人工智能领域的某些研究课题与多媒体计算机技术相结合。智能多媒体系统应具有接近人的推理能力和知识表示能力。

项目 8.3 多媒体技术的应用领域 ‖

引言

本项目主要讲述多媒体的应用领域。

知识汇总

● 多媒体的应用领域

多媒体技术为计算机的应用开拓了广阔的领域，对人类工作、家庭生活以及社会活动产生了极大的影响。多媒体技术的应用主要有以下几个方面。

1. 教育与培训

多媒体技术使教学方式更加丰富多彩。多媒体技术可以将课本、图表、声音、动画、影片和录像等组合在一起构成教育产品，这种"图文声像"并茂的场景极大地丰富了教学内容，使学生获得了生动的学习环境，有助于学习效率的提高。

用于军事、体育、医学、驾驶等培训方面的多媒体计算机，不仅可以使受训者在生动、直观、逼真的场景中训练，而且能够设置各种环境，提高受训者对环境和突发事件的应对能力，并能自动评测学员的学习成绩。

2. 电子出版

电子出版物是指以数字代码方式将图、文、声等信息存储在磁、光、电介质上，通过计算机或类似设备阅读使用，并可复制发行的大众传播媒体。电子出版物信息量大、体积小、成本低，除了文字图表外还可以插入声音解说，添加背景音乐和视频图像，形式生动活泼，易于检索和保存，具有广泛的应用和发展前景。

3. 商业广告

企业利用多媒体技术宣传其产品和服务信息，可以使人们从多角度认识产品性能和服务质量，取得较好的宣传效果。

4. 影视娱乐

利用多媒体技术制作影片特技、变形效果、MTV 技术、三维成像模拟技术、仿真游戏技术等。

5. 医疗

在医学界可以利用网络多媒体技术进行网络远程诊断、网络远程操作，可以使医生远在千里之外就可以为患者看病开方。各路专家可以联合会诊，这样不仅可以为危重病人赢得宝贵时间，同时也为专家们节约了时间。

6. 旅游

利用多媒体技术可以在旅游景点的介绍上实现景点风光重现，丰富了风土人情和服务项目的介绍形式。

7. 人工智能

利用多媒体技术，可以对生物形态、生物智能和人类行为智能进行模拟。

重点串联 ▶▶▶

多媒体的概述　　多媒体计算机　　多媒体计算的分类　　多媒体的应用　　多媒体技术研究的内容

拓展与实训

基础训练

一、选择题

1. 多媒体计算机中的媒体信息是指（　　）。

　① 文字　　　　② 声音、图形　　③ 动画、视频　　④ 图像

　A. ①　　　　　　B. ②　　　　　　　C. ③　　　　　　　　D. 全部

2. 多媒体技术的主要特性有（　　）。

　① 多样性　　② 集成性　　　　③ 交互性　　　　④ 可扩充性

　A. ①　　　　　　B. ①②　　　　　　C. ①②③　　　　　D. 全部

3. 在多媒体计算机中常用的图像输入设备是（　　）。

　① 数码照相机　　② 扫描仪　　③ 摄像机　　　　④ 投影仪

　A. ①　　　　　　B. ①②　　　　　　C. ①②③　　　　　D. 全部

4. 常见的视频卡的种类有（　　）。

　① 视频采集卡　　② 电影卡　　③ 电视卡　　　　④ 视频转换卡

　A. ①　　　　　　B. ①②　　　　　　C. ①②③　　　　　D. 全部

5. 请根据多媒体的特性判断以下哪些属于多媒体的范畴？

　① 交互式视频游戏　　② 有声图书　　③ 彩色画报　　④ 彩色电视

　A. 仅①　　　　　B. ①②　　　　　　C. ①②③　　　　　D. 全部

二、填空题

1. 国际电话电报咨询委员会 CCITT 把媒体分为 _____、_____、_____、_____

和 _____ 五类。

2. 多媒体具有 _____、_____、_____、和 _____ 的特点。

3. 多媒体编辑工具包括 _____、_____、_____ 及 _____。

三、简答题

1. 什么是多媒体？什么是多媒体技术？

2. 媒体分为哪几类，它们分为哪几类？

3. 什么是电子出版物，它们的特点是什么？

模块9
信 息 安 全

教学聚焦

近年来，我国信息化进程不断推进，信息系统在政府、大型行业、企业组织中得到了日益广泛的应用。随着各部门对其信息系统依赖性的不断增长，信息系统的脆弱性日益暴露。由于信息系统遭受攻击使得其运转及运营受负面影响事件不断出现，信息系统安全管理已经成为政府、行业、企业管理越来越关键的部分，信息系统安全建设成为信息化建设所面临的一个迫切问题。

知识目标

◆ 信息安全的概述

◆ 计算机病毒的定义、举例

◆ 计算机病毒的产生、特点

◆ 计算机病毒的发展

◆ 计算机病毒的危害及症状

◆ 计算机病毒的防范与处理

◆ 网络安全技术

技能目标

◆ 计算机杀毒软件的安装与使用

◆ 防火墙技术的具体使用

◆ 电子商务过程中的安全设置

课时建议

4 课时

教学重点和教学难点

◆ 病毒的基本概念；计算机使用过程中的安全问题；网络环境下计算机安全的具体操作

项目 9.1 计算机信息安全概述 ⫼

引言

通过本项目的学习，初步认识信息安全意识。针对日益出现的计算机犯罪行为，应保持正确的网络礼仪。同时介绍了信息安全技术的相关内容。

知识汇总

● 信息安全意识；网络礼仪和道德；计算机犯罪；信息安全技术

信息安全是一门涉及计算机科学、网络技术、通信技术、密码技术、信息安全技术、应用数学、数论、信息论等多种学科的综合性学科。国际标准化组织已明确将信息安全定义为"信息的完整性、可用性、保密性和可靠性"。从技术角度来讲，信息安全的技术特征主要表现在系统的可靠性、可用性、保密性、完整性、确认性、可控性等方面。同时，信息安全的综合性又表现在：它是一门以人为主，涉及技术、管理和法律的综合学科，同时还与个人道德、意识等方面紧密相关。

◆◆◆◆ 9.1.1 信息安全意识

1. 建立对信息安全的正确认识

当今，信息产业的规模越来越大，网络基础设施越来越深入到社会的各个方面、各个领域。信息技术应用已成为人们工作、生活、学习、国家治理和其他各个方面必不可少的关键的组件，信息安全的重要性也日益突出，这关系到企业、政府的业务能否持续、稳定地运行，关系到个人安全的保证，也关系到我们国家安全的保证。所以信息安全是我们国家信息化战略中一个十分重要的方面。

2. 掌握信息安全的基本要素和惯例

信息安全包括四大要素：技术、制度、流程和人。合适的标准、完善的程序、优秀的执行团队，是一个企业单位信息化安全的重要保障。技术只是基础保障，不等于全部，很多问题不是装一个防火墙或者一个 IDS 就能解决的。制定完善的安全制度很重要，而如何执行这个制度更为重要。如下信息安全公式能清楚地描述出各要素之间关系：

信息安全＝先进技术＋防患意识＋完美流程＋严格制度＋优秀执行团队＋法律保障

3. 清楚可能面临的威胁和风险

信息安全所面临的威胁来自于很多方面。这些威胁大致可分为自然威胁和人为威胁。自然威胁指那些来自于自然灾害、恶劣的场地环境、电磁辐射和电磁干扰、网络设备自然老化等的威胁。自然威胁往往带有不可抗拒性，因此这里主要讨论人为威胁。

4. 信息安全所面临的人为威胁

（1）人为攻击。人为攻击是指通过攻击系统的弱点，达到破坏、欺骗、窃取数据等目的，使得网络信息的保密性、完整性、可靠性、可控性、可用性等受到伤害，造成经济上和政治上不可估量的损失。

人为攻击又分为偶然事故和恶意攻击两种。偶然事故虽然没有明显的恶意企图和目的，但它仍会使信息受到严重破坏。恶意攻击是有目的的破坏。恶意攻击又分为被动攻击和主动攻击两种。

① 被动攻击是指在不干扰网络信息系统正常工作的情况下，进行侦收、截获、窃取、破译和业务流量分析及电磁泄露等行为。

② 主动攻击是指以各种方式有选择地破坏信息，如修改、删除、伪造、添加、重放、乱序、冒

充、制造病毒等形为。

被动攻击不对传输的信息作任何修改，因而是难以检测到的，所以抗击这种攻击的重点在于预防。绝对防止主动攻击是十分困难的，因为需要随时随地对通信设备和通信线路进行物理保护，因此抗击主动攻击的主要措施是检测，以及对攻击造成的破坏进行修复。

（2）安全缺陷。如果网络信息系统本身没有任何安全缺陷，那么人为攻击者即使本事再大也不会对网络信息安全构成威胁。但是，遗憾的是现在所有的网络信息系统都不可避免地存在着一些安全缺陷。有些安全缺陷可以通过努力加以避免或者改进，但有些安全缺陷是各种折衷考虑后必须付出的代价。

（3）软件漏洞。由于软件程序的复杂性和编程的多样性，在网络信息系统的软件中很容易有意或无意地留下一些不易被发现的安全漏洞。软件漏洞同样会影响网络信息的安全。

① 陷门。陷门是在程序开发时插入的一小段程序，目的可能是测试这个模块，或是为了连接将来的更改和升级程序，也可能是为了将来发生故障后，为程序员提供方便。通常应在程序开发后期去掉这些陷门，但是由于各种原因，陷门可能被保留，一旦被利用将会造成严重的后果。

② 数据库的安全漏洞。某些数据库将原始数据以明文形式存储，这是不够安全的。实际上，入侵者可以从计算机系统的内存中导出所需的信息，或者采用某种方式进入系统，从系统的后备存储器上窃取数据或篡改数据，因此，必要时应该对存储数据进行加密保护。

③ TCP/IP 协议的安全漏洞。TCP/IP 协议在设计初期并没有考虑安全问题。现在，用户和网络管理员没有足够的精力专注于网络安全控制，操作系统和应用程序越来越复杂，开发人员不可能测试出所有的安全漏洞，因而连接到网络的计算机系统受到外界的恶意攻击和窃取的风险越来越大。

另外，还可能存在操作系统的安全漏洞以及网络软件与网络服务、口令设置等方面的漏洞。

（4）结构隐患。结构隐患一般指网络拓扑结构的隐患和网络硬件的安全缺陷。网络的拓扑结构本身有可能给网络的安全带来问题。作为网络信息系统的躯体，网络硬件的安全隐患也是网络结构隐患的重要方面。

5. 养成良好的安全习惯

培养良好的安全习惯主要注意以下几个方面：

（1）良好的密码设置习惯。

（2）网络和个人计算机安全。

（3）电子邮件安全。

（4）打印机和其他媒介安全。

（5）物理安全。

9.1.2 网络礼仪与道德

1. 网络道德概念及涉及内容

计算机网络道德是用来约束网络从业人员的言行，指导他们的思想的一整套道德规范。计算机网络道德可涉及到计算机工作人员的思想意识、服务态度、业务钻研、安全意识、待遇得失及其公共道德等方面。

2. 网络的发展对道德的影响

（1）淡化了人们的道德意识。

（2）冲击了现实的道德规范。

（3）导致不规范道德行为。

3. 网络信息安全对网络道德提出新的要求

（1）要求人们的道德意识更加强烈，道德行为更加自主自觉。

（2）要求网络道德既要立足于本国，又要面向世界。

（3）要求网络道德既要着力于当前，又要面向未来。

4.加强网络道德建设对维护网络信息安全的作用

（1）网络道德可以规范人们的信息行为。

（2）网络道德可以制约人们的信息行为。

（3）加强网络道德建设，有利于加快信息安全立法的进程。

（4）加强网络道德建设，有利于发挥信息安全技术的作用。

9.1.3 计算机犯罪

1. 计算机犯罪的概念

所谓计算机犯罪，是指行为人以计算机作为工具或以计算机资产作为攻击对象实施的严重危害社会的行为。由此可见，计算机犯罪包括利用计算机实施的犯罪行为和把计算机资产作为攻击对象的犯罪行为。

2. 计算机犯罪的特点

犯罪智能化；犯罪手段隐蔽；跨国性；犯罪目的多样化；犯罪分子低龄化；犯罪后果严重。

3. 计算机犯罪的手段

制造和传播计算机病毒；数据欺骗；特洛伊木马；意大利香肠战术；超级冲杀；活动天窗；逻辑炸弹；清理垃圾；数据泄漏；电子嗅探器。

除了以上作案手段外，还有社交方法，电子欺骗技术，浏览，顺手牵羊和对程序、数据集、系统设备的物理破坏等犯罪手段。

4. 黑客

黑客一词源于英文Hacker，原指热心于计算机技术、水平高超的电脑专家，尤其是程序设计人员。但到了今天，黑客一词已被用于泛指那些专门利用电脑搞破坏或恶作剧的人。目前黑客已成为一个广泛的社会群体，其主要观点是：所有信息都应该免费共享；信息无国界，任何人都可以在任何时间地点获取他认为有必要了解的任何信息；通往计算机的路不止一条；打破计算机集权；反对国家和政府部门对信息的垄断和封锁。黑客的行为会扰乱网络的正常运行，甚至会演变为犯罪。

黑客行为特征表现形式有：恶作剧型；隐蔽攻击型；定时炸弹型；制造矛盾型；职业杀手型；窃密高手型；业余爱好型。

9.1.4 信息安全技术

目前信息安全技术主要有：密码技术、防火墙技术、虚拟专用网（VPN）技术、病毒与反病毒技术以及其他安全保密技术。

密码技术是网络信息安全与保密的核心和关键。通过密码技术的变换或编码，可以将机密、敏感的消息变换成难以读懂的乱码型文字，以此达到两个目的：

（1）使不知道如何解密的"黑客"不可能从其截获的乱码中得到任何有意义的信息。

（2）使"黑客"不可能伪造或篡改任何乱码型的信息。

1. 密码技术

研究密码技术的学科称为密码学。密码学包含两个分支，即密码编码学和密码分析学。前者旨在对信息进行编码实现信息隐蔽，后者研究分析破译密码的学问。两者相互对立，又相互促进。

采用密码技术可以隐蔽和保护需要发送的消息，使未授权者不能提取信息。发送方要发送的消息称为明文，明文被变换成看似无意义的随机消息，称为密文。这种由明文到密文的变换过程称为加密。其逆过程，即由合法接收者从密文恢复出明文的过程称为解密。非法接收者试图从密文分析出明文的过程称为破译。对明文进行加密时采用的一组规则称为加密算法。对密文解密时采用的一组规则称为解密算法。加密算法和解密算法是在一组仅有合法用户知道的秘密信息的控制下进行的，该密码信息称为密钥，加密和解密过程中使用的密钥分别称为加密密钥和解密密钥。

传统密码体制所用的加密密钥和解密密钥相同，或从一个可以推出另一个，被称为单钥或对称密码体制。若加密密钥和解密密钥不相同，从一个难以推出另一个，则称为双钥或非对称密码体制。单钥密码的优点是加、解密速度快。缺点是随着网络规模的扩大，密钥的管理成为一个难点；无法解决消息确认问题；缺乏自动检测密钥泄露的能力。

采用双钥体制的每个用户都有一对选定的密钥：一个是可以公开的，可以像电话号码一样进行注册公布；另一个则是秘密的，因此双钥体制又称为公钥体制。由于双钥密码体制的加密和解密不同，且能公开加密密钥，而仅需保密解密密钥，所以双钥密码不存在密钥管理问题。双钥密码还有一个优点是可以拥有数字签名等新功能。双钥密码的缺点是双钥密码算法一般比较复杂，加、解密速度慢。

数据加密标准是迄今世界上最为广泛使用和流行的一种分组密码算法。它的产生被认为是 20 世纪 70 年代信息加密技术发展史上的两大里程碑之一。

DES 是一种单钥密码算法，它是一种典型的按分组方式工作的密码。其基本思想是将二进制序列的明文分成每 64 位一组，用长为 56 位的密钥对其进行 16 轮代换和换位加密，最后形成密文。

但是，最近对 DES 的破译取得了突破性的进展。破译者能够用穷举法借助网络计算在短短的二十余小时就攻破 56 位的 DES，所以，在坚定的破译者面前，可以说 DES 已经不再安全了。其他的分组密码算法还有 IDEA 密码算法、LOKI 算法、Rijndael 算法等。

著名的公钥密码体制是 RSA 算法。RSA 算法是迄今理论上最为成熟完善的一种公钥密码算法，该算法已得到广泛的应用。它的安全性基于"大数分解和素性检测"这一已知的著名数论难题基础，而算法的构造则基于数学上的 Euler 定理。但是，由于 RSA 涉及高次幂运算，用软件实现速度较慢，这在加密大量数据时尤为明显，所以，一般用硬件来实现 RSA。RSA 中的加、解密变换是可交换的互逆变换。RSA 还可用来做数字签名，从而完成对用户的身份认证。

著名的公钥密码算法还有 Diffie-Hellman 密钥分配密码算法、Elgamal 公钥算法、Knapsack 算法等。

2. 防火墙技术

当使用木质结构建筑房屋的时侯，为防止火灾的发生和蔓延，人们将坚固的石块堆砌在房屋周围作为屏障，这种防护构筑物被称为防火墙。在今天的电子信息世界里，人们借助了这个概念，使用防火墙来保护计算机网络免受非授权人员的骚扰与黑客的入侵，不过这些防火墙是由先进的计算机系统构成的。

3. 虚拟专用网（VPN）技术

虚拟专用网是虚拟私有网络（VPN，Virtual Private Network）的简称，它是一种利用公用网络来构建的私有专用网络。目前，能够用于构建 VPN 的公用网络包括 Internet 和服务提供商（ISP）所提供的 DDN 专线（Digital Data Network Leased Line）、帧中继（Frame Relay）、ATM 等，构建在这些公共网络上的 VPN 将给企业提供集安全性、可靠性和可管理性于一身的私有专用网络。

"虚拟"的概念是相对传统私有专用网络的构建方式而言的。对于广域网连接，传统的组网方式是通过远程拨号和专线连接来实现的，而 VPN 是利用服务提供商所提供的公共网络来实现远程的广域连接。通过 VPN，企业可以以明显更低的成本连接它们的远地办事机构、出差工作人员以及业务合作伙伴。

VPN 有三种类型，即访问虚拟专网（Access VPN）、企业内部虚拟专网（Intranet VPN）和扩展的企业内部虚拟专网（Extranet VPN）。

VPN 的优点是：对 ISP 而言，通过向企业提供 VPN 这种增值服务，可以与企业建立更加紧密的长期合作关系，同时充分利用现有网络资源，提高业务量。

4. 病毒与反病毒技术

计算机病毒的发展历史悠久，从 20 世纪 80 年代中后期广泛传播开来至今，据统计世界上已存在的计算机病毒有 5 000 余种，并且每月以平均几十种的速度增加。计算机病毒是具有自我复制能力的计算机程序，它能影响计算机软、硬件的正常运行，破坏数据的正确性与完整性，造成计算机或计算机网络瘫痪，给人们的经济和社会生活造成巨大的损失并且呈上升的趋势。计算机病毒的危害不言而喻，人类面临这一世界性的公害采取了许多行之有效的措施，如加强教育和立法，从产生病毒源头上杜绝病毒；加强反病毒技术的研究，从技术上解决病毒传播和发作。

5. 其他安全与保密技术

（1）实体及硬件安全技术。实体及硬件安全是指保护计算机设备、设施（含网络）以及其他媒体免遭地震、水灾、火灾、有害气体和其他环境事故（包括电磁污染等）破坏的措施和过程。实体安全是整个计算机系统安全的前提，如果实体安全得不到保证，整个系统就失去了正常工作的基本环境。另外，在计算机系统的故障现象中，硬件的故障也占到了很大的比例。正确分析故障原因，快速排除故障，可以避免不必要的故障检测工作，使系统得以正常运行。

（2）数据库安全技术。数据库系统作为信息的聚集体，是计算机信息系统的核心部件，其安全性至关重要，关系到企业兴衰、国家安全。因此，如何有效地保证数据库系统的安全，实现数据的保密性、完整性和有效性，已经成为业界人士探索研究的重要课题之一。数据库系统的安全除依赖自身内部的安全机制外，还与外部网络环境、应用环境、从业人员素质等因素息息相关。从广义上讲，数据库系统的安全框架可以划分为三个层次：网络系统层次、宿主操作系统层次、数据库管理系统层次。

项目 9.2 计算机病毒

引言

本项目系统讲述了计算机病毒的相关知识。

知识汇总

● 计算机病毒的定义、产生、特点、分类、发展、危害和预防

与医学上的"病毒"不同，计算机病毒不是天然存在的，是某些人利用计算机软件和硬件所固有的脆弱性编制的一组指令集或程序代码。它能通过某种途径潜伏在计算机的存储介质（或程序）里，当达到某种条件时即被激活，通过修改其他程序的方法将自己的精确拷贝或者可能演化的形式放入其他程序中，从而感染其他程序，对计算机资源进行破坏，所谓的病毒就是人为造成的，对其他用户的危害性很大。

9.2.1 计算机病毒的定义

计算机病毒（Computer Virus）在《中华人民共和国计算机信息系统安全保护条例》中被明确定义，病毒指"编制者在计算机程序中插入的破坏计算机功能或者破坏数据，影响计算机使用并且能够自我复制的一组计算机指令或者程序代码"。与医学上的"病毒"不同，计算机病毒不是天然存在的，是某些人利用计算机软件和硬件所固有的脆弱性编制的一组指令集或程序代码。它能通过某种途径潜伏在计算机的存储介质（或程序）里，当达到某种条件时即被激活，通过修改其他程序的方法将自己的精确拷贝或者可能演化的形式放入其他程序中，从而感染其他程序，对计算机资源进行破坏，所谓的病毒就是人为造成的，对其他用户的危害性很大！如图9.1所示为电脑中某种病毒时的桌面显示。

计算机病毒实例

时间：2006 年 10 月

地点：中国湖北武汉新洲区

人物：李俊

病毒类型：蠕虫病毒＋木马病毒

传播途径：计算机网络

危害：通过感染破坏计算机系统中的 .exe 可执行文件，完全摧毁计算机的运行，导致计算机系统的瘫痪

损失：经济损失达 76 亿人民币。

图9.1 电脑中病毒的桌面

9.2.2 计算机病毒的产生

计算机病毒的产生是计算机技术和以计算机为核心的社会信息化进程发展到一定阶段的必然产物，它产生的背景是：

1. 计算机病毒是计算机犯罪的一种新的衍化形式

计算机病毒是高技术犯罪，具有瞬时性、动态性和随机性。不易取证，风险小破坏大。从而刺激了犯罪意识和犯罪活动。是某些人恶作剧和报复心态在计算机应用领域的表现。

2. 计算机软硬件产品的脆弱性是根本的技术原因

计算机是电子产品，数据从输入，存储，处理，输出等环节。易误入、篡改、丢失、作假和破坏；程序易被删除，改写；计算机软件设计的手工方式。效率低下且生产周期长；人们至今没有办法事先了解一个程序有没有错误。只能在运行中发现、修改错误。并不知道还有多少错误和缺陷隐藏在其中。这些脆弱性就为病毒的侵入提供了方便。

3. 计算机的普及应用是计算机病毒产生的必要环境

计算机的广泛普及，操作系统简单明了，软、硬件透明度高，基本上没有什么安全措施，能够透彻了解它内部结构的用户日益增多，对其存在的缺点和易攻击处也了解得越来越清楚，不同的目的可以作出截然不同的选择。

9.2.3 计算机病毒的特点

1. 繁殖性

计算机病毒可以像生物病毒一样进行繁殖，当正常程序运行的时候，它也进行自身复制。繁殖

性、感染性的特征是判断某段程序是否计算机病毒的首要条件。

2. 传染性

计算机病毒不但本身具有破坏性，更有害的是具有传染性，一旦病毒被复制或产生变种，其速度之快令人难以预防。传染性是病毒的基本特征。在生物界，病毒通过传染从一个生物体扩散到另一个生物体。在适当的条件下，它可得到大量繁殖，并使被感染的生物体表现出病症甚至死亡。同样，计算机病毒也会通过各种渠道从已被感染的计算机扩散到未被感染的计算机，在某些情况下造成被感染的计算机工作失常甚至瘫痪。与生物病毒不同的是，计算机病毒是一段人为编制的计算机程序代码，这段程序代码一旦进入计算机并得以执行，它就会搜寻其他符合其传染条件的程序或存储介质，确定目标后再将自身代码插入其中，达到自我繁殖的目的。只要一台计算机染毒，如不及时处理，那么病毒会在这台电脑上迅速扩散，计算机病毒可通过各种可能的渠道，如软盘、硬盘、移动硬盘、计算机网络去传染其他的计算机。当在一台机器上发现了病毒时，往往曾在这台计算机上用过的软盘已感染上了病毒，而与这台机器相联网的其他计算机也许也染上了该病毒。传染性是判别某段程序是否为计算机病毒的最重要条件。

3. 潜伏性

有些病毒像定时炸弹一样，什么时间发作是预先设计好的。比如"黑色星期五病毒"，不到预定时间一点都觉察不出来，等到条件具备的时候一下子就爆炸开来，对系统进行破坏。一个编制精巧的计算机病毒程序，进入系统之后一般不会立刻发作，它可以静静地在磁盘或磁带里上待上几天，甚至几年，一旦时机成熟，得到运行机会，就会四处繁殖、扩散、破坏。还有一些具有潜伏性的计算机病毒的内部往往有一种触发机制，不满足触发条件时，计算机病毒除了传染外不做什么破坏。触发条件一旦得到满足，有的在屏幕上显示信息、图形或特殊标识，有的则执行破坏系统的操作，如格式化磁盘、删除磁盘文件、对数据文件做加密、封锁键盘以及使系统死锁等。

4. 隐蔽性

计算机病毒具有很强的隐蔽性，有的可以通过病毒软件检查出来，有的根本就查不出来，还有的时隐时现、变化无常，这类病毒处理起来通常很困难。

5. 破坏性

计算机中毒后，可能会导致正常的程序无法运行，把计算机内的文件删除或受到不同程度的损坏。通常表现为增、删、改、移。

6. 可触发性

病毒因某个事件或数值的出现，诱使病毒实施感染或进行攻击的特性称为可触发性。为了隐蔽自己，病毒必须潜伏，少做动作。如果完全不动，一直潜伏的话，病毒既不能感染也不能进行破坏，便失去了杀伤力。病毒既要隐蔽又要维持杀伤力，它必须具有可触发性。病毒的触发机制就是用来控制感染和破坏动作的频率的。病毒具有预定的触发条件，这些条件可能是时间、日期、文件类型或某些特定数据等。病毒运行时，触发机制检查预定条件是否满足，如果满足，启动感染或破坏动作，使病毒进行感染或攻击；如果不满足，病毒继续潜伏。

9.2.4 计算机病毒的分类

根据多年对计算机病毒的研究，按照科学的、系统的、严密的方法，计算机病毒按照计算机病毒的属性的方法可分类如下：

1. 按病毒存在的媒体

根据病毒存在的媒体，病毒可以划分为网络病毒、文件病毒、引导型病毒。网络病毒通过计算机网络传播感染网络中的可执行文件，文件病毒感染计算机中的文件（如：COM，EXE，DOC 等）；引导型病毒感染启动扇区（Boot）和硬盘的系统引导扇区（MBR）。还有这三种情况的混合型，例如，多型病毒（文件和引导型）感染文件和引导扇区两种目标，这样的病毒通常都具有复杂的算法，它们使用非常规的方法侵入系统，同时使用了加密和变形算法。

2. 按病毒传染的方法

根据病毒传染的方法可分为驻留型病毒和非驻留型病毒。驻留型病毒感染计算机后，把自身的内存驻留部分放在内存（RAM）中，这一部分程序挂接系统调用并合并到操作系统中去，它处于激活状态，一直到关机或重新启动；非驻留型病毒在得到机会激活时并不感染计算机内存，一些病毒在内存中留有小部分，但是并不通过这一部分进行传染，这类病毒也被划分为非驻留型病毒。

3. 按病毒破坏的能力

（1）无害型。除了传染时减少磁盘的可用空间外，对系统没有其他影响。

（2）无危险型。无危险型病毒仅仅是减少内存、显示图像、发出声音及同类音响。

（3）危险型。危险型病毒在计算机系统操作中造成严重的错误。

（4）非常危险型。非常危险型病毒删除程序、破坏数据、清除系统内存区和操作系统中重要的信息。这些病毒对系统造成的危害，并不是本身的算法中存在危险的调用，而是当它们传染时会引起无法预料的和灾难性的破坏。由病毒引起其他的程序产生的错误也会破坏文件和扇区，这些病毒也按照它们引起的破坏能力划分。一些现在的无害型病毒也可能会对新版的 DOS、Windows 和其他操作系统造成破坏。例如，在早期的病毒中，有一个"Denzuk"病毒在 360 K 磁盘上很好地工作，不会造成任何破坏，但是在后来的高密度软盘上却能引起大量的数据丢失。

4. 按病毒的算法

（1）伴随型病毒，这一类病毒并不改变文件本身，它们根据算法产生 exe 文件的伴随体，具有同样的名字和不同的扩展名（com），例如，xcopy. com 的伴随体是 xcopy com。病毒把自身写入 com 文件并不改变 exe 文件，当 dos 加载文件时，伴随体优先被执行到，再由伴随体加载执行原来的 exe 文件。

（2）"蠕虫"型病毒通过计算机网络传播，不改变文件和资料信息，利用网络从一台机器的内存传播到其他机器的内存，计算网络地址，将自身的病毒通过网络发送。有时它们在系统存在，一般除了内存不占用其他资源。

（3）寄生型病毒除了伴随型和"蠕虫"型，其他病毒类型均可称为寄生型病毒，它们依附在系统的引导扇区或文件中，通过系统的功能进行传播，按其算法不同可分为以下几类：

① 练习型病毒。练习型病毒自身包含错误，不能进行很好的传播，例如一些病毒在调试阶段。

② 诡秘型病毒。诡秘型病毒一般不直接修改 DOS 中断和扇区数据，而是通过设备技术和文件缓冲区等 DOS 内部修改，不易看到资源，使用比较高级的技术。利用 DOS 空闲的数据区进行工作。

③ 变型病毒（又称幽灵病毒）。变型病毒使用一个复杂的算法，使自己每传播一份都具有不同的内容和长度。它们一般的作法是一段混有无关指令的解码算法和被变化过的病毒体组成。

⌗⌗⌗⌗ 9.2.5 计算机病毒的危害及症状

（1）计算机系统运行速度减慢。

（2）计算机系统经常无故发生死机。

（3）计算机系统中的文件长度发生变化。

（4）计算机存储的容量异常减少。

（5）系统引导速度减慢。

（6）丢失文件或文件损坏。

（7）计算机屏幕上出现异常显示。

（8）计算机系统的蜂鸣器出现异常声响。

（9）磁盘卷标发生变化。

（10）系统不识别硬盘。

（11）对存储系统异常访问。

（12）键盘输入异常。

（13）文件的日期、时间、属性等发生变化。

（14）文件无法正确读取、复制或打开。

（15）命令执行出现错误。

（16）虚假报警。

（17）切换当前盘。有些病毒会将当前盘切换到 C 盘。

（18）时钟倒转。有些病毒会命名系统时间倒转，逆向计时。

（19）Windows 操作系统无故频繁出现错误。

（20）系统异常重新启动。

（21）一些外部设备工作异常。

（22）异常要求用户输入密码。

（23）Word 或 Excel 提示执行"宏"。

（24）使不应该驻留内存的程序驻留内存。

9.2.6 计算机病毒的检测和防范

用防病毒软件来防范病毒需要定期自动更新或者下载最新的病毒定义、病毒特征。但是防范 问题在于它只能为防止已知的病毒提供保护。因此，防病毒软件只是在检测已知的特定模式的病毒和蠕虫方面发挥作用。

（1）对恶意代码的查找和分类的根据是：对恶意代码的理解和对恶意代码"签名"的定位识别恶意代码。然后将这个签名加入到识别恶意代码的签名列表中，这就是防病毒软件的工作原理。防病毒软件成功的关键是否能够定位"签名"。

（2）恶意代码基本上可以分为两类：脚本代码和自执行代码。实现对脚本蠕虫的防护很简单，例如，VBSeript 蠕虫的传播是有规律的，因此常常可以通过运行一个就用程序的脚本来控制这块代码或者让这个代码失效。

（3）恶意软件防护方法：在针对恶意软件尝试组织有效的防护之前，需要了解组织基础结构中存在风险的各个部分的风险程度。Microsoft 强烈建议您在开始设计防毒解决方案之前，进行完整的安全风险评估。·

（4）深层防护安全模型：防病毒解决方案需要采用分层方法，防御病毒威胁。在安全体系结构指南中，这种分层方法通常被称为"深层防护安全模型"。这种策略旨在通过实施多层攻击防护，利用政策、程序、技巧和技术提供安全保障。此分层策略由五个关键的部分组成，包括：政策程序和意识、物理安全性、网络和 Internet 防护、服务器防护和客户端防护。在制订防病毒策略时，还要考虑环境中三个通过交互，共同提供安全保障并防范威胁的元素。这三个元素是人员、技术和过程。

目前我们所能够采取的最好防病毒方法仍然是保证防病毒软件的及时更新，不要登陆来历不明的网站，做好重要资料的备份。但是能够从操作系统和处理器设计的角度出发来提高计算机防病毒的能力才是防范病毒正确的途经。

项目 9.3 网络安全技术 ▐

引言

了解黑客攻击的大概过程，防火墙的基本概念及其作用。

知识汇总

● 黑客的攻击目的；攻击技术；防火墙技术

9.3.1 黑客攻击的目的

（1）获取超级用户的访问权限。

（2）窃取机密信息（如帐户和口令）。

（3）控制用户的计算机。

（4）破坏系统。

9.3.2 黑客的攻击方式

1. 密码破解

如果不知道密码而是随便输入一个，猜中的概率就像彩票中奖的概率一样。但是如果连续测试 1 万 8 个或更多的口令，那么猜中的概率就会非常高，尤其利用计算机进行自动测试。

现假设密码只有 8 位，每一位可以是 26 个字母（分大小写）和 10 个数字，那么每一位的选择就有 62 种，密码的组合可达 62^8 个（约 219 万亿），如果逐个去验证所需时间太长，所以黑客一般会利用密码破解程序尝试破解那些用户常用的密码，如生日、手机号、门牌号、姓名加数字等。

2. IP 嗅探（即网络监听）

通过改变网卡的操作模式接收流经该计算机的所有信息包，截获其他计算机的数据报文或口令。如图 9.2 所示，黑客就截获了用户的 Telnet 数据包。

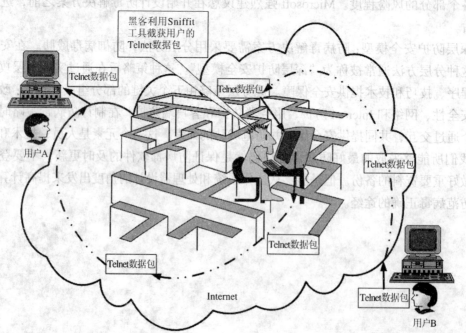

图9.2　用户A正试图与用户B建立一个Telnet连接

3. 欺骗

欺骗是将自己进行伪装，诱骗用户向其发送密码等敏感数据。

例如，骗取 Smith Barney 银行用户帐号和密码的"网络钓鱼"电子邮件，如图 9.3 所示。

该邮件利用了 IE 的图片映射地址欺骗漏洞，用一个显示假地址的弹出窗口遮挡住了 IE 浏览器的地址栏，使用户无法看到此网站的真实地址。

当用户点击链接时，实际连接的是钓鱼网站 http：//**.41.155.60：87/s，该网站页面酷似 Smith Barney 银行网站的登陆界面，用户一旦输入了自己的帐号密码，这些信息就会被黑客窃取。

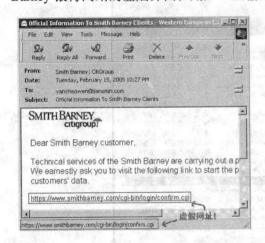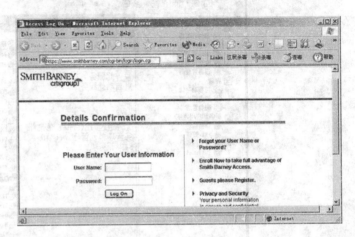

图9.3　钓鱼网站

4. 端口扫描

利用一些端口扫描软件如 SATAN、IP Hacker 等对被攻击的目标计算机进行端口扫描，查看该机器的哪些端口是开放的，然后通过这些开放的端口发送木马程序到目标计算机上，利用木马来控制被攻击的目标。例如，"冰河 V8.0"木马就利用了系统的 2001 号端口。

怎样查看自己机器的端口打开情况？

"开始→运行"，输入"cmd"，打开命令提示符窗口，输入"netstat -a -n"，显示如图 9.4 所示界面。

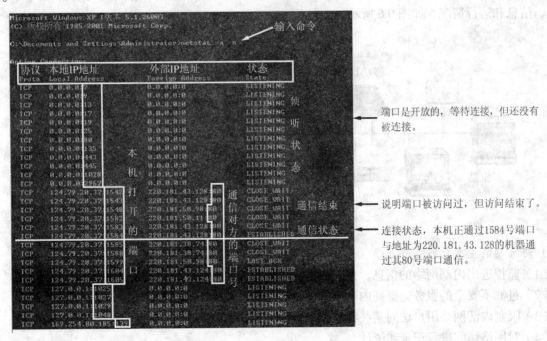

图9.4　端口界面

如果发现端口访问有异常，如何关闭自己机器的端口呢?

（1）利用工具软件，如 TCPView 软件可以打开或关闭指定端口。

（2）停止某个端口提供的服务也可以关闭该端口。右击桌面上的"我的电脑"，选择"管理"，点击"服务与应用程序"，点击"服务"可以查看当前机器已启动的服务，在此停止某些非正常的服务，如图 9.5 所示。

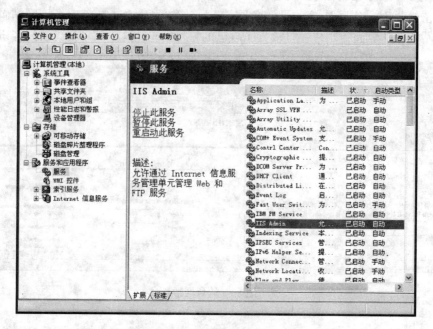

图9.5　计算机管理界面

（3）通过某些防火墙软件可以设置端口的打开或关闭。

9.3.3 防火墙技术

防火墙是设置在被保护的内部网络和外部网络之间的软件和硬件设备的组合，对内部网络和外部网络之间的通信进行控制，通过监测和限制跨越防火墙的数据流，尽可能地对外部屏蔽网络内部的结构、信息和运行情况，如图 9.6 所示。

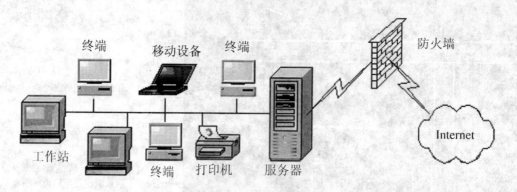

图9.6　防火墙的作用

1. 防火墙的主要功能

（1）监控进出内部网络的信息，保护内部网络不被非授权访问、非法窃取或破坏。

（2）过滤不安全的服务，提高内部网络的安全。

（3）限制内部网络用户访问某些特殊站点，防止内部网络的重要数据外泄。

（4）对网络访问进行记录和统计。

例如，Windows 防火墙可以限制从其他计算机上发送来的信息，对未经允许而尝试连接的用户或程序（包括病毒和蠕虫）提供了一道屏障。Windows 防火墙的功能分类见表 9.1。

表 9.1　Windows 防火墙的功能

能做到	不能做到
阻止计算机病毒和蠕虫到达用户的计算机	检测计算机是否感染了病毒或清除已有病毒
请求用户的允许，以阻止或取消阻止某些连接请求	阻止用户打开带有危险附件的电子邮件
创建安全日志，记录对计算机的成功连接尝试和不成功的连接尝试	阻止垃圾邮件或未经请求的电子邮件

2. 防火墙的设置

点击"控制面板→安全中心→Windows 防火墙"，如图 9.7 所示。在【Windows 防火墙】→【例外】选项卡中，Windows 将阻止未选中的程序和服务进行网络连接。【高级】选项中，点击设置按钮，出现"高级设置"对话框。双击其中一项服务，可弹出"服务设置"对话框，并对其进行设置。

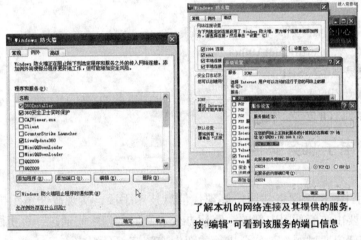

了解本机的网络连接及其提供的服务，
按"编辑"可看到该服务的端口信息

图9.7　防火墙的设置

项目 9.4　电子商务和电子政务安全

引言

本项目主要讲述了电子商务和电子政务的安全信息。

知识汇总

● 电子商务安全；电子政务安全；信息安全法规

电子商务和电子政务是现代信息技术、网络技术的应用，它们都以计算机网络为运行平台，在现代社会建设中发挥着越来越重要的作用。它们综合利用了通信技术、网络技术、安全技术等先进技术，为个人、企业和事业单位以及政府提供便利服务。

9.4.1 电子商务安全

1. 电子商务概述

电子商务通常是指是在全球各地广泛的商业贸易活动中，在因特网开放的网络环境下，基于浏览器/服务器应用方式，买卖双方不谋面地进行各种商贸活动，实现消费者的网上购物、商户之间的网上交易和在线电子支付以及各种商务活动、交易活动、金融活动和相关的综合服务活动的一种新型的商业运营模式。随着 Internet 的发展，越来越多的人通过 Internet 进行商务活动。电子商务的发展前景十分诱人，而其安全问题也变得越来越受到重视，如何建立一个安全、便捷的电子商务应用环境，对信息提供足够的保护，已经成为商家和用户都十分关心的话题。

2. 电子商务的安全性要求

（1）交易前交易双方身份的认证问题。

（2）交易中电子合同的法律效力问题以及完整性保密性问题。

（3）交易后电子记录的证据力问题。

3. 电子商务采用的主要安全技术

（1）加密技术。

（2）数字签名。

（3）认证中心（CA，Certificate Authority）。

（4）安全电子交易规范（SET）。

（5）虚拟专用网（VPN）。

（6）Internet 电子邮件的安全协议。

9.4.2 电子政务安全

1. 电子政务概述

电子政务是运用计算机、网络和通信等现代信息技术手段，实现政府组织机构和工作流程的优化重组。电子政务主要由政府部门内部的数字化办公、政府部门之间通过计算机网络而进行的信息共享和适时通信、政府部门通过网络与公众进行的双向交流三部分组成。

2. 电子政务的安全问题

从安全威胁的来源来看，可以分为内、外两部分。所谓"内"，是指政府机关内部，而"外"，则是指社会环境。国务院办公厅明确把信息网络分为内网（涉密网）、外网（非涉密网）和因特网三类，而且明确指出内网和外网要物理隔离。

3. 电子政务安全中普遍存在的安全隐患

窃取信息；篡改信息；冒名顶替；恶意破坏；失误操作。

4. 电子政务安全的对策

根据国家信息化领导小组提出的"坚持积极防御、综合防范"的方针，建议从三方面解决好我国电子政务的安全问题，即"一个基础（法律制度），两根支柱（技术、管理）"。

电子政务的安全技术可以借鉴电子商务在此方面的成功经验，如加密技术、数字签名、认证中心、安全认证协议等安全技术同样适用于电子政务。在电子政务的安全建设中，管理的作用至关重要，重点在于人和策略的管理，人是一切策略的最终执行者。

9.4.3 信息安全政策与法规

随着信息化时代的到来，信息化程度的日趋深化，社会各行各业计算机应用广泛普及，而计算机犯罪也越来越猖獗。面对这一严峻形势，为有效地防止计算机犯罪，且在一定程度上确保计算机信息系统安全地运行，我们不仅要从技术上采取一些安全措施，还要在行政管理方面采取一些安全手段。

因此，制定和完善信息安全法律法规，制定及宣传信息安全伦理道德规范就显得非常必要和重要。

1. 信息系统安全法规的基本内容与作用

（1）计算机违法与犯罪惩治。作用是为了震慑犯罪，保护计算机资产。

（2）计算机病毒治理与控制。此项规定的执行在于严格控制计算机病毒的研制、开发，防止、惩罚计算机病毒的制造与传播，从而保护计算机资产及其运行安全。

（3）计算机安全规范与组织法。着重规定计算机安全监察管理部门的职责和权利以及计算机负责管理部门和直接使用的部门的职责与权利。

（4）数据法与数据保护法。其主要目的在于保护拥有计算机的单位或个人的正当权益，包括隐私权等。

2. 国外计算机信息系统安全立法简况

瑞典早在 1973 年就颁布了《数据法》，这大概是世界上第一部直接涉及计算机安全问题的法规。

1981 年，美国成立了国家计算机安全中心（NCSC）；1983 年，美国国家计算机安全中心公布了可信计算机系统评测标准（TCSEC）；1986 年，联邦政府制定了计算机诈骗条例；1987 年又制定了计算机安全条例。

3. 国内计算机信息系统安全立法简况

早在 1981 年，我国政府就对计算机信息安全系统安全予以极大关注。1983 年 7 月，公安部成立了计算机管理监察局，主管全国的计算机安全工作。公安部于 1987 年 10 月推出了《电子计算机系统安全规范（试行草案）》，这是我国第一部有关计算机安全工作的管理规范。到目前为止，我国已经颁布了很多与计算机信息系统安全有关的法律法规。

重点串联 ▶▶▶

信息安全　计算机犯罪　计算机病毒　黑客　防火墙技术　电子商务安全　电子政务安全

拓展与实训

▶ 基础训练

一、选择题

1. 信息安全的基本属性是（　　　）。
   A. 保密性　　　　　B. 完整性　　　　C. 可用性、可控性、可靠性　　D. A，B，C 都是

2. 密码学的目的是（　　　）。
   A. 研究数据加密　　B. 研究数据解密　　C. 研究数据保密　　　D. 研究信息安全

3. 身份鉴别是安全服务中的重要一环，以下关于身份鉴别叙述不正确的是（　　　）。
   A. 身份鉴别是授权控制的基础
   B. 身份鉴别一般不用提供双向的认证
   C. 目前一般采用基于对称密钥加密或公开密钥加密的方法
   D. 数字签名机制是实现身份鉴别的重要机制

4. 防火墙用于将 Internet 和内部网络隔离（　　　）。
   A. 是防止 Internet 火灾的硬件设施
   B. 是网络安全和信息安全的软件和硬件设施
   C. 是保护线路不受破坏的软件和硬件设施
   D. 是起抗电磁干扰作用的硬件设施

5. 口令破解的最好方法是（　　　）。
   A. 暴力破解　　　　B. 组合破解　　　C. 字典攻击　　　　D. 生日攻击

6. 社会工程学常被黑客用于（　　　）
   A. 口令获取　　　　B. ARP　　　　C. TCP　　　　D. DDOS

7. Windows 中强制终止进程的命令是（　　　）。
   A. Tasklist　　　　B. Netsat　　　C. Taskkill　　　D. Netshare

8. 现代病毒木马融合了（　　　）新技术。
   A. 进程注入　　　　B. 注册表隐藏　　C. 漏洞扫描　　　　D. 都是

9. 在被屏蔽的主机体系中，堡垒主机位于（　　　）中，所有的外部连接都经过滤路由器到它上面去。
   A. 内部网络　　　　B. 周边网络　　　C. 外部网络　　　D. 自由连接

10. 外部数据包经过过滤路由只能阻止（　　　）唯一的 IP 欺骗。
    A. 内部主机伪装成外部主机 IP　　　　B. 内部主机伪装成内部主机 IP
    C. 外部主机伪装成外部主机 IP　　　　D. 外部主机伪装成内部主机 IP

11. 网络安全的特征包含保密性，完整性（　　　）四个方面。
    A. 可用性和可靠性　　　　　　　　B. 可用性和合法性
    C. 可用性和有效性　　　　　　　　D. 可用性和可控性

二、填空题

1. 信息安全所面临的人为威胁有：_____、_____、_____、_____。

2. VPN 的三种类型：_____、_____、_____。

3. 黑客的攻击方式有：_____、_____、_____、_____。

4. 电子商务采用的主要安全技术：_____、_____、_____、_____、_____、

_____。

三、简答题

1. 什么是信息安全？

2. 什么是计算机犯罪？计算机犯罪有什么特点？

3. 防火墙的概念和功能？

4. 什么是计算机病毒？

5. 计算机病毒的特点和分类？

6. 简述电子政务的安全性。

附录 基础训练参考答案

模块 1

【基础训练】

一、选择题

BBABD   CCDCD

二、填空题

1. 中央处理器 内存储器   2. 微型机

3. 地址总线 数据总线   4. 设备管理 文件管理

5. 随机存储器（或 RAM） 只读存储器（或 ROM）

三、计算题

（答案省略）

模块 2

【基础训练】

一、选择题

ABBCC   DDBDD

二、填空题

1. 控制面板   2. Ctrl+X   Ctrl+C   Ctrl+V

3. F2   4. 4GB

三、简答题

1. Windows 中"开始"按钮是用于激活或打开"开始"菜单进行程序执行、系统设置、软件硬件安装……"任务栏"用于启动新任务、切换当前任务、结束任务……

2. 桌面上常用的图标有我的电脑、我的文档、网上邻居、回收站、IE浏览器……回收站不能删除。

3. 窗口由边框、标题栏、菜单栏、工具栏、状态栏、滚动条、工作区……组成。

窗口的操作有：移动、改变大小、多窗口排列、复制、活动窗口切换、关闭、打开……

4. 对话框是应用程序与用户的交互界面。用于完成选项设置、信息输入、系统设置。

对话框与窗口的主要区别是：对话框不能改变大小且对话框中无菜单栏、工具栏。

5. 点击关闭按钮；右键标题栏，选择关闭；ALT+F4；在任务栏右键任务，关闭；Ctrl+W 关闭。

模块 3

【基础训练】

一、选择题

ADCAA   BDDDA

二、填空题

1. 普通视图　Web 视图　页面视图　大纲视图　　2. 插入

3. 表格属性　　　　　　　4. 横排　竖排　　　　5. 版式

6. 图形　　　　　　　　　7. 拆分表格　　　　　8. Shift

9. 合并单元格　　　　　　10. 查找

三、简答题

（答案省略）

模块 4

【基础训练】

一、选择题

BBACB　　DADBC　　DDADA

二、填空题

1. 英文半角下的单引号　　　2. 日期和时间　　　　3. 等号

4. 算术运算符　比较运算符　文本运算符　引用运算符　　5. &

6. 冒号　逗号　空格　　　　7. 空格　　　　　　　8. 相对引用

9. 合并计算　　　　　　　　10. 分类汇总

三、简答题

（答案省略）

模块 5

【基础训练】

一、选择题

ABBBD　　BBCDC　　BBCA

二、填空题

1. 大纲视图　普通视图　幻灯片浏览视图　幻灯片视图

2. ESC

3. 内容提示向导　设计模板　空演示文稿

4. 投影仪　计算机

5. 水平　垂直

6. 动作设置

7. 文件→保存 文件→另存为

8. 单击鼠标　鼠标移过

9. 幻灯片母版　讲义母版　备注母版 标题母版

三、简答题

1. 三种基本视图分别是普通视图、幻灯片浏览视图、幻灯片放映视图。

普通视图可以建立或编辑幻灯片，对每张幻灯片可输入文字，插入剪贴画、图表、艺术字、组织结构图等对象，并对其进行编辑和格式化。还能查看整张幻灯片，也可改变其显示比例并做局部放大，便于细部修改，但一次只能操作一张幻灯片。

幻灯片浏览视图可同时显示多张幻灯片，所有的幻灯片被缩小，并按顺序排列在窗口中，以便查看整个演示文稿，同时可对幻灯片进行添加、移动、复制、删除等操作。

幻灯片放映视图以最大化方式按顺序在全屏幕上显示每张幻灯片。单击鼠标左键或按回车键显示下一张幻灯片。也可以用上下左右光标移动键控制显示各张幻灯片。

2. 区别：应用模板是在演示文稿中应用背景等效果。应用版式是对幻灯片应用文本、图片、表格等版式。

3. 在普通视图和幻灯片浏览视图中都可以进行插入 / 删除幻灯片操作。方法如下：

插入时，先选中位于插入位置前面的一张幻灯片，然后单击工具栏中"新幻灯片"按钮，或依次单击"插入""新幻灯片"菜单命令，就会在指定位置插入一张新幻灯片。

删除时，只要选中该幻灯片，按 DEL 键或依次单击"编辑""删除幻灯片"菜单命令。

4. 打开演示文稿依次单击视图、幻灯片浏览菜单命令，把窗口切换为幻灯片浏览视图。选中第一张幻灯片，依次单击"幻灯片放映"、"幻灯片切换"菜单命令，在窗口右边弹出"幻灯片切换"窗格，选择切换方式、切换速度、声音，单击播放按钮就可以预览效果。

设置动画方案：依次单击"幻灯片放映"、"动画方案"菜单命令，在窗口右边出现"幻灯片设计"窗格，选择所需的动画方案即可。

5. 选定需要操作的对象，单击"幻灯片放映"、"动作设置"菜单命令，在出现的对话框中选择需要的设置动作和超级链接的目标，完成后按"确定"按钮。

模块 6

【基础训练】

一、选择题

CCABB   CABCA   BA

二、填空题

1. 文件系统   2.sum   3. 结构

4. 数据透视图   5. 交互式数据页   6. 单页窗体 弹出式窗

7. 长整型   8. 删除   9. 属性

10. 设计器   11. 主键

三、简答题

1. 实体的联系有 3 种：

①一对一联系；

②一对多联系；

③多对多联系。

2.Access 数据库包括 7 个对象，分别是表、查询、窗体、报表、页、宏、模块。

3.Access 2003 提供了 4 种创建表的方式，分别是：用设计器创建表，使用数据表视图创建表，使用表向导创建表，使用导入和链接创建表

4.Access 提供的常用查询有 5 类，分别是选择查询、参数查询、交叉表查询、操作查询、SQL 查询。

5. 纵栏式窗体；表格式窗体；数据表窗体；主 / 子窗体；图表窗体；数据透视表窗体。

6. 窗体由 5 部分组成，分别是：窗体页眉、页面页眉、主体节、页面页脚、窗体页脚。

7. 报表由 7 部分组成，分别是：

①报表页眉节。用于在报表的开头放置信息，一般用来显示报表的标题、打印日期、图形或其他主题标志。

②页面页眉节。用于在每一页的顶部显示列标题或其他所需信息，如标题、列标题、日期或页码等。

③组页眉节。用于在记录组的开头放置信息，如分组输出和分组统计等。

④主体节。用于包含报表的主要部分。

⑤组页脚节。用于在记录组的结尾放置信息，如组名称或组汇总计数等。

⑥页面页脚节。用于在每一页的底部放置信息，如显示日期、页码或本页的汇总说明等信息。

⑦报表页脚节。用于在页面的底部放置信息，用来显示整份报表的日期、汇总说明、总计等信息，在所有的主体和组页脚被输出完后才打印在报表的末尾处。

模块 7

【基础训练】

一、选择题

DCBCD　　BBBAC　　BCADB

二、填空题

1. 计算机 网络技术

2. 协议、通信介质、通信设备、计算机

3. 网络号、主机号

4. 资源、服务器、工作站、网络设备、网络协议、网络软件

5. 星型、环型、总线型、树型、网状、混合网

6. 局域网、城域网、广域网

7. 有线、无线

8. 专线接入、拨号入网接入

9. 双绞线、同轴电缆、光纤

10. 微波、红外、无线电、卫星

11. 网络、传输

12. 局域网、广域网

13. 信息查询、网上信息、查询

三、简答题

（答案省略）

模块 8

【基础训练】

一、选择题

DDCDD

二、填空题

1. 感觉媒体 表示媒体 表现媒体 存储媒体 传输媒体

2. 多样性 实时性 交互性 集成性

3. 文字处理软件 图形图像处理软件 声音编辑软件 视频播放软件

三、简答题

（答案省略）

模块9

【基础训练】

一、选择题

DCBBB　　ACDAD　　D

二、填空题

1. 人为攻击 安全缺陷 软件漏洞 结构隐患

2. 访问虚拟专网 企业内部虚拟专网 扩展的企业内部虚拟专网

3. 密码破译 IP 嗅探 欺骗 端口扫描

4. 加密技术 数字签名 认证中心 安全电子交易规范 虚拟专用网 Interent 电子邮件的安全协议

三、简答题

（答案省略）

参考文献

[1] 聂丹，宁涛.计算机应用基础.北京：北京大学出版社，2010

[2] 王爱民，徐久成.计算机应用基础.北京：高等教育出版社，2009

[3] 山东省教育厅组.计算机文化基础.北京：中国石化大学出版社，2010